智能系统与技术丛书

Face Recognition with Python

Python人脸识别

从入门到工程实践

王天庆 著

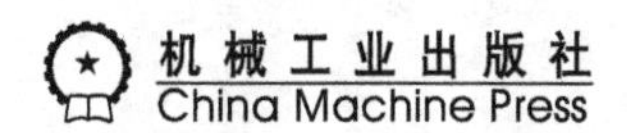

图书在版编目（CIP）数据

Python 人脸识别：从入门到工程实践 / 王天庆著．—北京：机械工业出版社，2019.4（2023.1 重印）

（智能系统与技术丛书）

ISBN 978-7-111-62385-4

I. P… II. 王… III. ①软件工具 - 程序设计 ②人脸识别 - 研究 IV. ① TP311.561 ② TP391.41

中国版本图书馆 CIP 数据核字（2019）第 058981 号

Python 人脸识别：从入门到工程实践

出版发行：机械工业出版社（北京市西城区百万庄大街 22 号 邮政编码：100037）

责任编辑：杨福川 责任校对：殷 虹

印 刷：北京建宏印刷有限公司 版 次：2023 年 1 月第 1 版第 7 次印刷

开 本：186mm×240mm 1/16 印 张：16.25

书 号：ISBN 978-7-111-62385-4 定 价：69.00 元

客服电话：（010）88361066 68326294

PREFACE

前　　言

为什么要写这本书

人类在浩瀚无垠的宇宙中只是一种渺小的存在，“科技之树”中触手可及的果实已经采摘殆尽，而在树顶的果实又是何其难以获得。在很多领域，人类当前已经难以取得像以往一样巨大的进步。在此情形下，信息科学、数学等基础科学便是驱动其他领域发展的主要动力，而人工智能则是这个领域的新星！

人工智能在近些年的发展可以说是有目共睹。伴随着学术发展的突飞猛进，工业界基于人工智能的应用呈现“井喷”之势，一些公司甚至提出了“All in AI”的口号，这其中比较典型的一种应用便是人脸识别。

从历史的角度来看，人们对人脸识别的探索也是比较早的，但是，人脸识别从实验室走出来，来到人们的生活中，却只是近些年才发生的事情。深度学习在计算机视觉领域应用后，使得人脸识别的精度逼近乃至超越人工水平。如果将人脸识别发展的进程用函数曲线来拟合的话，我觉得 Sigmoid 函数或许是一个不错的选择（我们会在本书的正文中介绍该函数）。

笔者在做人脸识别相关应用时，曾经面临业务压力大、无从下手、做成的模型预测质量差等一系列问题，同时有感于市面上难以找到从工程角度介绍人脸识别实现原理和方法的资料。随着自己不断地学习和尝试，模型的性能也一点点得到了改善。但是，生产环境与手写的 Demo 级代码还不一样，需要考虑的业务细节有很多。在反复的试错中，我设计的生产系统也从 0 到 1 实现了上线，并且在保证业务高可用的前提下实现了生产成本的最小化，并逐步替换掉了原有云服务，为企业节约了大笔资金。

后来，为了帮助更多与我有类似经历的人，我将人脸识别应用开发中的琐碎细节整理出来，希望本书能够帮助到更多从事此行业的人。

读者对象

- 对机器学习、人工智能感兴趣的读者
- 对计算机视觉、深度学习感兴趣的读者
- 对人脸识别感兴趣的读者
- 希望用人脸识别技术完成课程设计的高校学生
- 人工智能或人脸识别相关产品经理
- 从事软件研发的技术工作者
- 开设相关课程的大专院校教师

本书特色

- 原理讲解通俗易懂。

  本书在成文时，参考了许多专业资料，并从初学者的角度出发尽可能清楚地表达原理的含义，尝试用通俗直白的语言描述复杂深奥的数学概念，尽量少使用公式或数学语言来描述问题。

- 注重原理更注重实践。

  本书虽然强调了人脸识别在工程上的重要性，但是也没有忽视对原理的讲解，对于重点内容给出了详细的文献出处，便于读者进一步加强对该内容的理解。

- 注重对实践的讲解。

  本书讲解了人脸识别模型的实现原理和特点，更重要的是强调了工程上的实践能力，对工程场景中常见的问题进行了分析与探讨。

如何阅读本书

本书分为 3 部分：

第1部分为基础篇，包括第1~4章。介绍了基本知识与概念，包括与人脸识别紧密相关的机器学习与数学知识、计算机视觉以及OpenCV库等。

第2部分为应用篇，包括5~6章。具体讲解了深度学习的框架Keras，以及如何通过该框架设计和实现一个人脸识别引擎。

第3部分为拓展篇，包括7~8章。人脸识别引擎做好后，无论在本地验证多么优秀，能否将其用起来才是最关键的。在这一部分中，讲解了人脸识别系统的部署与图像检索知识。

参考文献部分包含了人脸识别领域经典的研究成果和知名著作，感兴趣的读者可以根据情况有选择地阅读。

本书的第1部分相对比较基础，有经验的读者可以直接从第2部分开始阅读。在阅读的过程中，更重要的是培养一种工程实践能力。因此，希望读者一定不要只看理论（这样其实不如去看论文更加直接），而是要亲自动手实践一下。

勘误和支持

由于作者的水平有限，编写时间仓促，书中难免会出现一些错误或者不准确的地方，恳请读者批评指正。书中的全部源文件可以从GitHub网站上下载，网址如下：

https://github.com/wotchin/SmooFaceEngine

关于本书中的错误，请读者在GitHub中提交issue，笔者会将从读者处汇集到的错误及时整理和修改，同样更新在该页面中。

如果读者有更多的宝贵意见，也欢迎发送邮件至邮箱yfc@hzbook.com，或是在GitHub上留言。期待能够得到你的真挚反馈。

致谢

本书在成文过程中，有幸得到唐文根、田瑞川、郭丹等同仁的宝贵建议，特别是唐文根博士在百忙之中完成了本书第2章中的部分内容，同时在本书初稿完成之际又校验了全书的学术性问题。没有几位同仁的支持，本书难以与读者见面。

感谢GitHub社区中开源人脸识别项目的作者们，没有你们对开源事业的支持、对技术的热爱，我也很难坚持完成此书。这些作者包括但不限于：oarriaga、wilderrodrigues、krunal704、alexisfcote、Hrehory、xiangrufan、Joker316701882、wy1iu、happynear、bojone、hao-qiang。

感谢机械工业出版社的编辑杨福川和张锡鹏，在这段时间中他们始终支持我的写作，正是他们的鼓励和帮助使得我顺利地完成书稿。

感谢我的家人，感谢众多热爱人脸识别技术的朋友们！

王天庆

CONTENTS

目录

CHAPTER 1

第1章 人脸识别入门

在本章中，我们将会接触到一个既熟悉又陌生的概念——人脸识别。之所以熟悉，是因为人脸识别技术在我们日常生活中应用极其广泛，例如火车站刷脸验票进站、手机人脸解锁等；之所以陌生，是因为我们可能并不了解人脸识别的原理，不了解人脸识别的任务目标、发展历程与趋势。

那么，在本章中，我们将会对人脸识别技术的概念、发展、目标等做简要介绍，以便读者对这项技术有一个立体的认识。

1.1 人脸识别概况

人脸识别技术是如今十分热门的一项技术，掌握人脸识别技术的优势不言而喻。下面，我们将首先介绍人脸识别的基本概况。

1.1.1 何为人脸识别

人脸识别技术由来已久，这个概念没有一个严格的定义，一般有狭义与广义之分。

狭义的表述一般是指：以分析与比较人脸视觉特征信息为手段，进行身份验证或查找的一项计算机视觉技术。从表述上看，狭义的人脸识别技术其实是一种身份验证技术，它与我们所熟知的指纹识别、声纹识别、指静脉识别、虹膜识别等均属于同一领域，即生物信息识别领域。因此，狭义上的人脸识别一般指的是通过人脸图像进行身份确认或查找的场景。

生物信息识别的认证方式与传统的身份认证方式相比，具有很多显著优势。例如传统的密钥认证、识别卡认证等存在易丢失、易被伪造、易被遗忘等特点。而生物信息则是人类与生俱来的一种属性，并不会被丢失和遗忘。而作为生物信息识别之一的人脸识别又具有对采集设备要求不高（最简单的方式只需要能够拍照的设备即可）、采集方式简单等特点。这是虹膜识别、指纹识别等方式所不具备的优点。

人脸识别的广义表述是：在图片或视频流中识别出人脸，并对该人脸图像进行一系列相关操作的技术。例如，在进行人脸身份认证时，不可避免地会经历诸如图像采集、人脸检测、人脸定位、人脸提取、人脸预处理、人脸特征提取、人脸特征对比等步骤，这些都可以认为是人脸识别的范畴。

1.1.2 人脸识别的应用

近些年，随着人脸识别精度的提高，基于该项技术的产品也开始在我们生活中呈现“井喷”之势。例如，早在 2016 年 2 月，北京站就开启了“刷脸”进站模式。如图 1-1 所示是北京站“刷脸”进站的使用提示。现在，越来越多的火车站开始采用“刷脸”进站方式替代人工检票，有效地加快了检票速度。

图 1-1 北京站“刷脸”进站使用提示

人脸识别的另外一个典型应用是手机解锁。随着 iPhone X 的诞生，苹果手机家族增添了一项新的身份验证方式，即所谓的 Face ID。而苹果公司官方宣称，基于 Face ID 的识别准确率要远高于基于指纹识别的 Touch ID。实际上，通过人脸识别来解锁手机并不算什么新鲜事。早在 Android 4.0 时期，这项功能就已经集成在操作系统中了。只不过，由于种种原因，这项功能并未取得比较好的效果，因此无论是谷歌还是手机制造厂商都没有对此进行宣传，自然也不会被大众所了解。值得一提的是，据说苹果公司在这项技术上的研发时间长达5年之久，直至 iPhone X 才搭载了完备的人脸识别功能，可见高精度的人脸识别技术并不是一种简单的技术。

上面的两个例子只是人脸识别应用的冰山一角，人脸识别技术的典型应用场景可以总结为如下几个场景。

(1) 身份认证场景

这是人脸识别技术最典型的应用场景之一。门禁系统、手机解锁等都可以归纳为该种类别。该方法与传统的钥匙开锁、指纹识别、虹膜识别等均属于身份认证。这需要系统判断当前被检测人脸是否已经存在于系统内置的人脸数据库中。如果系统内没有该人的信息，则认证失败。

(2) 证件验证场景

证件验证与身份认证相似，也可称为人脸验证，是判断证件中的人脸图像与被识别人的人脸是否相同的场景。在进行人脸与证件之间的对比时，往往会引入活体检测技术。

或许大家对活体检测技术并不陌生，就是我们在使用互联网产品时经常会出现的“眨眨眼、摇摇头、点点头、张张嘴”的人脸识别过程，这个过程我们称之为基于动作指令的活体检测。活体检测还可以借由红外线、活体虹膜、排汗等方法来实现。不难理解，引入活体检测可以有效地增加判断的准确性，防止攻击者伪造或窃取他人生物特征用于验证，例如使用照片等平面图片对人脸识别系统进行攻击。

(3) 人脸检索场景

人脸检索与身份验证类似，二者的区别在于身份验证是对人脸图片“一对一”地对比，而人脸检索是对人脸图片“一对多”地对比。例如，在获取到某人的人脸图片后，可以通过人脸检索方法，在人脸数据库中检索出该人的其他图片，或者查询该人的姓名等相关信息。这与我们在数据库中进行查询是一样的，但人脸检索要比在数据库中查询常规数据复杂得多，例如该以何种方式才能建立高效的人脸图片检索索引呢？人脸检索的应用场景非常多，一个典型的例子是在重要的交通关卡布置人脸检索探头，将行人的人脸图片在犯罪嫌疑人数据库中进行检索，从而比较高效地识别出犯罪嫌疑人。

（4）人脸分类场景

我们这里指的人脸分类主要包括判断人脸图片中的人脸是男人还是女人，所属的年龄区间是怎样的，是什么样的人种，该人的表情是什么等。当然，人脸分类能够实现的功能远不止于此，在很多场景中具有重要的应用价值。例如，社交类 App 可以通过用户上传的自拍图片来判断该用户的性别、年龄等特征，从而为用户有针对性地推荐一些可能感兴趣的人。

（5）交互式应用场景

美颜类自拍软件大家或许都很熟悉，该类软件除能够实现常规的磨皮、美白、滤镜等功能外，还具有“大眼”“瘦脸”、添加装饰类贴图等功能。而“大眼”“瘦脸”等功能都需要使用人脸识别技术来检测出人眼或面部轮廓，然后根据检测出来的区域对图片进行加工，从而得到我们看到的最终结果。添加装饰类贴图也是在这个基础上实现的，可以认为这是一种 AR（增强现实）应用。其实，交互式的应用场景远不止于此，还有许多游戏也属于这种交互式的应用场景。

（6）其他应用

上面所述的内容是人脸识别中应用比较广泛的领域。其实，除这些领域外，人脸识别还有许多其他的应用。例如，人脸图片的重建技术可以应用到通信工程领域，实现低比特率的图片与视频传输；基于人脸识别技术，可以实现人脸图片的合成，甚至直接将一个视频中的人脸完全替换为另外一个人的脸。其中一个经典的项目是 DeepFake，利用该项目可以实现“视频换脸”功能，实现的效果足以以假乱真。

我们可以在日常生活中体会到人脸识别技术为我们的生活带来的便利。随着技术的进一步发展，将会有越来越多的人脸识别相关项目落地。在后面的实战内容中，我们将会围绕这些应用场景，具体介绍其原理与实现方法。

1.1.3　人脸识别的目标

我们已经介绍了人脸识别的不同应用场景。在不同的应用场景下，人脸识别的目标可能是不相同的。但是，对于绝大多数的人脸识别应用场景，人脸识别的目标是类似的。人脸识别的大致流程可以描述为：通过人脸识别模型判断图片中是否存在人脸，如果存在人脸，则定位到该人脸的区位，或者提取该人脸图像的高级特征，作为该人脸图像的特征向量，并用在后续对图片的处理中。

由于人脸识别的应用场景不同，上述步骤的选择和侧重点也不尽相同。例如，定位人脸在图片中的位置，可以用于诸如 AR 等贴图操作；通过定位人脸的关键点，可以对人脸图片进行几何变换，通过几何变换可以实现对图像中人脸的校正，与此同时，得到的人脸关键点还可以用来实现诸如“瘦脸”等操作；如果想要实现的功能并不是对人脸图片的几何变换，而是对图片中的人脸进行特定判断，如判断图片中人脸的性别、年龄等，那么此时的目标是提取出图片中人脸的高级特征，然后根据提取出来的高级特征，使用分类器进行分类，即可以实现诸如性别识别、年龄判断等功能；对于人脸对比，一个可行的思路仍然是提取图片中人脸的高级特征，然后对这两个特征进行对比，从而得出一个相似度数值，通过比较该数值与预设阈值的大小，从而判别两张图片中的人脸是否属于同一个人。

从上面的介绍中我们可以看出，不同人脸识别应用的很多步骤都是重合的，其差异仅在于操作层次的深浅。通过合理选择、组合对人脸图片的操作层次，就可以实现我们预期的目标。这个实现过程可以说是“万变不离其宗”，最核心的技术便是提取人脸图像的高级特征，我们将会在后续的例子中逐步印证这一点。

1.1.4　人脸识别的一般方法

我们首先以人脸对比场景为例，介绍一种人脸对比的可行思路。

我们在前文中提到过，虽然人脸识别的应用很广泛，而且用到的具体技术也不尽相同，但是，有很多步骤其实是类似的。以人脸对比为例，一种可行的解决方案如图 1-2 所示。

下面我们简要介绍一下其中的一些关键步骤。

1. 图像预处理

在很多计算机视觉项目中，往往需要进行图片的预处理操作。这主要是因为输入的图片常存在不合规范的地方，甚至会干扰系统的后续工作。如图片带有噪声，或者图片尺寸不符合系统要求等，这些都是预处理这一步需要做的事。而对应的处理方法可以是对

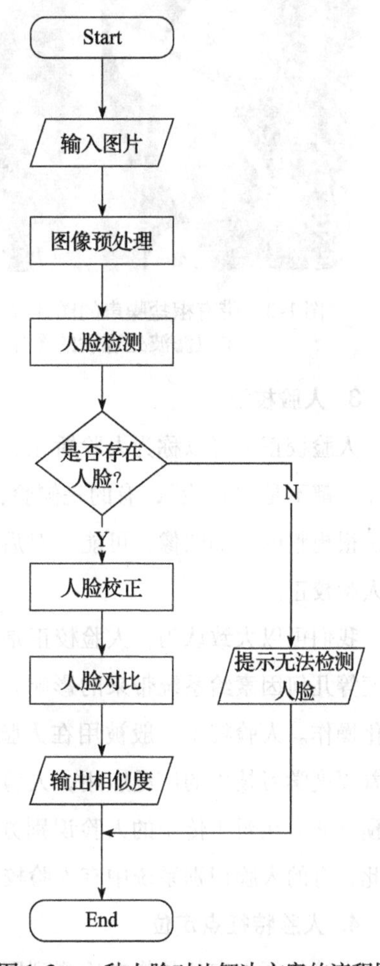

图 1-2　一种人脸对比解决方案的流程图

图片进行滤波等操作，从而使图片更加符合系统要求。如图 1-3 所示，分别为带有椒盐噪声的图片和经过中值滤波处理后的图片。

2. 人脸检测

顾名思义，人脸检测就是用来判断一张图片中是否存在人脸的操作。如果图片中存在人脸，则定位该人脸在图片中的位置；如果图片中不存在人脸，则返回图片中不存在人脸的提示信息。对于人脸识别应用，人脸检测可以说是必不可少的一个重要环节。人脸检测效果的好坏，将直接影响整个系统的性能优劣。如图 1-4 所示，灰色矩形框代表了从图片中检测到的人脸图像位置。

图 1-3　带有椒盐噪声的图片（左图）与经过中值滤波处理后的图片（右图）

图 1-4　人脸检测示意图

3. 人脸校正

人脸校正又可以称为人脸矫正、人脸扶正、人脸对齐等。我们知道，图片中的人脸图像往往都不是“正脸”，有的是侧脸，有的是带有倾斜角度的人脸。这种在几何形态上似乎不是很规整的面部图像，可能会对后续的人脸相关操作造成不利影响。于是，就有人提出了人脸校正。

我们可以大致认为，人脸校正是对图片中人脸图像的一种几何变换，目的是减少倾斜角度等几何因素给系统带来的影响。因此，人脸校正一般也被认为是对人脸图像的几何归一化操作。人脸校正一般被用在人脸对比等存在后续人脸特征提取的应用场景中。但是，随着深度学习技术的广泛应用，人脸校正并不是被绝对要求存在于系统中。深度学习模型的预测能力相对于传统的人脸识别方法要强得多，因为它以大数据样本训练取胜。也正因如此，有的人脸识别系统中有人脸校正这一步，而有的模型中则没有。

4. 人脸特征点定位

人脸特征点定位是指在检测到图片中人脸的位置之后，在图片中定位能够代表图片中人脸的关键位置的点。常用的人脸特征点是由左右眼、左右嘴角、鼻子这5个点组成的5点人脸特征点，以及包括人脸及嘴唇等轮廓构成的68点人脸特征点等。图1-5所示的就是对人脸图片进行特征点定位后标定的人脸特征点。通过对图片中人脸特征点的定位，可以进行人脸校正，也可以应用到某些贴图类应用中。

图1-5 定位到的5个人脸特征点

5. 人脸特征提取

对于很多人脸识别应用来说，人脸特征提取是十分关键的步骤。例如在性别判断、年龄识别、人脸对比等场景中，将已提取到的人脸特征为主要的判断依据。提取到的人脸特征质量的优劣将直接影响输出结果正确与否。

我们可以认为RGB形式的彩色图片是一个具有红、绿、蓝三通道的矩阵，而二值图像和灰度图像本身在存储上就是一个矩阵，这些图片中的像素点是很多的。而提取到的特征往往是以特征向量的形式表示的，向量的元素一般都不会太多（一般在“千”这个数量级）。因此，从宏观角度来看，特征提取过程可以看作一个数据抽取与压缩的过程。从数学角度看，其实是一个降维的过程。有关降维的内容，我们将会在后续的部分中详细介绍。

6. 分类器

分类器其实指代的是一种分类算法。例如我们需要判断图片中人脸所属者的性别，在提取到人脸图像的高级特征之后，我们要根据这个提取到的特征来判断其性别。这个过程其实是一个二分类过程，也就是大家都知道的：在不考虑特殊情况的前提下，人类可以分为两类，不是男人就是女人。判断的依据是前面提到的人脸图像的高级特征，用于判断的算法就是所谓的分类器。当然，这个分类器的设计与实现其实并不是那么容易的，我们会在后面的内容中详细展开叙述。

在这里我们介绍了人脸识别中人脸对比场景中涉及的一些具体要素。我们可以看到，人脸对比的一个可行思路是首先进行图片的预处理，然后进行人脸检测判断，最后提取特征并进行对比。人脸对比是人脸识别中比较典型的应用场景，我们可以从这个例子中总结出人脸识别应用的共性。

1）图像预处理。目的是减少图片自身因素对系统判断造成的干扰，或者使图片格式更适合系统。常见的处理方式有图片去噪、尺寸转换、灰度化处理等。

2）人脸检测。对于人脸识别应用场景，如果图片中根本不存在人脸，那么后续的一切操作都将变得没有意义，甚至会造成错误的结果。而如果识别不到图片中存在的人脸，也会导致整个系统执行的提前终止。因此，人脸检测在人脸识别应用中具有十分重要的作用，甚至可以认为是不可或缺的重要一环。

3）特征点定位与特征提取。人脸识别系统如果想要实现一些高级功能，获取特征将是必不可少的部分。对于不同的人脸识别应用场景，其对特征的定义也不尽相同。例如想要在图片中的人脸上自动添加一个眼镜作为装饰物，那么我们需要获取的特征就是双眼在图片中的位置，这样以人眼为特征点的定位将是十分必要的；而对于人脸对比、性别识别等场景，获取能够代表图片中人脸的一个特征向量将是十分必要的。

4）对特征的利用。我们已经明确了，获取我们所需的特征是后续操作的重要基础。特征的利用方式前面已经提到几种，诸如使用分类器进行分类、使用比较器进行比较，或者利用定位到的人脸特征点进行图片的贴图。毫无疑问，对特征利用的目的是很明确的，因为这往往就是我们最终想要获取的系统直接输出结果。

上述过程在实现上可能会很复杂，但是对于大多数的人脸识别应用而言，大致的思路是相同的。将上述内容归结为人脸识别系统构建的一般方法，我们将在后续的内容中以这样的思路进行人脸识别系统的设计与实现。

1.2　人脸识别发展状况

人脸识别既是一项起源较早的技术，又是一门焕发着活跃生命力、充满着学术研究魅力的新兴技术领域。随着近些年人工智能、大数据、云计算的技术创新幅度的增大，技术更迭速度的加快，人脸识别作为人工智能的一项重要应用，也搭上了这 3 辆“快车”，基于人脸识别技术的一系列产品实现了大规模落地。

随着 2006 年深度信念网络的提出，深度学习作为机器学习中一个单独的研究领域被提了出来。深度学习具有传统方法所不及的优点，尤其是经过 GPU 加速后，深度学习程序的执行速度变得更快，足以满足工业场景中对算力的要求，也在客观上促进了产业的发展。在可以预见的未来，人脸识别领域必将会散发出更耀眼的光芒。

下面，我们将从人脸识别的历史发展情况和当前技术热点，揭秘这项神秘而又熟悉的技术。

1.2.1　人脸识别历史沿革

对人脸识别的研究可以追溯到 20 世纪六七十年代，经过几十年的曲折发展，如今该技术已经日趋成熟。

最早与人脸识别相关的研究并不是在计算机工程领域，而是在心理学领域。早在20世纪50年代，就有学者尝试从心理学的角度来阐释人脸认知的奥秘。除了从感知与心理学的角度来研究人脸识别原理外，也有从生物视觉角度来探索奥秘的。但真正与我们现在的人脸识别技术有较多关联的研究，其实出现在20世纪70年代。

如果将人脸识别技术的发展历程划分为3个阶段的话，那么第1阶段就是起源于20世纪70年代的半机械式识别方法；第2阶段则是以人机交互式识别方法为主，而第3阶段就是我们现在所处的阶段，机器能够自动地进行人脸识别与判断。下面，我们分别介绍一下这3个阶段。

第一阶段：半机械式识别阶段

这一时期的代表性论文为Parke等人发表的《Computer generated animation of faces》，在论文中，研究者实现了人脸灰度图模型，而他们也被认为是这一阶段人脸识别技术的代表性人物。这一时期的人脸识别过程主要以大量人工操作为主，识别过程几乎全部需要操作人员来完成，因此，这样的系统是无法自行完成人脸识别过程的。

第二阶段：人机交互式识别阶段

人脸识别技术在这一阶段得到了进一步的发展，研究者可以使用算法来完成对人脸的高级表示，或者可以以一些简单的表示方法来代表人脸图片的高级特征。例如AJ Goldstein、LD Harmon与AB Lesk在论文《Man-machine interaction in human-face identification》中使用几何特征参数表示人脸的正面图像；Kaya等人在论文《A basic study on human face recognition》中使用统计学方法，以欧氏距离作为人脸特征；Kanade则实现了一个半自动回溯识别系统。

但是，这部分人脸识别方法仍然需要研究人员的高度参与，例如在人脸识别过程中需要引入操作人员的先验知识，识别过程并没有完全摆脱人工的干预。

第三阶段：自动人脸识别阶段

只有将识别过程自动化才可以真正达到人脸识别的效果。而这项技术的发展，离不开机器学习的发展。

早期的自动人脸识别与我们印象中的机器学习并不太相似，一般以几何特征和相关匹配的方法居多，在模型的设计上，常常会引入一些先验知识。

除此之外，还有基于统计与基于子空间的识别方法。例如著名的特征脸（Eigenfaces）法就属于一种基于子空间的人脸识别方法。

在这一阶段中，人工神经网络（Artificial Neural Network，ANN）也得到了广泛的应用，由此演化出很多人脸识别中的新方法。例如当前非常热门的深度学习方法就属于人工神经网络的范畴。

1.2.2 DT 时代的呼唤

我们大家对 IT 并不陌生，IT 是 Information Technology 的英文缩写，意为信息技术。而 DT 是 Data Technology 的英文缩写，我们自然而然地可以将其翻译为数据技术。如果说以 IT 为核心的时代我们称之为信息时代，那么，以 DT 为核心的时代，我们就可以将其称为数据时代。

DT 这个概念最早是由阿里巴巴集团创始人马云在 2014 年北京的一次大数据产业推介会上提出的。至于我们现在所处的时代究竟已经进入了所谓的 DT 时代抑或仍然处在 IT 时代，其实并不重要。毫无疑问的是，我们所处的时代已经进入了一个崭新的阶段，一个以大数据、云计算和人工智能作为生产力驱动的崭新阶段。

人脸识别作为当前非常热门且技术含量很高的一项技术，吸引了很多优秀学者与工程师的目光。在如今这个“数据爆炸”的新时期，人脸识别作为一项炙手可热的研究领域迎来了发展的新契机。

机器学习作为人工智能的核心技术之一被广泛应用在计算机视觉领域，如 SVM 算法、人工神经网络、Boosting 算法等被巧妙地应用在人脸识别场景，并且取得了不错的效果；大数据技术为海量数据的收集、整理、存储等提供了高效的解决方案，也为以深度学习为主的机器学习系统提供了海量的训练数据来源，使机器学习系统获得了更好的泛化能力。关于算法与算力谁更重要的讨论由来已久，但自从能够实现按需配置、弹性扩容的云计算技术发展起来以后，算力已经不再是明显的瓶颈。

伴随着新技术的诞生，人脸识别系统的实现也变得更加便捷，识别准确率同时得到大幅度提高。Face ++ 旷视科技、云从科技、依图科技等一批专注于人脸识别云服务的独角兽企业如雨后春笋般出现，一方面由于技术的日臻成熟，已经能够满足绝大多数应用场景的需求；另一方面也是因为多种云服务形式的广泛应用，形成了一个潜在的巨大消费群体。云服务形式将逐步替代本地客户端方式，类似在线人脸识别这样的 SaaS 云服务也迎来产业发展的好时机。

1.2.3 计算机视觉的新起点

人脸识别是计算机视觉的一个重要应用，因此，说到人脸识别就不得不提及计算机视觉。

俗话说，“眼睛是心灵的窗口”，我们在日常生活中也可以切身体会到视觉不同于其他感官的特殊地位。科学研究表明，人类对外界环境的感知绝大多数是通过视觉来完成的，这一比例高达80%以上。可见视觉对人类生活的重要性。在人工智能领域，自然也少不了对视觉的研究。我们将以计算机为工具进行视觉感知与图像处理等相关的研究领域划分为一个独立的研究空间，这个研究空间便是我们所谓的计算机视觉，也称为机器视觉。

自从人工智能的概念提出来以后，就一直与计算机视觉产生着联系。早在20世纪50年代就被提出的感知机算法的一个典型应用场景，就是用来对图像传感器获取到的20×20像素的字母进行识别。到了20世纪90年代，机器学习算法迎来了一个“井喷”式发展时期。伴随着更多机器学习算法的提出，机器学习开始成为计算机视觉领域的一个重要工具，其主要应用在图片的检测、识别与分类上。值得一提的是，人脸识别也在这时迎来了一个研究上的高潮。但是，真正能够算得上是计算机视觉新起点的时间点是在2012年。

到了21世纪，计算机视觉俨然成为计算机学科的一项大的研究门类了。国际计算机视觉与模式识别会议（CVPR）、国际计算机视觉大会（ICCV）等计算机视觉领域的顶级会议也成为人工智能领域的年度盛会，在计算机学界具有举足轻重的地位。

斯坦福大学李飞飞教授牵头创立了一个庞大的图片数据库ImageNet，该数据库目前包含了大约1400万张图片，共分为2万个类别。从2010年起，每年举办一次大规模视觉识别挑战赛（ILSVRC），比赛规则为：从这个巨大的数据库中选择1000个类别、超过120万张图片作为数据集，参赛人员通过设计算法模型来为这些图片分类，评比哪一个参赛组的识别效果最优。这项比赛逐步成为计算机视觉领域的一项重要赛事，参赛者大多来自大学、科研机构与巨头科技公司。通过评比结果能够客观地展现算法模型的好坏，在赛事中取得名次的算法模型通常会受到极大的关注，甚至可能会对计算机视觉的发展产生深远影响。

首届ILSVRC的冠军由来自NEC研究院的余凯组获得，他们的识别错误率为28%。2011年，来自欧洲的研究人员将识别错误率刷新至25.7%，性能提升并不是很明显。但是，真正将识别错误率大幅度下降的还要属2012年参赛的AlexNet神经网络，它一举将识别错误率下降至15.3%，完胜第2名26.2%的识别错误率。

从数字上看，这样的进步幅度是惊人的。事实也是如此，AlexNet在当时的确引起了不小的轰动。AlexNet成功的秘诀就是引入了Hinton教授提出的深度学习思想。这里还不得不提到一个很有趣的现象。

早在2006年，Hinton教授就已经提出了深度信念网络，这标志着深度学习理论的诞生。但是，当时的许多学者并不相信这样的一种理论，统计学习方法仍然牢牢地占据机器学习的统治地位。甚至，直到 Hinton 教授的学生 Alex 实现了 AlexNet 神经网络并且一举以大比分优势夺冠之后，很多人仍然对模型持质疑态度，认为该算法难以解释且参数量过多。不过，在这之后的第 2 年，ILSVRC 比赛中的模型就大面积地出现深度学习模型了。在后来的比赛中，深度学习俨然成为主流，少数非深度学习神经网络结构的模型也在比赛中沦为垫底。

深度学习的诞生为机器学习开启了一个全新的研究领域。在此之后，深度学习也成为研究计算机视觉的一项强有力的手段，在诸如人脸识别、物体检测等领域大放光彩。因此，深度学习的诞生，特别是 AlexNet 的实现，也被认为是计算机视觉发展的一个崭新的起点。

1.3 本章小结

在本章中，我们一起回顾了人脸识别技术的历史沿革，分析了人脸识别的当前状况与研究趋势。人脸识别与机器学习紧密地结合在一起成为当前热门的研究领域。随着以大数据、云计算、人工智能技术为主的数据时代的到来，包括人脸识别在内的机器学习系统迎来了发展上的新机遇。

随着深度学习的诞生与成熟，机器学习进入了一个全新的发展时期。2012 年诞生的 AlexNet，是深度学习神经网络首次在图片识别大赛中的工程实践，一经问世便获誉无数。这也为以人脸识别为代表的计算机视觉开启了一扇崭新的大门，基于深度学习的神经网络同时成为人脸识别领域中一种重要的工具。

CHAPTER2

第2章

数学与机器学习基础

人脸识别主要是对电子设备采集到的图像进行处理。一张图片在计算机中的存储首先是记录每个像素点在整张图片中的位置，然后保存每个像素点所包含的信息，如灰度值、RGB 值等。在图像处理实现过程中，一般是以一个矩阵的形式来代表整张灰度图片。通过对矩阵的翻转、平滑、腐蚀、膨胀等操作实现对图像的边缘检测、特征提取等操作。

在本章中，我们将简要回顾图像处理中常见的数学知识，同时介绍一些常用的机器学习算法，为接下来的学习做准备。在学习本章内容之前，希望读者提前学习一下矩阵论相关的知识，以便更容易理解本章内容。

2.1 矩阵

读者详细接触矩阵最早可能在大学开设的《线性代数》课程中。矩阵是研究线性代数这门学问非常重要的基础。因此，在进行本章后续内容的学习前，我们先来简单回顾一下矩阵的相关概念和一些简单的运算。

2.1.1 矩阵的形式

矩阵的直观表示形式为一组以网格形式排列的数的集合。它的数学表达形式如下：

$$\boldsymbol{A}=\begin{bmatrix} a_{11} & a_{12} & \cdots & a_{1n} \\ a_{21} & a_{22} & \cdots & a_{2n} \\ \vdots & \vdots & \ddots & \vdots \\ a_{m1} & a_{m2} & \cdots & a_{mn} \end{bmatrix}$$

其中的 a_{ij} 表示矩阵 $\boldsymbol{A}$ 中的第 i 行第 j 列元素，也称为矩阵 $\boldsymbol{A}$ 中的一个元。可以看出，$\boldsymbol{A}$ 由 m 行、n 列共 $m \times n$ 个元素组成，常记作 $\boldsymbol{A}_{mn}$。若 $m = n$，则 $\boldsymbol{A}$ 又被称作方阵或 n 阶方阵。

方阵的概念与我们生活中接触到的正方形的概念是类似的，如果一个矩形的长和宽相等，那么这个矩形就是一个正方形。通俗地理解，矩阵就是由数字组成的矩形的阵列。那么方阵，也就是对应一个方形的数字阵列，例如下面展示了一个简单的方阵。

$$\begin{bmatrix} 1 & 0 & 0 \\ 0 & 1 & 0 \\ 0 & 0 & 1 \end{bmatrix}$$

这个方阵有一个特点：除了对角线以外其余元素均为0，因此也叫对角矩阵。

2.1.2　行列式

行列式是一个以方阵为变量的函数，它的数学定义为：

$$|\boldsymbol{A}_{nn}| = \begin{vmatrix} a_{11} & a_{12} & \cdots & a_{1n} \\ a_{21} & a_{22} & \cdots & a_{2n} \\ \vdots & \vdots & \ddots & \vdots \\ a_{n1} & a_{n2} & \cdots & a_{nn} \end{vmatrix} = \sum (-1)^{\tau(k_1 k_2 \cdots k_n)} (a_{1k_1} a_{2k_2} \cdots a_{nk_n})$$

记作 $\det(\boldsymbol{A}_{nn})$ 或者 $|\boldsymbol{A}_{nn}|$，称作 n 阶行列式。其中 $a_{1k_1} a_{2k_2} \cdots a_{nk_n}$ 表示 n 个不同行不同列的元素的乘积。$\tau(k_1 k_2 \cdots k_n)$ 表示为排列 $k_1 k_2 \cdots k_n$ 中的逆序总数。若 $k_i > k_j$，i，$j \in \{1, 2, \cdots, n\}$，则称为一个逆序。

行列式的基本性质如下。

（1）$|\boldsymbol{A}_{nn}\boldsymbol{B}_{nn}| = |\boldsymbol{A}_{nn}| \cdot |\boldsymbol{B}_{nn}|$，特别地 $|\boldsymbol{A}_{nn}^{p}| = |\boldsymbol{A}_{nn}|^{p}$

这条性质是说：矩阵乘积的行列式等于矩阵行列式的乘积。听起来比较拗口，可能公式更容易理解。我们在上面的式子中可以观察到，对于两个矩阵 A 与 B 来讲，其相乘之后的矩阵的行列式数值与分别求这两个矩阵的行列式然后乘积的结果是相同的。

（2）$|\lambda \boldsymbol{A}_{nn}| = \lambda^{n} |\boldsymbol{A}_{nn}|$，其中 λ 为常数

这条性质是说：行列式中如果某一行或者某一列中所有的元素都同时乘以一个常数 λ，则相当于该行列式的计算结果乘以 λ。那么，对于 n 阶梯行列式来说，如果行列式中所有的元素都同时乘以某一个常数，最终也就相当于行列式的结果乘以 λ^{n}。

通过行列式计算，可以将方阵计算为一个具体的标量数值，这个数值可以看作这个方

阵的一个性质，我们可以将计算行列式的过程类比为一个带入具体公式的计算过程。例如，我们计算下面这个方阵的行列式过程如下：

$$\begin{vmatrix} a_1 & b_1 & c_1 \\ a_2 & b_2 & c_2 \\ a_3 & b_3 & c_3 \end{vmatrix} = a_1 \cdot b_2 \cdot c_3 + b_1 \cdot c_2 \cdot a_3 + c_1 \cdot a_2 \cdot b_3 - a_3 \cdot b_2 \cdot c_1 - a_1 \cdot b_3 \cdot c_2 - a_2 \cdot b_1 \cdot c_3$$

对上述方阵求解行列式的过程叫作求解三阶行列式，因为其是一个三阶的矩阵。对于高阶行列式的求解，我们不推荐使用手工计算的方式，一般使用专业的科学计算工具进行计算，例如科研中常用到的 MATLAB 工具或者我们后面将要讲解到的 Python 的科学计算库等。

2.1.3 转置

将矩阵$\boldsymbol{A}_{mn}$的行列互换后得到的矩阵称为$\boldsymbol{A}_{mn}$的转置，记作$\boldsymbol{A}_{mn}^{\mathrm{T}}$。即：

$$\boldsymbol{A}_{mn}^{\mathrm{T}} = \begin{bmatrix} a_{11} & a_{21} & \cdots & a_{m1} \\ a_{12} & a_{22} & \cdots & a_{m2} \\ \vdots & \vdots & \ddots & \vdots \\ a_{1n} & a_{2n} & \cdots & a_{mn} \end{bmatrix}$$

若方阵满足$\boldsymbol{A}_{nn}^{\mathrm{T}} = \boldsymbol{A}_{nn}$，则称$\boldsymbol{A}_{nn}$为对称矩阵。例如将下列矩阵进行转置运算：

$$\begin{bmatrix} 1 & 2 \\ 3 & 4 \\ 5 & 6 \end{bmatrix}$$

可以得到该矩阵的转置矩阵：

$$\begin{bmatrix} 1 & 3 & 5 \\ 2 & 4 & 6 \end{bmatrix}$$

因此，我们可以通俗地理解：矩阵的转置就是将原来矩阵中的元素，沿着其对角线进行翻转，生成另外一个矩阵的过程。

2.1.4 矩阵的一般运算

在这一部分中，我们将对矩阵的一般运算进行回顾，主要包括矩阵的加法和乘法。

1. 矩阵的加法

当矩阵 $\boldsymbol{A}$ 与矩阵 $\boldsymbol{B}$ 的行数、列数相同时，加法才有意义。

$$\begin{bmatrix} a_{11} & a_{12} & \cdots & a_{1n} \\ a_{21} & a_{22} & \cdots & a_{2n} \\ \vdots & \vdots & \ddots & \vdots \\ a_{m1} & a_{m2} & \cdots & a_{mn} \end{bmatrix} + \begin{bmatrix} b_{11} & b_{12} & \cdots & b_{1n} \\ b_{21} & b_{22} & \cdots & b_{2n} \\ \vdots & \vdots & \ddots & \vdots \\ b_{m1} & b_{m2} & \cdots & b_{mn} \end{bmatrix} = \begin{bmatrix} a_{11}+b_{11} & a_{12}+b_{12} & \cdots & a_{1n}+b_{1n} \\ a_{21}+b_{21} & a_{22}+b_{22} & \cdots & a_{2n}+b_{2n} \\ \vdots & \vdots & \ddots & \vdots \\ a_{m1}+b_{m1} & a_{m2}+b_{m2} & \cdots & a_{mn}+b_{mn} \end{bmatrix}$$

例如，矩阵 $\boldsymbol{A}$ 与矩阵 $\boldsymbol{B}$ 进行加法运算，这个计算过程可以表示为：

$$\boldsymbol{A} = \begin{bmatrix} 1 & 2 \\ 3 & 4 \end{bmatrix}$$

$$\boldsymbol{B} = \begin{bmatrix} 5 & 6 \\ 7 & 8 \end{bmatrix}$$

$$\boldsymbol{A} + \boldsymbol{B} = \begin{bmatrix} 6 & 8 \\ 10 & 12 \end{bmatrix}$$

矩阵与矩阵相加的过程，就是矩阵中每个元素分别相加求和的过程。这也就要求两个矩阵的形式必须是一致的，例如上述矩阵都是 2 行 2 列的矩阵。

2. 矩阵的乘法

矩阵的乘法形式不止一种，可以分为矩阵与矩阵相乘、矩阵与常数相乘等。

（1）矩阵与常数的乘法

$$\lambda \boldsymbol{A}_{mn} = \begin{bmatrix} \lambda a_{11} & \lambda a_{12} & \cdots & \lambda a_{1n} \\ \lambda a_{21} & \lambda a_{22} & \cdots & \lambda a_{2n} \\ \vdots & \vdots & \ddots & \vdots \\ \lambda a_{m1} & \lambda a_{m2} & \cdots & \lambda a_{mn} \end{bmatrix}$$

矩阵与常数的乘法运算比较简单，就是将矩阵中的每一个元素都乘以这个常数即可。例如：

$$2 \cdot \begin{bmatrix} 1 & 2 \\ 3 & 4 \end{bmatrix} = \begin{bmatrix} 2 & 4 \\ 6 & 8 \end{bmatrix}$$

（2）矩阵与矩阵的乘法

当矩阵 $\boldsymbol{A}$ 的列数与矩阵 $\boldsymbol{B}$ 的行数相等时，乘法才有意义。即 $\boldsymbol{A}_{mn}\boldsymbol{B}_{nq} = \boldsymbol{C}_{mq}$，其中 $c_{ij} = \sum_{k=1}^{n} a_{ik}b_{jk},\ i \in \{1,\cdots,m\},\ j \in \{1,\cdots,q\}$

例如下面这个例子：

$$\begin{bmatrix}1&2&3\\4&5&6\end{bmatrix}\begin{bmatrix}4\\2\\1\end{bmatrix}=\begin{bmatrix}11\\32\end{bmatrix}$$

其中的运算过程是：

$$1\times4+2\times2+3\times1=11$$

$$4\times4+5\times2+6\times1=32$$

也就是说，将前面的矩阵的每一行与后面的矩阵的每一列中的元素分别进行乘积运算，所得的结果作为新矩阵中的元素值。对于 a 行 b 列的矩阵，其只能与 b 行 c 列的矩阵相乘，最终的结果是 a 行 c 列矩阵。

（3）哈达马乘积（Hadamard product）

当矩阵 $\boldsymbol{A}$ 与矩阵 $\boldsymbol{B}$ 的行数、列数相同时，哈达马乘积才有意义。哈达马乘积符号为°或 * 或⊙，即：

$$\begin{bmatrix}a_{11}&a_{12}&\cdots&a_{1n}\\a_{21}&a_{22}&\cdots&a_{2n}\\\vdots&\vdots&\ddots&\vdots\\a_{m1}&a_{m2}&\cdots&a_{mn}\end{bmatrix}\odot\begin{bmatrix}b_{11}&b_{12}&\cdots&b_{1n}\\b_{21}&b_{22}&\cdots&b_{2n}\\\vdots&\vdots&\ddots&\vdots\\b_{m1}&b_{m2}&\cdots&b_{mn}\end{bmatrix}=\begin{bmatrix}a_{11}b_{11}&a_{12}b_{12}&\cdots&a_{1n}b_{1n}\\a_{21}b_{21}&a_{22}b_{22}&\cdots&a_{2n}b_{2n}\\\vdots&\vdots&\ddots&\vdots\\a_{m1}b_{m1}&a_{m2}b_{m2}&\cdots&a_{mn}b_{mn}\end{bmatrix}$$

（4）矩阵运算的常见性质

1）交换律：$\boldsymbol{A}+\boldsymbol{B}=\boldsymbol{B}+\boldsymbol{A}$

2）结合律：$(\boldsymbol{A}+\boldsymbol{B})+\boldsymbol{C}=\boldsymbol{A}+(\boldsymbol{B}+\boldsymbol{C})$，$(\boldsymbol{AB})\boldsymbol{C}=\boldsymbol{A}(\boldsymbol{BC})$

3）分配律：$\boldsymbol{A}(\boldsymbol{B}+\boldsymbol{C})=\boldsymbol{AB}+\boldsymbol{AC}$，$(\boldsymbol{B}+\boldsymbol{C})\boldsymbol{A}=\boldsymbol{BA}+\boldsymbol{CA}$

2.2　向量

向量（vector）也就是我们所说的矢量。我们以前理解的向量是既有长度、又有方向的量，常用一个箭头放在一个字母上表示，例如 $\vec{a}$。

我们高中课程中所涉及的向量形式都比较简单，例如在二维平面中的某一条向量大多表示成以下形式：

从点 A 到点 B 的某一条向量可以表示为$\overrightarrow{AB}$。

到了高中后期，我们学习立体几何之后，可以通过建立三维坐标点的形式，来表明空间中的某一条向量。例如，在三维空间中的某一个平面的法向量可以表示为 $\vec{n}=(1,2,3)$。

与这个过程类似，在高维空间中，向量的元素数量会更多。但是，它们之间的原理是相同的。

2.2.1 向量的形式

向量为行数或列数为 1 的特殊矩阵，一般用小写字母来表示，如 $\boldsymbol{a}$、$\boldsymbol{b}$、$\boldsymbol{c}$ 等。例如：

$$\boldsymbol{a}=[a_1,a_2,\cdots,a_m] \text{ 或 } \boldsymbol{a}=\begin{bmatrix}a_1\\a_2\\\vdots\\a_m\end{bmatrix}，\text{也可写成 } \boldsymbol{a}=(a_1,a_2,\cdots,a_m) \text{ 或 } \boldsymbol{a}=\begin{pmatrix}a_1\\a_2\\\vdots\\a_m\end{pmatrix}$$

我们将由一行数值组成的向量称为行向量，例如 [1，2，3]。将由一列数值组成的向量称为列向量，例如$\begin{bmatrix}1\\2\\3\end{bmatrix}$。我们可以看到，由相同元素组成的行向量与列向量之间是互为转置的关系。一般我们为了便于表示，可以将上述列向量表示为 $[1,2,3]^{\mathrm{T}}$。

2.2.2 向量的点乘

已知向量 $\boldsymbol{a}=[a_1, a_2, \cdots, a_m]$ 和向量 $\boldsymbol{b}=[b_1, b_2, \cdots, b_m]$，可得 $\boldsymbol{a}\cdot\boldsymbol{b}=\boldsymbol{a}\boldsymbol{b}^{\mathrm{T}}=\sum_{i=1}^{m}a_i b_i$。

两个向量的点乘我们很早就已经接触过了，例如我们曾经接触过以下计算过程：

$$\vec{a}\cdot\vec{b}=|\vec{a}|\cdot|\vec{b}|\cdot\cos\theta$$

其中，$\cos\theta$ 表示这两个向量之间夹角的余弦值。

但是，我们更愿意将向量表示为行向量与列向量的形式，而不喜欢用几何的形式来表示。这样，对于两个向量 $\boldsymbol{a}=[1,2,3]$ 与 $\boldsymbol{b}=[1,2,3]$ 相乘，我们可以通过以下方式来计算：

$$\begin{aligned}\boldsymbol{a}\cdot\boldsymbol{b}&=1\times1+2\times2+3\times3\\&=1+4+9\\&=14\end{aligned}$$

可以发现，向量之间的点乘其实也是一个向量与另一个向量的转置之间乘积的结果。大家可以尝试对比一下该式的计算过程：

$$\begin{aligned}&[1,2,3]\begin{bmatrix}1\\2\\3\end{bmatrix}\\&=1\times1+2\times2+3\times3\\&=14\end{aligned}$$

2.2.3　向量的范数

向量的范数表示的是向量自身的一种性质。范数的应用非常广泛，希望读者熟悉范数的计算过程。

以向量 $\boldsymbol{a}$ 为例，常用的几种范数的计算方式如下：

1）0 范数，即向量 $\boldsymbol{a}$ 中非零元素的个数，常用 $\|\boldsymbol{a}\|_0$ 表示。

2）1 范数，即向量 $\boldsymbol{a}$ 中所有元素绝对值之和，用公式表示为 $\|\boldsymbol{a}\|_1 = \sum_i |a_i|$。

3）2 范数，又称欧几里得（Euclid）范数，用公式表示为 $\|\boldsymbol{a}\|_2 = \left(\sum_i |a_i|^2\right)^{1/2}$。

4）∞ 范数，即向量 $\boldsymbol{a}$ 的元素绝对值中的最大值，用公式表示为 $\|\boldsymbol{a}\|_\infty = \max_i |a_i|$。

5）-∞ 范数，即向量 $\boldsymbol{a}$ 的元素绝对值中的最小值，用公式表示为 $\|\boldsymbol{a}\|_{-\infty} = \min_i |a_i|$。

6）p 范数，用公式表示为 $\|\boldsymbol{a}\|_p = \left(\sum_i |a_i|^p\right)^{1/p}$。

我们可以看到 1 范数、2 范数都是 p 范数的一种表现形式，也就是 p 值分别是 1 和 2 的两种特例。

细心的读者可能已经发现了，向量的 2 范数不就是向量的模长吗？的确如此，向量的范数可以理解为衡量空间中向量长度的一种形式。

2.3　距离度量

试想一下，如果我们比较数值之间的相似性，常数 1 与 2 的相似性大还是常数 1 与 100 之间的相似性大？或许我们大家都会异口同声地说：1 与 2 之间的相似性大。因为，我们是根据二者之间的数值差更小来判断并得出的结论。

那么对于向量来说，是否也存在衡量二者相似性的一种方法呢？当然有！那就是衡量两条向量之间的距离。这么做有一个非常重要的原因：我们可以将某一张图片通过特征提取来转换为一个特征向量。那么如何衡量两张图片的相似度呢？那就可以通过衡量这两张图片对应的两个特征向量之间的距离来判断了。而这里所说的距离度量，就为我们提供了一种衡量两个或多个向量之间相似度的方法。

2.3.1　欧式距离

欧式距离可以简单理解为两点之间的直线距离。对于两个 n 维空间点 $a=(x_1, x_2, \cdots, x_n)$ 和 $b=(y_1, y_2, \cdots, y_n)$，它们之间的欧式距离定义如下：

$$d_{ab} = \sqrt{\sum_{i=1}^{n} (x_i - y_i)^2}$$

在三维空间中的边长为 1 的一个立方体，它的对角线之间的距离为$\sqrt{3}$，如图 2-1 所示。这个距离值就是欧氏距离，也就是我们平时说得最多的“距离”。

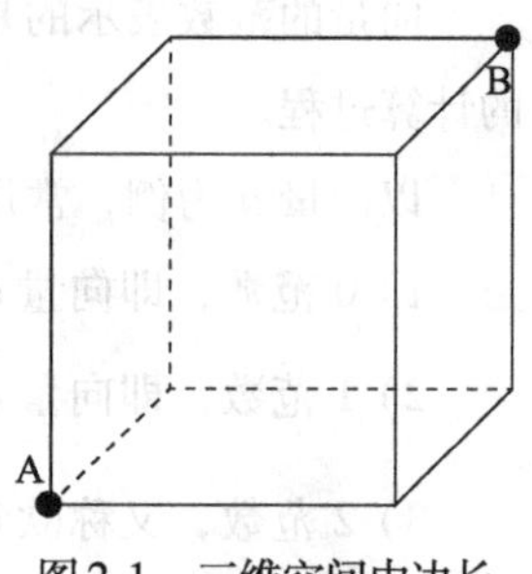

图 2-1　三维空间中边长为 1 的立方体

在图 2-1 中，若以 A 点为坐标原点建立空间直角坐标系，那么 A 点的位置为（0，0，0），B 点的位置为（1，1，1），则 A 点与 B 点之间的距离也就是$\overrightarrow{AB}$的模长，也即是：

$$\begin{aligned} |\overrightarrow{AB}| &= \sqrt{(B_x - A_x)^2 + (B_y - A_y)^2 + (B_z - A_z)^2} \\ &= \sqrt{1+1+1} \\ &= \sqrt{3} \end{aligned}$$

2.3.2　曼哈顿距离

曼哈顿距离最初指的是区块建设的城市（如曼哈顿）中，两个路口间的最短行车距离，因此也被称为城市街区距离。对于两个 n 维空间点 $a=(x_1, x_2, \cdots, x_n)$ 和 $b=(y_1, y_2, \cdots, y_n)$，它们之间的曼哈顿距离定义如下：

$$d_{ab} = \sum_{i=1}^{n} |x_i - y_i|$$

曼哈顿距离公式还是比较容易理解的，例如 $\boldsymbol{a}=[1, 2, 3]$，$\boldsymbol{b}=[2, 3, 4]$，那么两个向量之间的曼哈顿距离可以表示如下：

$$|1-2|+|2-3|+|3-4|=3$$

也就是说，求解曼哈顿距离的过程就是求两条向量中每个对应位置的元素之差的绝对值，然后将其求和的过程。

2.3.3　余弦距离

余弦距离指的是向量空间中两个向量间的夹角的余弦值，又称作余弦相似度。对于两个 n 维空间点 $a=(x_1, x_2, \cdots, x_n)$ 和 $b=(y_1, y_2, \cdots, y_n)$，它们的余弦距离定义如下：

$$d = \frac{\sum_{i=1}^{n} x_i y_i}{\sqrt{\sum_{i=1}^{n} x_i^2} \sqrt{\sum_{i=1}^{n} y_i^2}}$$

我们可以根据向量之间点乘的公式反推一下余弦距离的表达式。

对于两个向量 $\boldsymbol{a}=[1,2,3]$ 与 $\boldsymbol{b}=[4,5,6]$，它们之间点积的计算过程如下：

$$\boldsymbol{a}\cdot\boldsymbol{b} = |\boldsymbol{a}|\cdot|\boldsymbol{b}|\cdot\cos\theta$$

那么，这两个向量之间夹角 $\boldsymbol{\theta}$ 的余弦值可以表示为：

$$\cos\theta = \frac{\boldsymbol{a}\cdot\boldsymbol{b}}{|\boldsymbol{a}|\cdot|\boldsymbol{b}|}$$

这两个向量之间夹角的余弦值就是这两个向量之间的余弦相似度。将向量的计算过程带入式中，可以得到这两条向量之间的余弦相似度：

$$\begin{aligned}\cos\langle\boldsymbol{a},\boldsymbol{b}\rangle &= \cos\theta \\ &= \frac{\boldsymbol{a}\cdot\boldsymbol{b}}{|\boldsymbol{a}|\cdot|\boldsymbol{b}|} \\ &= \frac{1\times4+2\times5+3\times6}{\sqrt{1^2+2^2+3^2}\cdot\sqrt{4^2+5^2+6^2}} \\ &= \frac{32}{\sqrt{14}\cdot\sqrt{77}} \\ &= 0.975\end{aligned}$$

余弦相似度的数值范围也就是余弦值的范围，即 $[-1,1]$，这个值越高也就说明相似度越大。我们可以看到，这两条向量之间的相似度非常接近1，可以说是非常相似的。我们也可以想象到，在三维空间中，这两条向量的差距其实并不是非常大，这也从侧面印证了余弦相似度的数值含义。

值得一提的是，有些时候，我们希望这个数值的范围在 $[0,1]$ 这个区间中，也就是对结果进行归一化处理。这个归一化过程可以利用余弦值的性质来完成：

$$\cos\theta' = 0.5 + 0.5\cos\theta$$

余弦相似度是一种非常常用的衡量向量之间距离的方式，常用在人脸识别等特征相似度度量的场景中。

2.3.4　汉明距离

汉明距离在信息论中更常用，表示的是两个等长度的字符串中位置相同但字符不同的位置个数。如字符串“011001”与字符串“101100”之间的汉明距离为4，也就是这两个字符串之间存在4个位置的不同，分别出现在第1、第2、第4和第6个字符的位置上。

汉明距离也可以用在某些图像相似度识别场景，如有种图像相似性识别算法叫作*感知哈希算法*（Perceptual Hash Algorithm），该算法可以将图片映射为一个哈希字符串，比较两个图片之间的相似度就可以通过判断两个哈希字符串之间不一致的位置有多少来实现，也就是计算汉明距离的过程。

2.4 卷积

卷积，通俗意义讲就是加权求和，其中的权值矩阵称为加权模板，也称为卷积核或滤波器。通过使用不同的卷积核，我们可以实现对图像的模糊处理、边缘检测、图像分割等功能。常用的卷积主要为一维卷积、二维卷积等，由于图像是离散信号，故本书所接触的卷积均为离散卷积。其中，一维卷积主要用在自然语言处理和序列模型中，二维卷积主要应用在计算机视觉领域中。

2.4.1 一维卷积

卷积运算的符号为 *，例如一维离散卷积的定义式可以表示如下：

$$(f * g)[n] = \sum_{m=-\infty}^{\infty} f[m]g[n-m]$$

下面举例说明卷积运算过程：

设 $\boldsymbol{a}=[1, 2]$，$\boldsymbol{b}=[4, 5, 6]$，在卷积中，序列的下标索引从 0 开始，索引中不存在的元素一般使用 0 代替，如 $\boldsymbol{a}(-1)=0$、$\boldsymbol{a}(2)=0$、$\boldsymbol{a}(0)=1$。卷积的计算过程如图 2-2 所示。

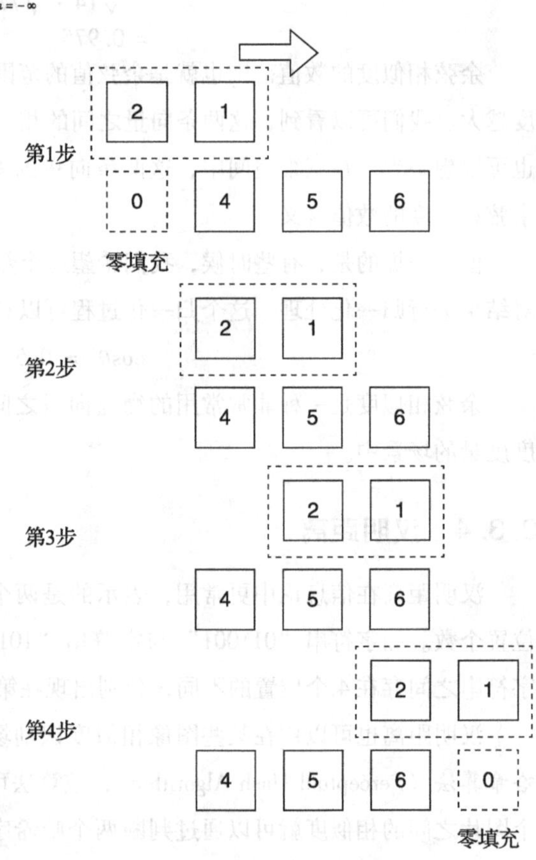

图 2-2 一维离散卷积的计算过程示意图

我们从图 2-2 中可以看到，将 $\boldsymbol{a}=[1, 2]$ 作为卷积核，对数据 $\boldsymbol{b}=[4, 5, 6]$ 进行卷积。根据公式，首先将卷积核倒序一下，就变成了 [2, 1]。将该卷积核在数据上进行滑动，分别求这两个向量点乘之结果。那么经过上述 4 个步骤，最终会得到 4 个数值，将这 4 个数值组合起来形成的序列即为卷积所得的结果。

我们可以发现，卷积核开始卷积的起始位置为图 2-2 中第 1 步所示的情况，该种情况下原始数据会存在“空位”，通常用 0 来填充，即所谓的零填充（zero padding）。通过这种形式卷积出来的结果会比原始数据中的元素数量还要多，称之为full形式的卷积。也可以选择以第2步所示的情况作为卷积的起始位置，这种情况下数据自然不需要零填充，称为valid形式的卷积。还有另外一种卷积，卷积出来的结果与原始数据中的元素数量相同，称为same形式的卷积。

我们以full形式的卷积为例，可以得到计算公式如下：

$$\boldsymbol{c}(k) = \boldsymbol{a}(k) * \boldsymbol{b}(k) = \sum_{i=0}^{N-1} \boldsymbol{a}(k-i)\boldsymbol{b}(i)$$

其中 $\boldsymbol{a}$ 向量与 $\boldsymbol{b}$ 向量分别为相互卷积的序列，$N = \max(\text{length}(\boldsymbol{a}), \text{length}(\boldsymbol{b}))$。

其计算过程为：

$$\boldsymbol{c}(0) = \sum_{i=0}^{2} \boldsymbol{a}(0-i)\boldsymbol{b}(i) = \boldsymbol{a}(0)\boldsymbol{b}(0) + \boldsymbol{a}(-1)\boldsymbol{b}(1) + \boldsymbol{a}(-2)\boldsymbol{b}(2)$$

$$= 1 \times 4 = 4$$

$$\boldsymbol{c}(1) = \sum_{i=0}^{2} \boldsymbol{a}(1-i)\boldsymbol{b}(i) = \boldsymbol{a}(1)\boldsymbol{b}(0) + \boldsymbol{a}(0)\boldsymbol{b}(1) + \boldsymbol{a}(-1)\boldsymbol{b}(2)$$

$$= 2 \times 4 + 1 \times 5 = 13$$

$$\boldsymbol{c}(2) = \sum_{i=0}^{2} \boldsymbol{a}(2-i)\boldsymbol{b}(i) = \boldsymbol{a}(2)\boldsymbol{b}(0) + \boldsymbol{a}(1)\boldsymbol{b}(1) + \boldsymbol{a}(0)\boldsymbol{b}(2)$$

$$= 2 \times 5 + 1 \times 6 = 16$$

$$\boldsymbol{c}(3) = \sum_{i=0}^{2} \boldsymbol{a}(3-i)\boldsymbol{b}(i) = \boldsymbol{a}(3)\boldsymbol{b}(0) + \boldsymbol{a}(2)\boldsymbol{b}(1) + \boldsymbol{a}(1)\boldsymbol{b}(2)$$

$$= 2 \times 6 = 12$$

所以最终我们可以得到向量 $\boldsymbol{a}$ 与向量 $\boldsymbol{b}$ 之间卷积的结果：

$$\boldsymbol{c} = [4,13,16,12]$$

我们看到，卷积的计算过程中有一个倒序的过程，其实不倒序的话，也可以进行运算，只不过不是卷积运算而是互相关运算。互相关与卷积计算虽然在形式上有这样一个不同点，但是在数学意义上的区别却不大。

2.4.2 二维卷积

二维卷积的定义可以表示如下：

$$\boldsymbol{c}(p,q) = \boldsymbol{a}(p,q) * \boldsymbol{b}(p,q) = \sum_{i=0}^{M-1} \sum_{j=0}^{N-1} \boldsymbol{a}(p-i,q-j)\boldsymbol{b}(i,j)$$

其中，$\boldsymbol{a}$ 为 $g \times h$ 的二维矩阵，$\boldsymbol{b}$ 为 $r \times s$ 的二维矩阵相互卷积的二维矩阵。$M = \max(g,$

r)，$N=\max(h, s)$。同一维卷积类似，下标从 0 开始，对于下标中不存在的元素一般用 0 填充。

下面以一个直观的例子对二维卷积进行说明。如图 2-3 所示，现有一个数据矩阵称为 image，一个卷积核称为 filter，将该卷积核进行 180°倒置后其形式仍然为自身（在实际应用中，为了方便起见，所指的卷积核都是互相关的形式）。用该卷积核对数据 image 进行卷积，以 vaild 卷积形式为例，我们简单看一下卷积步骤。

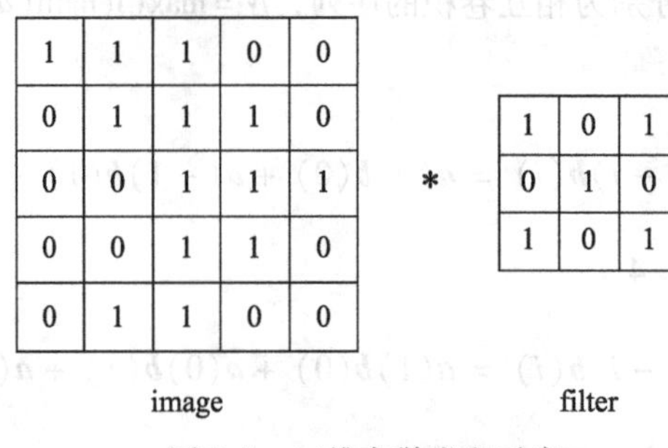

图 2-3　二维离散卷积示意

其实，这个卷积过程与前面所述的一维卷积过程是类似的，卷积过程中几个关键步骤如图 2-4 所示。图 2-4a 所示的为进行卷积时的第 1 个卷积运算过程，将两个矩阵中对应元素相乘，然后再求和，可得该过程的结果为 4；卷积核在图像矩阵上水平移动到尽头时，如图 2-4b 所示，此时需要换行继续进行卷积，该过程如图 2-4c 所示；反复如此操作，最终可得到最后一个卷积计算，如图 2-4d 所示。

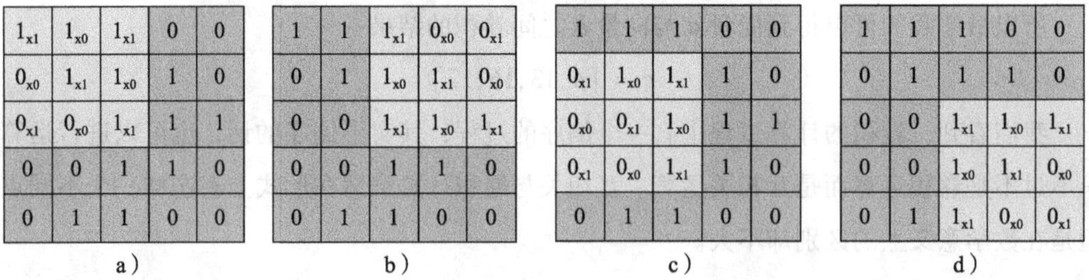

1_{x1}	1_{x0}	1_{x1}	0	0
0_{x0}	1_{x1}	1_{x0}	1	0
0_{x1}	0_{x0}	1_{x1}	1	1
0	0	1	1	0
0	1	1	0	0

a）

1	1	1_{x1}	0_{x0}	0_{x1}
0	1	1_{x0}	1_{x1}	0_{x0}
0	0	1_{x1}	1_{x0}	1_{x1}
0	0	1	1	0
0	1	1	0	0

b）

1	1	1	0	0
0_{x1}	1_{x0}	1_{x1}	1	0
0_{x0}	0_{x1}	1_{x0}	1	1
0_{x1}	0_{x0}	1_{x1}	1	0
0	1	1	0	0

c）

1	1	1	0	0
0	1	1	1	0
0	0	1_{x1}	1_{x0}	1_{x1}
0	0	1_{x0}	1_{x1}	0_{x0}
0	1	1_{x1}	0_{x0}	0_{x1}

d）

图 2-4　卷积过程的几个关键步骤

经过上述卷积运算，最终可以得到卷积后的结果。我们这里演示的卷积是 vaild 卷积形式，毫无疑问，这个卷积相当于一个降维过程。那么最终得到的结果如图 2-5 所示。

4	3	4
2	4	3
2	3	4

图 2-5　卷积过程最终得到的结果

2.5　机器学习基础

机器学习是基于数据构建数学模型的过程，常用的数学模型有概率统计模型，也有人工神经网络模型。机器学习是将模型运用到对数据进行预测和分析的学科，是人工智能中的一个大的门类，大体可以分为统计学习方法和人工神经网络，其中深度学习就是人工神经网络中当前最热门的一类。正如人类的学习过程：输入、整合、输出一样，机器学习从数据中来，到数据中去，利用数据训练出模型，然后使用模型预测，从而完成整个学习过程。机器学习强调的是一种逻辑上的因果关系，而机器学习本身就是在寻找将因果进行匹配的一个映射模型。

2.5.1　机器学习类别

目前的机器学习算法主要分为监督学习、无监督学习和强化学习。当然，也有居于监督学习和无监督学习二者之间的半监督学习。

1. 监督学习

监督学习指的是根据已有的训练数据，建立一个确定的模式，来预测新的实例。这里的训练数据包含输入的数据与相应的输出值。举个通俗的例子，一本练习册中，所有的问题与答案是对应起来的，监督学习通过一个学习过程，将所有问题的预测答案与实际答案进行比较，然后逐步调整学习过程中的参数，以便使答案的预测结果更加准确。我们人类学习的过程也是一样的，我们也是通过不断地做题，使得自己做出一道题的答案与标准答案接近。而学习的过程就是不断地调节我们做题时的“参数”，这个参数就可以类比为我们的解题过程、解题方法、计算方式等。通过不断地训练，来强化我们这些“参数”，使这些“参数”变得更优。

当新问题到来时，便可通过之前学到的知识进行答案预测，这个过程，与我们做一些没见过的题是一样的，我们可以通过解题经验来推测结果。监督学习的常见应用为垃圾邮件分类、手写文字识别、图像分类等。

2. 无监督学习

与监督学习相较而言，无监督学习的训练数据中只包含输入数据，不再包含与输入数据相应的输出值（如结果标签）。我们还是以做练习册中的练习题为例，无监督学习的一种形式就是我们通过对比练习册中练习题的特征，将同类问题归纳到一起，这个过程我们称之为聚类。也就是说，聚类是一种典型的无监督学习。

3. 强化学习

强化学习主要是通过一步步地尝试来进行学习的，可以类比为我们常说的“试错”过程。在“试错”过程中，外界会针对“试错”结果进行一定的反馈，在这个“试错”过程中，算法可以渐渐地调整参数，获得更好的反馈结果，使得“试错”过程中错误的数量逐步减少，从而达到学习的目的。

我们普通人的一生也可以看作一个强化学习的过程：通过不断“试错”“走弯路”，通过外界的反馈甚至是打击来积累学习经验，从而能够在未来的路途中少犯错，少“走弯路”。

2.5.2　分类算法

常见的分类算法有 K 最近邻算法（k-Nearest Neighbor，kNN）、支持向量机（Support Vector Machine，SVM）、决策树（Decision Tree）、AdaBoost（Adaptive Boosting）等。在人脸识别中，使用较多的分类算法为支持向量机和 AdaBoost 算法，因此我们将主要介绍支持向量机与 AdaBoost 算法。

1. 支持向量机

支持向量机的英文名称为 Support Vector Machine，它是一个二分类器，所谓的二分类就是分类结果只有 A 或者 B 两个类别，这是机器学习中的非常常用的一种分类算法。

我们先从理论上对支持向量机算法进行介绍。

假设训练数据为$\{(\boldsymbol{x}_i, y_i) \mid i=1, K, m\}$，其中 y_i 代表$\boldsymbol{x}_i$ 所属的种类，一般用 $y_i = \pm 1$ 表示。假设存在超平面$\boldsymbol{w}^{\mathrm{T}}\boldsymbol{x}+\boldsymbol{b}=0$，使得

$$\begin{cases} \boldsymbol{w}^{\mathrm{T}}\boldsymbol{x}_i + \boldsymbol{b} > 0 & \forall\ y_i = 1 \\ \boldsymbol{w}^{\mathrm{T}}\boldsymbol{x}_i + \boldsymbol{b} < 0 & \forall\ y_i = -1 \end{cases}$$

x_i 到超平面$\boldsymbol{w}^{\mathrm{T}}\boldsymbol{x}+\boldsymbol{b}=0$ 的距离为 $d_i = \dfrac{|\boldsymbol{w}^{\mathrm{T}}\boldsymbol{x}_i + \boldsymbol{b}|}{\|\boldsymbol{w}\|_2}$，我们把在 $y_i = \pm 1$ 的类中距离超平面最近的 x_i 称为支持向量。这里所谓的超平面与我们平时听到的平面概念类似，只不过平面是分布在三维空间中的二维图形，而超平面是分布在高维空间中的。超过三维的空间很难想象，我们在学习中可以将其类比到三维空间中进行想象。

设支持向量到超平面的距离为 d，那么有

$$\begin{cases} \dfrac{\boldsymbol{w}^{\mathrm{T}}\boldsymbol{x}_i + \boldsymbol{b}}{\|\boldsymbol{w}\|_2} \geqslant d & \forall\ y_i = 1 \\ \dfrac{\boldsymbol{w}^{\mathrm{T}}\boldsymbol{x}_i + \boldsymbol{b}}{\|\boldsymbol{w}\|_2} \leqslant -d & \forall\ y_i = 1 \end{cases}$$

我们不妨设 $d\,\|\boldsymbol{w}\|_2=1$，那么目标函数将变为：

$$\max_{w}\frac{2}{\|w\|_2}$$

$$\text{s.t. } y_i(\boldsymbol{w}^{\mathrm{T}}\boldsymbol{x}_i+\boldsymbol{b})\geqslant 1$$

我们注意到，最大化$\frac{1}{\|w\|_2}$与最小化$\frac{1}{2\,\|w\|^2}$是等价的，因此我们将上式转换成凸问题：

$$\min_{w}\frac{1}{2}\,\|w\|_2^2$$

$$\text{s.t. } y_i(\boldsymbol{w}^{\mathrm{T}}\boldsymbol{x}_i+\boldsymbol{b})\geqslant 1$$

这个式子也就是线性可分支持向量机在模型训练过程中的最优化问题。截至这里，我们就已经推导出支持向量机算法的一种最为基础的表现形式了。我们分析一下这个式子，这个优化问题的目标函数实际上就是两个类别的分解样本之间的距离，如图2-6所示。这个式子是在满足约束条件的前提下，求解决策边界最大化的过程。也就是说，虽然能够将数据集划分为两类的超平面很多，但是，它们并不都能保证决策边界的最大化。例如图2-6展示了进行二分类划分时候的3种情况。

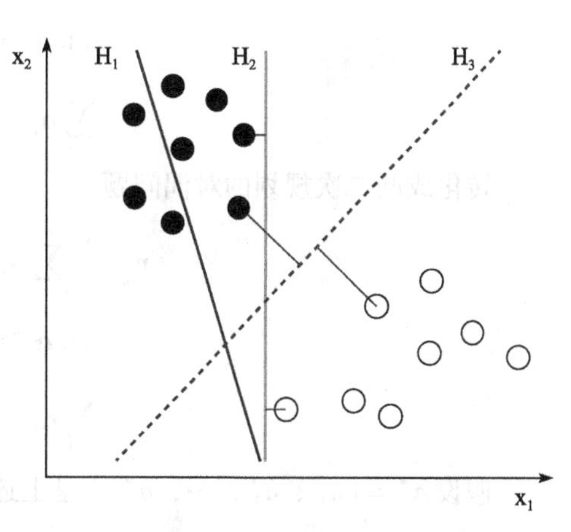

图2-6 将类别进行二分类的3种情况

在二维空间中，存在3条直线 H_1、H_2与 H_3，它们均能在这个特征空间中进行类别的二分类。但是，这里面分类效果最优的应该为 H_3。

对于直线 H_1，它虽然能够进行二分类，但是存在很多误分点，划分后的类别存在较大的误差，效果比较差。

对于直线 H_2，虽然在该数据集中能无误差地将类别进行完全划分，但是划分后的决策边界之间的距离很小，也就是类别边界点到直线 H_2的距离很小，使得模型分类其他数据时候的泛化能力较差。故而，H_3是这3条直线中分类效果最好的一条。

但是，对于这类优化问题，在实际中我们很难求解到全局最优解，一般情况我们所得到的解都是较优的近似解。

进一步说，如果数学基础比较好的话，我们不妨看一下该式对偶形式的推倒过程。上式的拉格朗日形式可以写成：

$$L(\boldsymbol{\alpha},\boldsymbol{w},b) = \frac{1}{2}\|\boldsymbol{w}\|_2^2 + \sum_{i=1}^{m}\alpha_i(y_i(\boldsymbol{w}^{\mathrm{T}}\boldsymbol{x}_i + \boldsymbol{b}) - 1)$$

为了便于计算，将拉格朗日形式转换成它的对偶形形式，即

$$\max_{\alpha}\min_{w} L(\boldsymbol{\alpha},\boldsymbol{w},b)$$

其中 $\boldsymbol{\alpha}$ 是对偶变量，$\boldsymbol{\alpha} \geqslant 0$。在该式的基础上，通过一系列推导（参见参考文献［1］）可得：

$$\max_{\alpha}\sum_{i=1}^{n}\alpha_i - \frac{1}{2}\sum_{i,j=1}^{n}\alpha_i\alpha_j y_i y_j \boldsymbol{x}_i^{\mathrm{T}}\boldsymbol{x}_j$$

$$\text{s.t. } \boldsymbol{\alpha} \geqslant 0$$

$$\sum_{i=1}^{n}\alpha_i y_i = 0$$

转化成凸二次规划的对偶问题：

$$\min_{\alpha}\frac{1}{2}\sum_{i,j=1}^{n}\alpha_i\alpha_j y_i y_j \boldsymbol{x}_i^{\mathrm{T}}\boldsymbol{x}_j - \sum_{i=1}^{n}\alpha_i$$

$$\text{s.t. } \boldsymbol{\alpha} \geqslant 0$$

$$\sum_{i=1}^{n}\alpha_i y_i = 0$$

假设 $a^* = [a_1^*, a_2^*, \cdots, a_l^*]^{\mathrm{T}}$ 是上述对偶最优化问题的解，那么存在下标 j 使得 $a_j^* > 0$，由此可以得到下面这个结论：

$$w^* = \sum_{i=1}^{N} a_i^* y_i x_i$$

$$b^* = y_j - \sum_{i=1}^{N} a_i^* y_i (x_i x_j)$$

那么，对于某一个类别 y 就可以通过下式来判断：

$$f(x) = \mathrm{sign}\left(\sum_{i=1}^{N} a_i^* y_i (x \cdot x_i) + b^*\right)$$

其中，sign 代表符号函数，其结果为 1 或 -1，即对应着两个不同的类别。

可以看到，支持向量机问题实际上是一个规划问题，求解的过程实际上是在寻找这个规划的全局最优解。在数学上一般常用序列最小最优化（Sequential Minimal Optimization，SMO）算法来求解支持向量机问题的全局最优解。SMO 算法是 1998 年由 Platt 提出来的，可以用来快速求解凸二次规划问题的全局最优解。因此，我们将支持向量机的形式转变为

对偶的形式后，可以用该算法来加速对支持向量机这个规划问题的最优解求解过程。SMO算法的计算过程比较复杂，在此不做探讨，感兴趣的读者可以查阅参考文献［1］进一步学习。

我们在上面看到的是支持向量机的一种最简单的形式——线性可分支持向量机，这个理论推导过程已经非常复杂了。我们更喜欢用直白、通俗的语言来描述一个数学算法。

我们熟悉二维平面，也熟悉三维空间。以三维空间为例，它是通过长、宽、高进行建模的，我们所接触的物体分布在三维空间的某一个位置上。我们由此想象，由于机器学习的某一个特征值是可以用标量数值来表征的，那么将这些特征分布在某一个空间中，这个空间我们便称之为特征空间。

我们每个人所处的位置是可以通过长、宽、高3个维度来表征的，这3个维度的坐标数值就可以看作是我们位置的具体特征。那么，我们将机器学习中的特征分布到某特征空间中，虽然这些特征的维度多半都是超过三维的，但是与我们每个人处在三维空间中的某个位置是一样的道理。

而支持向量机所要做的就是在这个特征空间中寻找某一超平面，使得分布在特征空间中的样本点能够被这个超平面分割为两类。例如图2-7展示了在二维空间中，使用支持向量机算法将两个类别进行划分的过程。

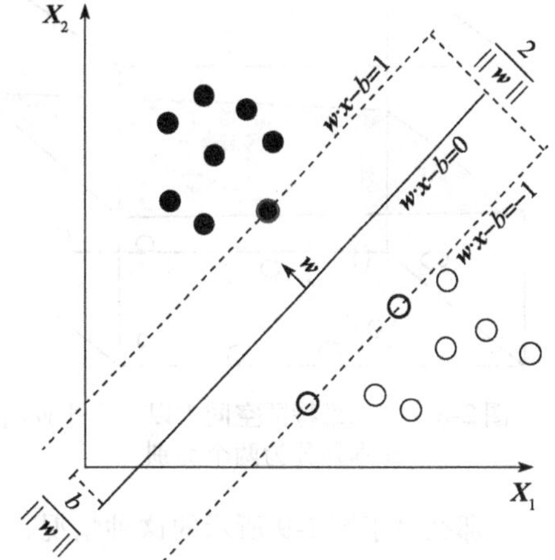

图2-7　二维空间中使用支持向量机进行类别划分

在图2-7中我们可以看到，在由$\boldsymbol{X}_1$与$\boldsymbol{X}_2$两个特征向量所组成的特征空间中，存在两个类别——实心圆点和空心圆点。这两个类别可以通过一条直线$wx-b=0$进行区分，在该二维图像中，b为一个正实数，调整了其前面的符号，用以表示截距。由于是一条直线，w将不再表示一个向量，而是一个标量。那么也就是说，在这个特征空间中，我们可以获得一个判断类别的函数：

$$f(x) = wx - b$$

将某一个特征向量$\boldsymbol{x}$带入这个公式中，如果这个结果是大于0的，也就是说上述函数在该直线之上的，即可以由算法判断为实心类别；反之，则判断为空心类别。这也进一步印证了机器学习训练过程中算法所做的事：通过现有的（x，y）数据样本，寻找$f(x)$中合适的（w，b）参数。

图 2-7 展示的是在二维特征空间中的样本分类，多维特征空间的原理也是一样的。例如，图 2-8 展示了在三维特征空间中分布的两个类别的样本。在该图中我们能够看到，用于区分这两个类别的不再是一条线段，而是一个平面。

通过图 2-7 与图 2-8 的展示，我们不难理解支持向量机的基本思路。对于维度高于三维的特征空间，我们很难用图像的形式直观展示出来，在我们的脑海中也是难以想象和建模的。但是，它们的基本原理是一致的。也就是说，**对于具有 N 个特征的数据集，该数据集中的样本分布在一个 N 维的特征空间中，将这些样本点划分为两个类别的超平面也是 $N-1$ 维的。**

在前面我们介绍过支持向量机算法求得的解，对于线性可分支持向量机来说，存在以下不足：样本点在特征空间中的分布很多都是线性不可分的，也就是无法用一条直线、一个平面或者一个超平面来简单粗暴地将两个类别划分开，如图 2-9 所示。

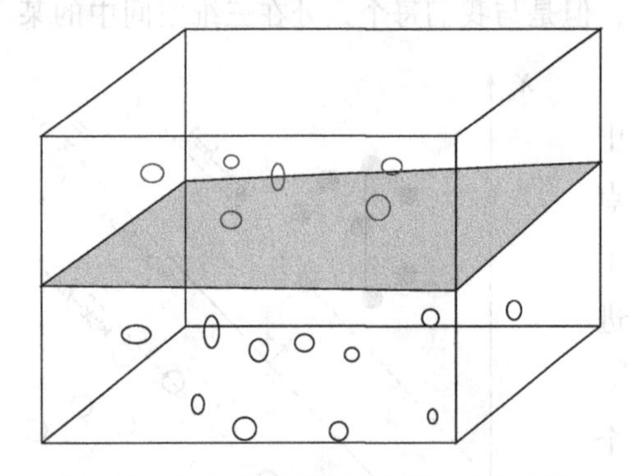

图 2-8　在三维特征空间中以一个平面将样本划分为两个类别

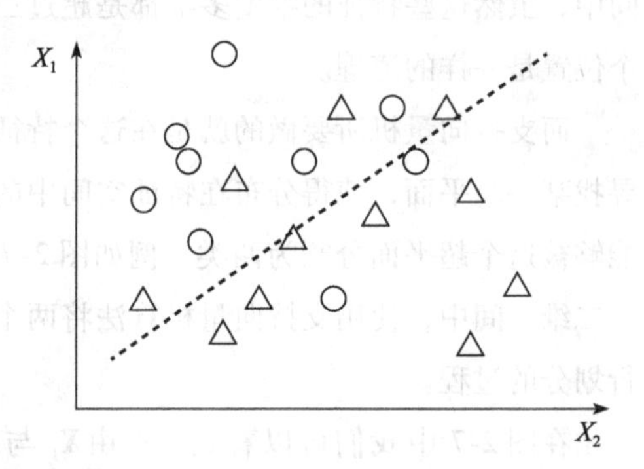

图 2-9　数据集不能线性可分的情况

那么对于图 2-9 所示的这种情况，我们该采用什么样的方法来解决呢？我们可以看到图 2-9 中的两类样本点虽然不可以完全使用一条直线进行分割，但是可以在容忍一定误差的情况下，近似地使用一条直线进行类别的划分。那么我们可以想一下：是否可以将支持向量机算法进行改进，在允许容忍一定误差的前提下，尽可能地对样本点进行分类呢？答案自然是可行的，这样就引出了线性支持向量机。

（1）线性支持向量机

我们知道，线性可分支持向量机强调的是可以通过线性手段严格地将样本点分为两类。这样就会有一个问题，如果样本点中存在噪声或者样本点的边缘的界定本身就比较“模糊”，这时就需要我们适当地“让出”一部分的区域，使得样本点能够被完全地分为两类。

线性不可分意味着某些样本点（x_i，y_i）不能满足函数间隔大于或者等于1的约束条件，这个约束条件如下：

$$y_i(w^{\mathrm{T}} \cdot x_i + b) - 1 \geqslant 0$$

为了解决这个问题，为每一个样本点（x_i，y_i）引进一个松弛变量 ξ_i，且该变量是一个大于等于0的实数。那么，我们便可以将约束条件更改为：

$$y_i(w^{\mathrm{T}} \cdot x_i + b) \geqslant 1 - \xi_i$$

这相当于我们在容忍了一定误差的前提下，使用线性的方法将数据集中的类别进行划分。这样，也就可以在一定程度上解决线性不可分的情况。我们通过对算法的学习可以了解到，支持向量机算法实际上是一个规划问题，在上述式子中，我们只是修改了支持向量机中的约束条件，对于规划的目标函数，我们也需要进行一下改造。我们将目标函数由最简单的线性可分支持向量机的形式 $\frac{1}{2}\|w\|^2$ 修改为：

$$\frac{1}{2}\|w\|^2 + C\sum_{i=1}^{N}\xi_i$$

其中，参数 C 表示惩罚参数，是该算法中一个可调的超参数，可以根据具体情况来调整。C 值越大，对错误分类时的惩罚力度越大，反之亦然。那么，目标函数的作用将会比较清晰：保证决策边界尽量大，也就是 $\frac{1}{2}\|w\|^2$ 尽量小，同时也要求误分点的数量尽量少。那么参数 C 也就是平衡二者之间权重关系的参数，也就是调和二者的系数。因此，我们可以得到线性不可分的线性支持向量机学习过程的凸二次规划（convex quadratic programming）表达式：

$$\min_{w,b,\xi}\frac{1}{2}\|w\|^2 + C\sum_{i=1}^{N}\xi_i$$

$$s.t.$$

$$y_i(w \cdot x_i + b) \geqslant 1 - \xi_i$$

$$\xi_i \geqslant 0$$

$$i = 1,2,\cdots,N$$

（2）核技巧

我们通过前面的学习，发现支持向量机只能够对线性可分，或者近似线性可分的样本点进行分类。但是，我们平时所接触到的数据样本很多都是非线性的，这样岂不是极大地制约支持向量机这个算法的使用场景了吗？

非线性分类问题是指需要利用非线性模型才能够获得比较好的分类结果的一类问题。如图 2-10 所示，这个分类过程是一个非线性的分类过程。很明显，两类样本点之间无法通过一条直线、一个平面或者超平面进行分类，因此，我们称这些样本点是非线性可分的，我们需要用一种非线性的模型对样本点进行分类。如图 2-10 所示，对于这两类样本点，我们可以使用椭圆将其进行分类。

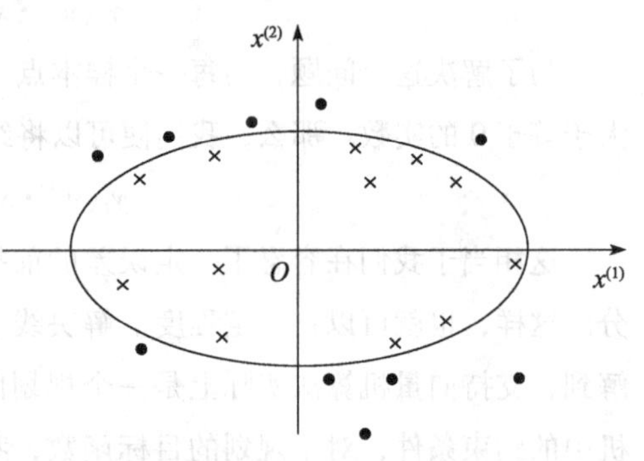

图 2-10 一种非线性分类的示例

因此我们就可以引出支持向量机的一个精髓的设计思想——核技巧（kernel trick）。所谓核技巧就是在原有支持向量机算法的基础上，引入了一种变换函数，称之为核函数。核函数有一个作用，它的作用就是将非线性可分的特征空间映射到线性可分的特征空间中。当然，这个所谓的“映射”过程，更确切地说是一种变换的过程。

我们看一下如图 2-11 所示的过程，这是将图 2-10 中的由 $x^{(1)}$ 与 $x^{(2)}$ 组成的特征空间中，线性不可分的点映射到另一个由 $z^{(1)}$ 与 $z^{(2)}$ 组成的线性可分的特征空间中去。既然在这个新的特征空间中样本点是线性可分的，那么我们不妨对经过“变换”后的样本使用支持向量机算法，这样就可以实现对非线性可分的样本进行分类了。

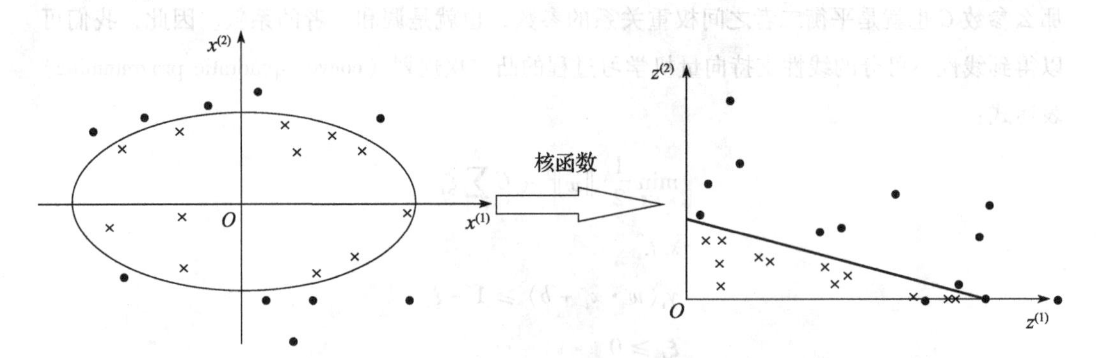

图 2-11 将原始的非线性可分的特征空间变换到线性可分的特征空间

由于非线性问题相对于线性问题更难求解，因此，支持向量机的核技巧思想便是希望使用一种非线性变换的思路来将非线性问题转换为线性问题，通过求解变换后的线性分类问题来间接地解决非线性分类问题。在图 2-11 中可以看到，数据集的原始特征空间（即输入空间）中能够对这两种点进行分类的一种模型椭圆也被核函数变换为了新的线性可分的特征空间中的一条直线了。数据集的输入空间往往是欧氏空间或离散集合，而变换后的特征空间是希尔伯特空间（是欧氏空间的推广，不再局限于有限维），核函数使得在欧氏空间中的某条超曲面对应着希尔伯特空间中的一条超平面。因此，我们可以将核函数的数学定义如下。

存在一个映射关系 $\phi(x)$ 将输入空间（欧氏空间）X 变换到特征空间（希尔伯特空间）H 中，

$$\phi(x): X \rightarrow H$$

使得对于所有的 x，$z \in X$，函数 $K(x, z)$ 满足：

$$K(x,z) = \phi(x) \cdot \phi(z)$$

$K(x, z)$ 即为核函数，$\phi(\cdot)$ 即为映射函数。

支持向量机的核技巧是一个非常精巧的设计。这种算法的设计非常具有“工程”思想，类似我们在面向对象编程过程中设置了一个接口，用户可以自己发挥想象实现这个接口来达到预期的目的，而这个接口正是核函数。

常用的核函数有高斯核函数、Sigmoid 核函数、多项式核函数等。有关核函数的进一步推导，在此不赘述，感兴趣的读者可以阅读参考文献［1］。

2. AdaBoost 算法

AdaBoost 英文全称为 Adaptive Boosting。AdaBoost 算法也被称作自适应增强算法，它是 1995 年由 Yoav Freund 和 Robert Schapire 提出，主要用于将预测精度低的弱分类器增强为预测精度高的强分类器，为直接构造强分类器提供了新的思路和方法。

提升过程的理论基础之一有一个有意思的结论：在概率近似正确（Probably Approximately Correct，PAC）的学习框架中，一个概念是强可学习（该概念存在一个由多项式组成并且预测正确率还很高的学习算法）的，则它也同样是弱可学习的，反之亦然。也就是我们所说的可以互相推导的充要条件。这自然就启发大家去寻找将弱可学习算法提升为强可学习算法的方法了。

AdaBoost 算法是一种提升（boosting）方法，这是一种常用且十分有效的统计学习方法。这类算法的特点是：在分类问题中，它通过改变训练样本所占据的权重，来训练出多个分类器，这些分类器可能是分类能力较弱的弱分类器。提升方法将这些弱分类器进行线性组合，从而得到一个分类能力较强的强分类器。这种思想类似于俗话所说的“三个臭皮匠顶一个诸葛亮”。虽然一种弱分类器分类效果比较差，但是“众人拾柴火焰高”，将它们组合到一起往往能够起到更好的分类效果。

它的核心思想是：首先为每个样本数据分配初始权值，然后在每步迭代过程中，通过新加入的基本分类器（弱分类器）的分类错误率来逐步调整权值，当达到预先指定的迭代次数或者预测错误率足够小时，便可以将迭代过程中的基本分类器进行组合得到一个强分类器。

算法具体输入输出如下。

输入：训练数据集（x_1，y_1），…，（x_N，y_N），其中 x_i 为训练样本，$y_i \in \{-1, 1\}$ 为训练样本的类别标签，$i=1$，2，…，N，弱分类器 h_m，$m=1$，2，…，M。

输出：最终的强分类器 H。

算法流程如下：

1）初始化训练样本的权值分布。

为每一个训练数据赋予相同的权值，即 $1/N$，权值集合可表示如下。

$$P_0 = \{p_{0,1}, p_{0,2}, \cdots, p_{0,N}\} = \left\{\frac{1}{N}, \frac{1}{N}, \cdots, \frac{1}{N}\right\}$$

2）进行迭代，$k=1$，2，…，K。

选取按照当前权值，分类错误率最低的弱分类器 h 作为第 k 个基本分类器 H_k。计算 H_k：$X \rightarrow \{-1, 1\}$ 的分类错误率 e_k。

$$e_k = \sum_{i=1}^{N} p_{k-1,i} I(H_k(x_i) \neq y_i)$$

其中

$$I(H_k(x_i) \neq y_i) = \begin{cases} 1 & H_k(x_i) \neq y_i \\ 0 & H_k(x_i) = y_i \end{cases}$$

计算当前弱分类器 H_k 在最终强分类器中的权重 β_k。

$$\beta_k = \frac{1}{2}\ln\left(\frac{1 - \mathrm{e}_k}{\mathrm{e}_k}\right)$$

更新训练样本的权值分布 P_k。

$$P_k = \{p_{k,1}, p_{k,2}, \cdots, p_{k,N}\}$$

其中

$$p_{k,i} = \frac{p_{k-1,i}\exp(-\beta_k y_i H_k(x_i))}{\gamma_k}$$

$\gamma_k = \sum_{i=1}^{N} p_{k-1,i}\exp(-\beta_k y_i H_k(x_i))$ 为归一化常数。

3）按照各个弱分类器的权重组合弱分类器，得到最终的强分类器 H。

$$H = \text{sign}\left(\sum_{i=1}^{K} \beta_i H_i\right)$$

其中

$$\text{sign}(x) = \begin{cases} 1 & x < 0 \\ 0 & x = 0 \\ 1 & x > 0 \end{cases}$$

下面举一个例子进行说明。

设训练数据集为（1，1），（2，1），（3，1），（4，−1），（5，−1），（6，−1），（7，1），（8，1），这些数据的样本格式为（x，y）的数据对。我们希望找到一个分类模型，其能将给定的数值划分到｛+1，−1｝的某一类中。

我们按照上述 AdaBoost 算法进行计算。首先为上述数据分配初始权值如下：

$$(0.125, 0.125, 0.125, 0.125, 0.125, 0.125, 0.125, 0.125)$$

第1次迭代过程：

选取错误率最小的分类器 $H_1(x) = \begin{cases} 1 & x<3.5 \\ -1 & x>3.5 \end{cases}$。

其分类错误率为0.250。h_1 在最终强分类器中的权重 $\beta_1 = 0.5493$，更新完的权值分布如下：

$$P_1 = [0.0834, 0.0834, 0.0834, 0.0834, 0.0834, 0.0834, 0.2499, 0.2499]$$

第2次迭代过程：

选取错误率最小的分类器 $H_2(x) = \begin{cases} -1 & x<6.5 \\ 1 & x>6.5 \end{cases}$

其分类错误率为 $0.0834 \times 3 = 0.2502$。h_2 在最终强分类器中的权重 $\beta_2 = 0.5488$，更新完的权值分布如下：

$$P_2 = [0.1666, 0.1666, 0.1666, 0.0556, 0.0556, 0.0556, 0.1666, 0.1666]$$

以两次迭代过程为例，我们最终得到的强分类器如下：

$$H = \text{sign}(0.5493 \times H_1 + 0.5488 \times H_2)$$

我们可以看到，AdaBoost 算法是一个逐步迭代的算法，每一步计算都是在前一步计算的基础上，通过组合多个弱的分类器，最终得到一个强分类器。

3. PCA（Principal Component Analysis）算法

在机器学习与数据挖掘领域中，其数学模型算法的复杂度常常与数据维度有密切联系。

如果算法中选取的特征向量的维度过大，也就是说在模型训练中选择的特征非常多，将会造成算法计算量的急剧膨胀，就是所谓的维数灾难（Curse of Dimensionality）。

维数灾难又名维度的诅咒，是一个由 Richard E. Bellman 在考虑优化问题时首次提出来的术语，用来描述当数学空间中维度增加或分析和组织高维空间时，因空间的体积指数增加而遇到各种问题场景。上述所说的问题出现在高维空间中，这些高维空间的维度通常是成百上千的，而这些问题在低维度空间中一般不会遇到。在数据采样、组合数学、机器学习和数据挖掘等很多领域中，都很容易遇到这样的情况。为了应对维数灾难，人们想到了将高维空间映射到低维空间的方法，从而将维数降低，也就是所谓的降维。

例如，我们赖以生存的地球是三维的，我们根据地球的形状制造出来的地球仪也是三维的，而世界地图却是二维的。虽然世界地图是二维的，但是它仍然能够与地球仪一样表示出不同国家在地球上的位置。从这个例子中我们不难看出，用地球仪来表示地球可以认为是对地球的一种缩放，而用世界地图来表示地球，这不仅对地球进行了缩放，还进行了降维，也就是将三维空间所表示的信息映射到二维平面中。虽然世界地图在表示上不如地球仪形象，丧失了空间特征，但是对于定位地球上不同国家的位置这样最主要，也是我们最关注的功能却依然能够实现。因此，我们可以得出：在降维过程中，必不可少地会损失一些次要信息，但是，我们最需要的、最主要的也是最关键的信息却被保留了下来，颇有一种“删繁就简”的感觉。而这也就是降维算法要实现的本质功能。因此，降维也可以看作对数据的一种有损压缩方式。

我们日常接触到的降维过程其实很多，例如我们的眼睛将三维空间转换为了二维图像供我们的大脑进行处理；拍照、绘画等也是类似的过程。实现降维的算法有很多，可以分为线性降维和非线性降维两类。我们在这里主要介绍的降维算法是线性降维算法中的 PCA 算法。

PCA 算法即主成分分析算法，它通过线性变换，将原始数据投影到一组线性无关的低维向量上，从而实现对高维数据的降维。PCA 算法可以归纳到机器学习算法中的无监督学习中。通俗一点理解，PCA 算法的大致原理类似我们所熟知的“投影”过程。图 2-12 展现了将分布在三维特征空间中的样本点降维到二维特征空间中的示例。

图 2-12 所示的即为鸢尾花数据集进行降维的过程，图 2-12a 所示的为在鸢尾花数据集中选取 3 个特征使其分布在三维特征空间中的样本点，采用 PCA 算法将三维特征空间的维数降低至二维，则得到分布在二维特征空间中的样本点，如图 2-12b 所示。我们可以看到，在这个例子中，PCA 算法找到某一个二维平面，将三维特征空间中的样本点映射到这个二

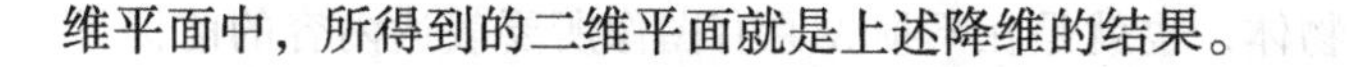

维平面中，所得到的二维平面就是上述降维的结果。

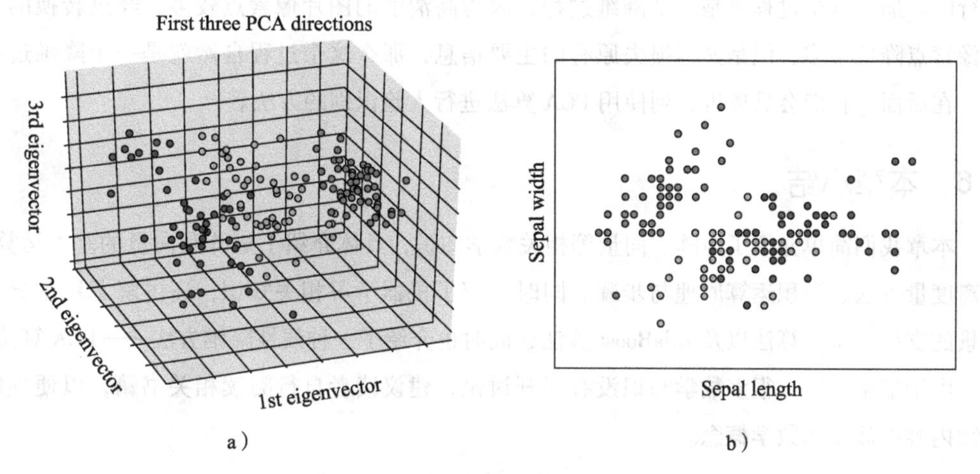

图2-12　鸢尾花数据集的降维示例

而PCA算法的实际计算过程并没有上述那么简单，其计算过程涉及一些矩阵相关的概念，主要包括矩阵分解、协方差矩阵等。有些概念在本书中不涉及，读者可以阅读参考文献［5］。下面简要介绍一下PCA算法的实现步骤。

设数据集为 $\{x_1, x_2, x_3, \cdots, x_n\}$，每个数据的维度为 p，则将数据集写为 p 行 n 列的矩阵 $\boldsymbol{X}$。若将其降维至 k 维，则有：

1）对数据集中的每个数据、每一位特征（每一行）减去各自特征的平均值，即对数据中的每一个特征维度进行零均值化，得到归一化后的矩阵 $\boldsymbol{B}$。

2）求协方差矩阵 $\boldsymbol{C}=\frac{1}{n}\boldsymbol{B}\boldsymbol{B}^{\mathrm{T}}$。

3）分解协方差矩阵 $\boldsymbol{C}$ 的特征值与特征向量。

4）将协方差矩阵分解后的特征值从大到小排序，选择其中最大的 k 个，然后将这些特征值对应的 k 个特征向量分别作为行向量组成特征向量矩阵 P。

5）得到降维后的结果为：

$$\boldsymbol{Y}=\boldsymbol{P}\boldsymbol{X}$$

PCA算法不仅可以使用矩阵分解的方法进行求解，还可以使用奇异值分解的方法来求解。第4章会给出使用Python实现PCA算法的例子，详见代码清单4-7。

PCA算法不仅在特征的预处理上具有重要作用，在人脸识别领域同样有十分重要的应用。例如，我们将某一张清晰度很高的图片转换为另一张清晰度较低的图片，这张转换后的图片同样能够分辨其所要表现的物体，也就是在不损失原有图像所要表达内容的前提下进行的。那么这个过程也是一个降维过程，因为高清度的图片像素点较多，经过转换的图片像素点降低很多，但是又不损失原有的主要信息，那么这个过程自然就是一个降维过程了。在后面，我们会具体讲解到使用 PCA 算法进行人脸识别的方法。

2.6 本章小结

本章我们简单介绍了矩阵、向量等相关数学知识，具体介绍了矩阵和向量的基本运算、距离度量方法、卷积运算原理与步骤。同时介绍了机器学习相关知识，还讲解了用于分类场景的支持向量机算法以及 AdaBoost 算法，同时也介绍了一种线性降维方法——PCA 算法。

由于篇幅有限，很多数学知识没有展开讨论，建议读者自行阅读相关书籍，以便理解后续内容中涉及的数学概念。

CHAPTER 3

第3章

计算机视觉原理与应用

计算机视觉是计算机科学的一个重要门类。计算机视觉的主要目标是教会计算机如何去“看”，所以也称为机器视觉。我们将在这一章中具体学习计算机视觉的一些基础知识，为后面内容的学习打下基础。

3.1 计算机视觉介绍

计算机视觉的主要目标是教会计算机如何去获取图片信息中的知识，例如我们现在正在学习的人脸识别就是让计算机去自动获取与识别人脸图像中的知识，这个“知识”的范畴可以是“两张图片中的人脸是否来自于同一个人”，也可以是“图片中的人脸是男人还是女人”。

维基百科上对计算机视觉的定义如下：

Computer vision is an interdisciplinary field that deals with how computers can be made for gaining high-level understanding from digital images or videos. From the perspective of engineering, it seeks to automate tasks that thehuman visual system can do.

（译文：计算机视觉是一个跨学科领域，涉及如何使用计算机获取数字图像与视频中的高层次理解。从工程角度来看，它的目标是寻找一种能够与人类视觉系统实现相同功能的自动化任务。）

这段话表明了计算机视觉的跨学科特点，它与人工智能、固态物理学、神经生物学、信号处理等产生诸多关联。传统的计算机视觉的处理方法多是采用信号处理方法，而机器学习技术浪潮的兴起，为计算机视觉打开了一扇新的大门。

当然，计算机视觉的数据输入源最简单和常见的就是摄像头了。但是，计算机视觉技术对于非摄像头的数据输入源也能提供很好的支持。例如，麻省理工学院的一项研究成果能够实现基于 WiFi 信号探测到墙的另一侧人的动作和姿态，基于红外线传感器也能够实现人脸识别，甚至基于地震信号进行矿藏探测的技术中也可以结合计算机视觉的一些技术。

从这个角度说，计算机视觉的技术辐射度和应用范围是非常广泛的，计算机视觉技术能够使我们的生活更加多姿多彩，为创造更美好的世界提供了一个强大的工具。

3.2　颜色模型

我们看到的图像数据是以二维的形式展现的，这些图片有的是缤纷多彩、富有表现力的彩色图片，也有的是表现得沉郁顿挫的黑白风格，甚至有的图片只有纯黑和纯白两种颜色。诸如此类，都是图片的不同表现形式，我们将在本节具体了解一下它们的区别。

3.2.1　彩色图像

下面，我们将介绍两种最为常用的颜色模型，分别是 RGB 颜色模型和 HSV 颜色模型。RGB 颜色模型是在几何形态上呈现立方体结构，与硬件实现关联紧密。HSV 颜色模型在几何形态上呈现椎体结构，更偏向于视觉上直观的感觉。

1. RGB 颜色模型

RGB 颜色模型应该是我们在平时生活中接触最多的一种颜色模型，也就是我们通常说的红、绿、蓝三原色模型。

RGB 颜色模型是将红、绿、蓝 3 种不同颜色，根据亮度配比的不同进行混合，从而表现出不同的颜色。由于在实现上使用了 3 种颜色的定量配比，因此该模型也被称为加色混色模型。通过 3 种最基本颜色的混合叠加来表现出任意的一种颜色的方法，特别适用于显示器等主动发光的显示设备。值得一提的是，RGB 颜色的展现依赖于设备的颜色空间，不同设备对 RGB 颜色值的检测不尽相同，表现出来的结果也存在差异。这也就使得我们感觉有些手机屏幕颜色特别逼真、绚丽，而另一些就难以令人满意。如图 3-1 所示展现了 RGB 颜色模型的空间结构，这是一个立方体结构，在该几何空间中，3 个坐标轴分别代表了 3 种颜色。那么，从理论上讲，任何一种颜色都包含在该立方体结构中。

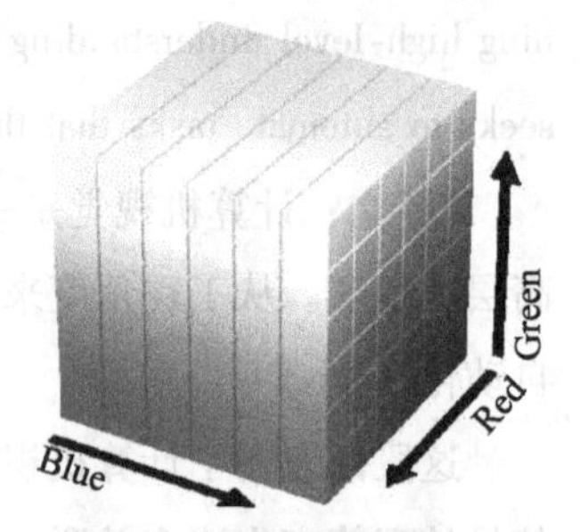

图 3-1　RGB 颜色模型的空间结构

接触过 Web 前端开发的读者可能会对 RGB 颜色模型有一

些了解，例如#FFFFFF代表纯白色，#FF0000代表正红色。这是采用十六进制对24比特展示模式的一种表示方法。开始的两个十六进制数字位表示红色，中间的两位表示绿色，最后的两位表示蓝色，每一种颜色采用8比特来表示，3种颜色共计占用24比特。

我们平时用得最多的RGB颜色展示模式也就是24比特展示的。这种方法分别将红、绿、蓝3种颜色使用8比特无符号整数来表示。8比特无符号整数表示的范围就是$0\sim(2^8-1)$，也就是［0，255］的整数区间。例如，使用一个元组来表示正红色，元组中元素的顺序为红、绿、蓝，则正红色可以表示为（255，0，0）。那么对于黄色这种颜色来讲，它是由红色和绿色两种颜色叠加产生的，所以正黄色可以表示为（255，255，0）。如果我们想要减少该种黄色的亮度该如何操作呢？只需要把红、绿两种颜色同时按比例减少就可以实现了。而如果改变它们的比例配比，则可以实现混合后的颜色向某种颜色进行偏移，例如橘黄色就会更加偏向红色一些。

2. HSV颜色模型

HSV颜色模型大家可能不是特别熟悉，这是一种采用色调（H）、饱和度（S）、明度（V）3个参数来表示颜色的一种方式。它是根据颜色的直观特征由A. R. Smith于1978年创制的一种颜色模型。图3-2展示了该种颜色模型的空间结构，该结构在几何形态上呈现椎体结构。

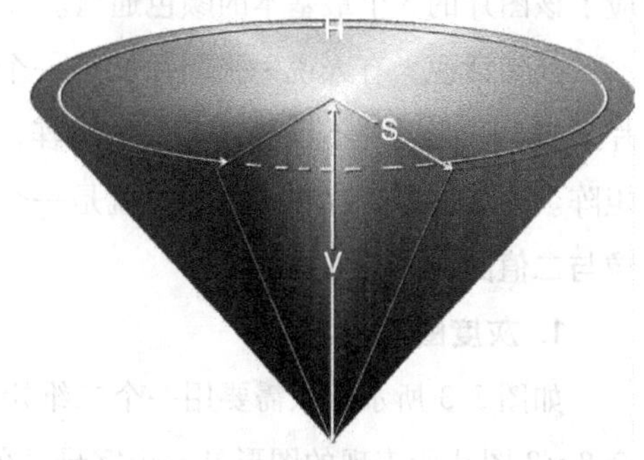

图3-2　HSV颜色模型的空间结构

下面分别介绍HSV模型的各个参数。

（1）色调（Hue）

以角度的形式进行度量，其取值角度范围是［0，360］。红色、绿色、蓝色3种颜色以逆时针方向进行排列。例如红色的位置为0°，绿色为120°，蓝色的位置为240°。

（2）饱和度（Saturation）

饱和度反映了某种颜色接近光谱色的程度。某一种颜色是由光谱颜色与白色光的混合结果，如果某种颜色中白色的成分越少，则该种颜色越接近光谱色，表现出来的效果就是该种颜色暗且鲜艳，此时饱和度更高。反之，对于低饱和度的颜色来讲，该颜色中包含的白色成分越多，颜色越趋向白色，艳丽程度则下降。

也就是说，饱和度反映了某种颜色中白色的成分，可以用百分比0～100%来表示，该数值越高，饱和度越高，光谱颜色的成分越多。

（3）明度（Value）

明度表现了某种颜色的明亮程度，可以认为是一种由光线强弱产生的视觉体验。我们看到的颜色越明亮则明度值越高，反之则越低。例如，深紫色和桃红色两种颜色进行对比，深紫色的颜色更加晦暗，而桃红色更加明亮，则认为桃红色的明度要比深紫色的高。同样，我们也可以使用百分比的形式来表示某种颜色的明度。

这两种模型之间是可以通过数学公式进行相互转换的。通过学习这两种颜色模型，我们可以学习到计算机视觉中的基本概念，以及颜色表现的基本原理，为我们后面的学习做好铺垫。

3.2.2　灰度图像与二值图像

在上面我们已经接触到图像的颜色模型了，以 RGB 颜色模型为例，可以认为一张图片的颜色是由包含了红、绿、蓝 3 种不同通道的颜色进行叠加混合而产生的。

从数学角度来看，对于一张彩色图片，可以认为其是由 3 个二维矩阵进行叠加混合而产生的，每一个二维矩阵记录了某种颜色在不同位置处的亮度值，那么 3 个二维矩阵就对应了该图片的 3 个最基本的颜色通道。

换句话说，有人说一张图片就是一个矩阵，其实这样的表述是不严谨的。对于彩色图片来讲，一张图片不仅包含了一个矩阵，而是包含了红、绿、蓝 3 种不同颜色信息的 3 个矩阵。那么，是否存在一张图片就是一个矩阵的情况呢？当然有！我们下面介绍的灰度图像与二值图像就是如此。

1. 灰度图像

如图 3-3 所示，只需要用一个二维矩阵就可以表示一个灰度图像了，我们可以看到这个 8×8 图片所表现的图形是一个字母 Z 的形状。

我们在平时接触到灰度图像的情景非常多。例如，非彩色打印的书籍中的图片就是灰度图像，黑白照片也是灰度图像。这类图片有个特点，虽然这些图片没有包含其他五颜六色的信息，但是，我们依然能够从这些图片中获取到图像的轮廓、纹理、形状等特征。

255	255	255	255	255	255	255	255
0	0	0	0	0	0	255	0
0	0	0	0	0	255	0	0
0	0	0	0	255	0	0	0
0	0	0	255	0	0	0	0
0	0	255	0	0	0	0	0
0	255	0	0	0	0	0	0
255	255	255	255	255	255	255	255

图 3-3　字母 Z 图像的矩阵表示

我们的直观感觉是正确的，这也说明了灰度图像相对于彩色图像缺少了具体的颜色信息，但是，灰度图像依然能够完好地展示出图像中各个部分的轮廓、纹理、形状等关键特征，同时灰度图片的存储结构相对于彩色图片更为简单。这样便会产生一个优点，如果我们想要提取图像中的特征与颜色无太多关联，那么我们就可以选择将彩色图片处理成灰度图片的预处理方式。由于灰度图片的结构更为简单，同时关键信息又不大会损失，这样就可以极大地减少计算量。

回过头我们再来想一想，我们可以通过手机来拍摄彩色照片，同样也可以拍摄出黑白照片。在这个过程中我们可以猜想，黑白照片和彩色照片是否存在转换关系呢？答案是肯定的。我们可以通过数学公式将 RGB 模型中的红、绿、蓝 3 个矩阵进行合并，合并成一个矩阵，这个矩阵就是代表了灰度图像的矩阵。

我们知道，即便是黑色，也分为不同的等级。黄种人再怎么晒黑也很难达到黑种人的肤色程度，即便我们周围确实有一些肤色黝黑的人。假如令黑种人的肤色为 1 代表纯黑色，白种人的肤色为 0 代表纯白色，那么我们黄种人中有的长得白一点的女生，她的肤色值就可以是 0.2，有的长得黑一点的男生，他的肤色值就可以是 0.6。

从上述的例子中，我们得出了一个结论：即便是黑色的程度也是可以量化的，介于黑色和白色之间的颜色就是灰色，那么直接量化的就是灰色的程度，这个程度就是灰度。一般的量化方法是将纯白色作为 255，纯黑色作为 0，在这个区间中，使用对数的方法划分具体数值进行量化。当然这个数值可以是浮点数。

从彩色图片到灰度图片之间的转化公式就可以表示为：

$$I_{gray} = [0.299, 0.587, 0.114] \cdot [I_r, I_g, I_b] \tag{3.1}$$

其中，I_{gray}代表灰度图像中的灰度值，$[I_r,\ I_g,\ I_b]$ 代表彩色图像中 R、G、B 通道中的像素值。

式（3.1）表示了两个向量进行点乘的过程，例如图片中某一点的 RGB 值为（255，0，100），那么将该图片转化到灰度图片时，对应位置的灰度值为：

$$I_{gray} = 0.299 \times 255 + 0.587 \times 0 + 0.114 \times 100 = 87.645$$

这里给出的转换系数只是一个参考值，使用不同的灰度图转换方法得到的值也是不相同的，一般常用的 RGB 数值比例大致为 3：6：1。

2. 二值图像

二值图像顾名思义只有纯黑色和纯白色两种颜色，没有中间过渡的灰色。其数据结构也是一个二维矩阵，只不过这里面的数值只有 0 和 1 两种。

二值图像是在灰度图像的基础上进一步计算的结果，计算过程比较简单，需要指定一个阈值，然后判断图片中不同点处的灰度值，如果该点处的灰度值高于阈值则该点值为 1，否则为0，这样也就实现了灰度图片二值化的过程了。图3-4为一张二值图像。

可以看到，二值图像的空间占用量进一步减少了，每一个像素点只需要1比特就可以表示了，这对于表示字符这类非黑即白形式的图片具有优势。由于二值图像是在灰度图片的基础上通过阈值判断产生的，这样就会缺少细节部分，只能显示出图片的大致轮廓。不过，这个特性虽然带给我们直观的感觉是很不好的，但是，这在图像的分割等场景中具有很好的利用价值。

图3-4　二值图像的示例

3.3　信号与噪声

信号与噪声是一对敌人，图像的空间是有限的，信号多一点，噪声就少一点，反之亦然。我们在打电话中如果觉得杂音特别多，那么也就是此时通话数据中的噪声特别多，已经达到了影响正常通话的程度。甚至噪声特别大的时候，信号容易淹没在噪声中。图像也是一种数据，图像中也存在信号和噪声。本节中将具体介绍信号与噪声的相关知识。

3.3.1　信号

信号是一个好东西，因为这是我们想要的数据。信号越多，噪声的干扰便会越少，数据的质量也就越高。我们可以使用信噪比这个概念来衡量数据质量的高低。所谓信噪比就是指信号与噪声二者能量之比值。直观来讲，噪声越少，信噪比越大，数据的质量越佳。

我们可以看到图3-5a展示的是经过高斯噪声干扰的图像，而图3-5b是未经噪声干扰的原图。

a）

b）

图3-5　受到噪声干扰的图像与未经噪声干扰的图像

3.3.2 噪声

我们在图3-5中已经看到经过噪声干扰和未经过噪声干扰的两幅图片的差异。经过噪声干扰的图像令我们难以获取图片所要表达的原始信息，使得图像所表达信息的确定程度减少，也就是所谓的信息熵增大。

而在实际生活中，通过图像采集设备获取到的图片也或多或少会引入噪声，这主要是由摄像机等图像采集设备的感光元件受到干扰产生的噪声表现在图像上而形成的，主要表现为黑白杂点等。

图像中随机出现的黑白杂点称为椒盐噪声，“椒”代表黑色，“盐”代表白色，故而用椒盐噪声这个概念来表示图像中存在的黑白杂点，其在图片中出现的位置是随机的。而图像中也可能会随机出现某些颜色的改变。造成此类杂点最典型的就是高斯噪声，这是由于在原图片的基础上叠加了高斯噪声而造成的。

所谓高斯噪声是指图像叠加的噪声概率密度服从高斯分布，也就是正态分布。这是自然界中最为常见的一种噪声类别，例如夜晚通过照相机拍照获得的照片就可能存在该类噪声。

3.4 图像滤波

前面提到了噪声，噪声是我们不想要的一类数据。但是在实际操作中往往会引入噪声，例如图片经过低质量的信道传输，引入了信道中存在的噪声；图像采集设备由于某些电子学原因而引入了噪声等。

噪声的存在必然会对我们正常的图像处理造成干扰，尽可能多地滤除噪声是我们进行图像预处理的一个重要步骤。本节将给大家介绍常见的滤除噪声的方法。

3.4.1 均值滤波

这里提到的均值滤波器更确切地说是算数均值滤波器，这是最简单的一种图像滤波方法，可以滤除均匀噪声和高斯噪声，但是会对图像造成一定程度的模糊。它是将图片中指定区域内的像素点进行平均滤波的方法，如图3-6所示。

这个过程与前面我们所说的卷积的计算过程是类似的。以图3-6过程为例，这个卷积核可以表示为：

$$g = \frac{1}{9}\begin{bmatrix} 1 & 1 & 1 \\ 1 & 1 & 1 \\ 1 & 1 & 1 \end{bmatrix}$$

1	2	1	4	3
1	2	2	3	4
5	7	6	8	9
5	7	6	8	8
5	6	7	8	8

1	2	1	4	3
1	3	4	4	4
5	4	5	6	9
5	6	7	8	8
5	6	7	8	8

图 3-6　均值滤波过程演示

图 3-6 中，对左图中左上角的 9 个点进行均值滤波，得到右图中左上角 9 个点的中心值 3 的计算过程为：

$$\frac{1}{9}(1+2+1+1+2+2+5+7+6)=3$$

依次滑动这个滤波器，即可得到图 3-6 中右图所示阴影区域中的结果。

均值滤波器的缺点是会使图像变得模糊，这是因为它将所有的点都进行了均值处理。而实际上，在绝大多数情况下，噪声的占比是少数，将所有的点都以同样的权值进行处理，势必会导致图像的模糊。而且，这个滤波器的宽度越大，滤波后的图片就会越模糊，也就是丢失图像的细节部分，使图像变得更加“中庸”。

当然，根据这个特点，也可以将这个滤波器的权值更改一下，以便达到有所侧重的效果。例如，在对图片进行滤波操作时，不应该全部按照系数为 1 进行加权求和，从而进行滤波。我们知道，图像的像素是连续的，距离越近的像素点间的联系越大，那么，滤波器的参数越靠近中心位置的权值越大，越靠近边缘位置的权值越小，根据这个思路来修改滤波器的权值的方法是否可行呢？一种可行的实现方法便是将这个滤波器的参数按照高斯分布形式进行修改，那么这个滤波器就称为高斯滤波器。如图 3-7 所示是二维高斯分布曲面图及其投影，我们选择的滤波器权值就是高斯曲面的

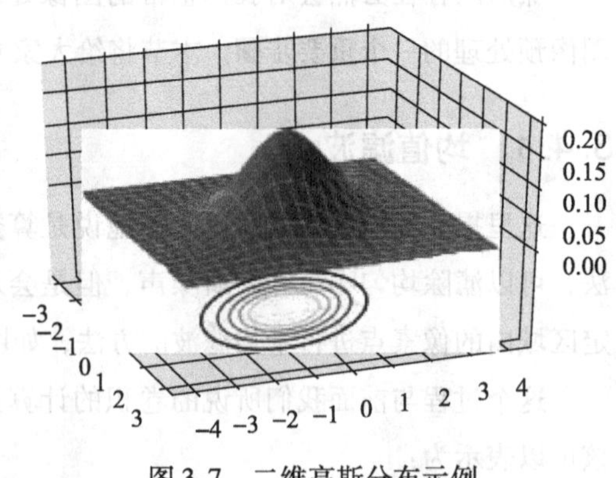

图 3-7　二维高斯分布示例

投影。读者可以理解为何选择高斯分布作为滤波器的权值参数。

3.4.2　中值滤波

我们在上面介绍了均值滤波，使用均值滤波会造成图片的模糊，即使修改均值滤波的权值，也还是会造成图片的模糊。因此，我们既要对图片进行滤波处理，又要尽量减少图片的模糊程度，那么就要考虑另外一种思路来实现滤波过程。

中值滤波是一种与均值滤波过程不同的滤波方法。相比于均值滤波，中值滤波可以有效减少图片的模糊程度。中值滤波的原理如下：

与均值滤波的原理大体相似，同样使用一个指定大小的滑动窗口，在图片上进行滑动，不断地进行滤波处理。不过，与均值滤波的不同在于，中值滤波在对像素点进行处理时，并不是采取简单的取平均数的做法，而是改为取其中位数的做法。

以椒盐噪声为例，其像素的灰度值要么是最低的，要么是最高的，总是处于两个极端。而图像中绝大多数正常点处于这样一个区间之中，因此，将滤波器所选取区域中的像素点，以其灰度值的大小进行排序，如果存在噪声，则基本处于两端的位置。此时，这组数据的中位数在绝大多数情况下都是图像中正常的信息而不是噪声，这样就可以实现滤波过程。这个过程如图 3-8 所示。

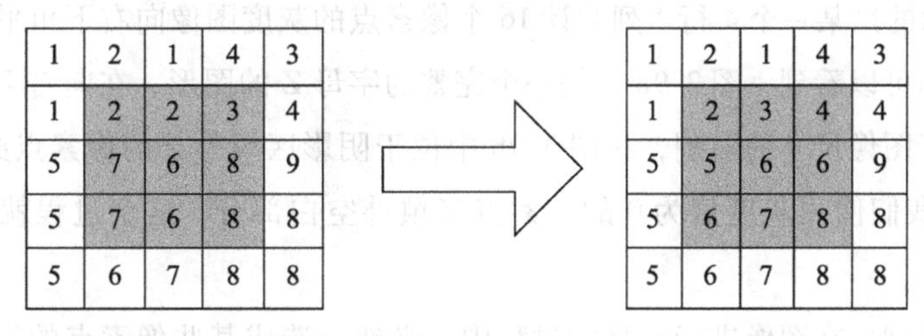

图 3-8　中值滤波过程演示

对于椒盐噪声来讲，中值滤波的效果要好于均值滤波。而对于高斯噪声来讲，均值滤波的效果优于中值滤波，这是因为，高斯噪声的特点是噪声颜色值不固定，基本符合高斯随机分布的特点，这样就会导致中值滤波无法按照默认的噪声范围进行滤波，其效果自然就没有均值滤波好。

3.5　图像的几何变换

图像的几何变换就是指在不改变图像原有内容的基础上，将图像的像素空间位置进行改变，以达到变换图像中像素点位置的目的。图像的几何变换一般包括图像空间变换和插值运算，常见的变换运算包括平移、旋转、缩放等。

3.5.1 平移

图像的平移比较容易理解，这与我们在实际生活中将物体搬移是一个道理。我们可以想象，图像是由若干个像素点组成的，对于彩色图像来说，这个像素点是包含了 RGB 3 种颜色的；对于灰度图像来说，就是一个简单的矩阵，这个矩阵中某一个元素的数值就是图像中该像素点的灰度值。我们演示一下图像平移的过程，如图 3-9 所示。

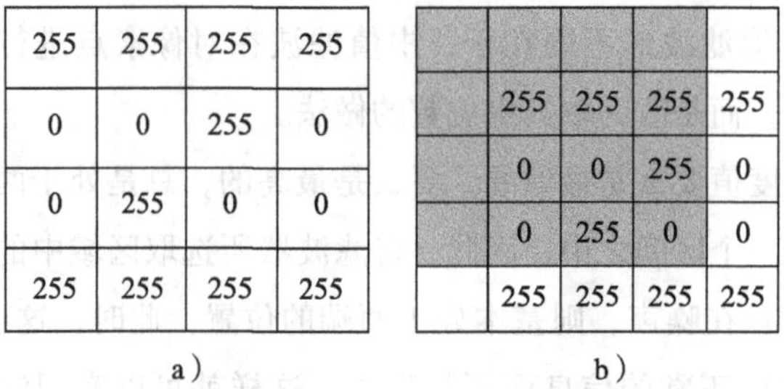

255	255	255	255
0	0	255	0
0	255	0	0
255	255	255	255

a)

	255	255	255	255
	0	0	255	0
	0	255	0	0
	255	255	255	255

b)

0	0	0	0
0	255	255	255
0	0	0	255
0	0	255	0

c)

图 3-9　图像平移过程演示

图 3-9 演示的是某一个 4 行 4 列共计 16 个像素点的灰度图像向右下角平移一个单位之后的过程。我们可以看到，图 3-9a 中是一个完整的字母 Z 的图形，在向右下角平移一个单位的时候，由于图像尺寸的限制，在图 3-9b 中位于阴影区域外部的像素点必然会被丢弃。在图 3-9c 中，我们使用灰度值为 0 的像素点来填补空白部分，这个过程就是图像的平移过程。

我们可以看到，在图像进行平移的过程中，必然会造成某些像素点的丢失，同时，也会导致图像中产生空白区域，空白区域我们可以自己指定像素进行填充。当然，我们也可以选择先扩展图像的画布，然后再进行平移，这样只会引入一些空白部分，而不会导致像素点的丢失。我们通过图 3-10 来展示对图像进行平移后的效果。

我们可以看到，对图像进行平移操作其实就是对图像中的各个像素点进行平移操作，或者说对其坐标轴进行移动。我们用下面的式子来表述这个数学过程：

$$\begin{cases} x = x_0 + \Delta x \\ y = y_0 + \Delta y \end{cases}$$

图 3-10　图像平移效果

将其用矩阵的形式来表示，就可以表示为：

$$\begin{bmatrix} x \\ y \end{bmatrix} = \begin{bmatrix} x_0 \\ y_0 \end{bmatrix} + \begin{bmatrix} \Delta x \\ \Delta y \end{bmatrix}$$

可以看到，这个过程是一个非常简单的线性变换过程，只需进行矩阵的加法运算即可。

3.5.2　旋转

我们在上面接触到的平移是一种非常简单的线性变换过程，而旋转也是一个线性变换过程。

如图 3-11 所示，在平面直角坐标系中，存在某一点 A，我们想要将点 A 移动到点 B 的位置，该如何操作呢？

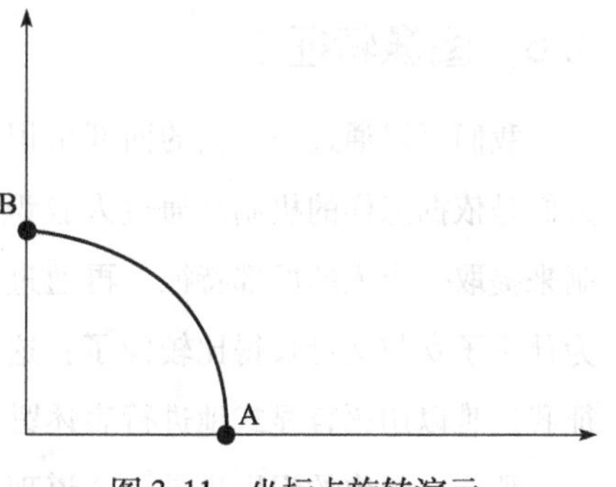

图 3-11　坐标点旋转演示

将点 A 旋转到点 B，我们可以用下面的式子表示这个旋转过程：

$$\begin{cases} x_B = \cos\left(\frac{\pi}{2}\right)x_A - \sin\left(\frac{\pi}{2}\right)y_A \\ y_B = \sin\left(\frac{\pi}{2}\right)x_A + \cos\left(\frac{\pi}{2}\right)y_A \end{cases}$$

更一般地，我们可以归纳出使点 A 旋转到点 B 的数学公式：

$$\begin{bmatrix} x_B \\ y_B \end{bmatrix} = \begin{bmatrix} \cos(\theta) & -\sin(\theta) \\ \sin(\theta) & \cos(\theta) \end{bmatrix} \begin{bmatrix} x_A \\ y_A \end{bmatrix}$$

我们可以看到，图像旋转是一个矩阵相乘的过程。

3.5.3　缩放

通过前面的学习，我们已经知道通过矩阵乘法可以实现图像的旋转。其实，通过矩阵乘法，也可以实现图像的缩放。

我们可以想象，将图像中某一个点的位置向中心移动若干倍，只需要将其横纵坐标值减小若干倍就可以了。由于图像是由无数个这样的点组成的，所以，图像的缩放也是类似的。我们可以用矩阵乘法的形式来表示一下：

$$\begin{bmatrix} x_C \\ y_C \end{bmatrix} = \begin{bmatrix} a & 0 \\ 0 & a \end{bmatrix} \begin{bmatrix} x_B \\ y_B \end{bmatrix}$$

$$= a \begin{bmatrix} x_B \\ y_B \end{bmatrix}$$

系数 a 代表的是缩放的比例，如果这个值小于 1 就意味着将图像缩小，如果这个值大于 1，便是将图像放大。将图像缩小，必然会导致一些点的缺失；而将图像放大，也会引入一些新的点，但新的点并不能随随便便地产生一个数值进行填充，要通过一系列的数学运算产生，这个过程称为插值。常用的插值方法有最近邻插值、双线性插值等。

3.6　图像特征

我们可以通过一个人的面部来识别这个人的身份，虽然我们难以用直白的叙述来表示人们是依据怎样的机制来通过人脸识别人的身份的，但毫无疑问，我们一定是通过某种机制来提取一个人的面部特征，再通过这个面部特征来进行身份识别的。这样也就能够解释为什么子女与父母长得比较像了：这是因为他们的面部特征比较相似，只不过这个面部特征我们难以用语言显式地进行表述罢了。

那么，图像的识别也是一个道理，通过一系列的算法提取出图像的高级特征，这个特征可以通过数学手段进行描述，称为特征描述子。通过提取核心、有用的成分，摒弃无关成分，从而代表了对图像的一种表示。因此这个过程也是一个降维过程。在本节，我们将会介绍几种常见的图像特征描述子。

3.6.1　灰度直方图

对于灰度图像来讲，一张图像由不同灰度值的像素点组合而成，图像中不同灰度值的分布情况是这张图的一个重要特征。图像的灰度直方图描述了图像中不同灰度值的分布情况，能够直观地描述出图像中不同灰度值所占的比例。

灰度直方图具有直观、计算代价低、对线性变换具有不变性、对图像质量不敏感等特点，被广泛地用在图像分割、基于颜色的图像检索、图像分类等图像处理领域。

3.6.2　LBP 特征

LBP(Local Binary Pattern) 即局部二值模型，是一种用来描述图像局部纹理特征的算子，它具有旋转不变性和灰度不变性等优点。该算法在 1990 年提出，于 1994 年被首次描述。算法的具体实现过程如下所述。

LBP 算法有很多变种，原始的 LBP 算法是在一个 3×3 的窗口内，通过比较窗口中心像素点的灰度值与周围像素点的灰度值大小，从而确定该中心像素点周围 8 个像素点的值。这个算法过程可以用数学语言描述如下：

$$\mathrm{LBP}(x_c, y_c) = \sum_{p=0}^{P-1} 2^P s(i_p - i_c)$$

$$\mathrm{sign}(x) = \begin{cases} 1, & x \geqslant 0 \\ 0, & x < 0 \end{cases}$$

(x_c, y_c) 为中心像素点的坐标，p 为中心像素点邻域的第 p 个像素点，i_p 为邻域像素点 p 的灰度值，i_c 为中心像素点的灰度值，$s(x)$ 代表判别函数，由于是二值的，这里的判别函数是符号函数 sign。

使用数学公式来表示可能会比较抽象，我们通过图 3-12 来展示这个计算过程。

255	168	58
32	125	23
0	165	32

a)

1	1	0
0		0
0	1	0

b)

图 3-12　LBP 计算过程示例

我们看到，图 3-12a 中展示了 9 个像素点的灰度值，通过比较中间阴影部分的像素点与其周围 8 个像素点灰度值的大小，使用 0 或 1 来替换其周围像素点的数值。例如，图 3-12a 中左上角像素点的灰度值为 255，大于中心像素点的灰度值 125，因此，将灰度值 255 替换为 1。

通过这个计算过程，我们可以看到，在进行 LBP 特征提取的时候，要求原图是一张灰度图片，而不能是彩色图片。如果是彩色图片则需要先将其转换为灰度图片，然后再对其提取 LBP 特征。通过计算过程我们可以体会到，通过对图片中所有的像素点施加这样的处理过程，LBP 特征其实能够将灰度图像转换为二值图像，即生成的图像仅仅包含黑色、白色两种颜色，而不存在中间过渡的灰色。

上面所演示的计算过程是比较原始的 LBP 特征提取方法，而其实通过 LBP 特征可以演变出非常多的变种算法。例如，原始的 LBP 特征是通过对比九宫格中中心像素点与其周围相邻的 8 个像素点之间的灰度值大小而进行特征提取的，可以将这个过程中 3×3 网格换成其他的任意领域。用得比较多的另外一种邻域是圆形邻域，称为圆形 LBP 算子，该算子可以在半径为 r 的区域内有任意多个像素点，圆形邻域示例如图 3-13 所示。

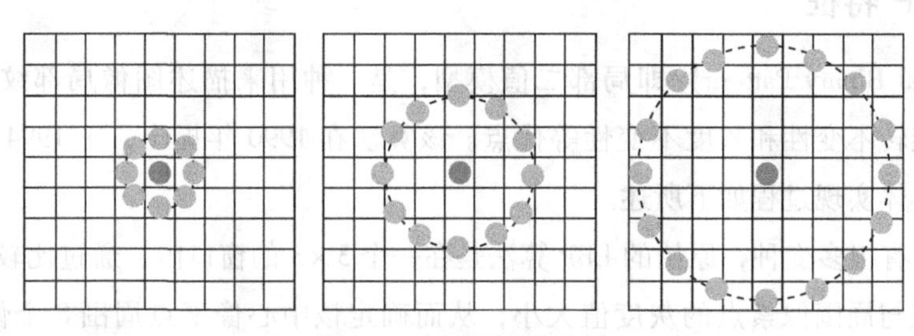

图 3-13　圆形邻域示例

原始图像以及经过原始 LBP 特征、圆形 LBP 特征提取特征之后的图像如图 3-14 所示。

a）原始图像

b）原始LBP特征

c）圆形LBP特征

图 3-14　原始图像以及经过 LBP 特征提取之后的图像

LBP 特征因其对光照具有良好的鲁棒性、灰度不变性，且计算速度快、实现简单、旋转不变性等特点被广泛应用在图像识别领域，其效果表现良好。尤其是在人脸识别、物体检测领域，基于 LBP 特征的检测与识别是一种比较经典的方法。LBP 特征对纹理特征具有较高的敏感性，能够清晰地体现各区域的典型纹理，与此同时能够淡化过渡区域，同时起到降维的作用。

3.6.3　Haar 特征

Haar 特征即 Haar-like 特征，又称 Viola-Jones 识别器，这是因为该特征提取算法是由当时在微软研究院工作的 Viola 与三菱电子实验室的 Jones 在 2001 年到 2004 年逐步改进并完善的。该算法最终被经典论文《Robust Real-Time Face Detection》比较完整地阐述，Haar 特征常常被用在人脸检测中，该论文也主要针对的是人脸检测场景。

Haar 特征的提取过程比较简单，通过不同模板来对图片进行特征提取，最后筛选出比较具有代表性的特征再使用强分类器进行分类。图 3-15 是 Haar 特征在提取时采用的若干模板。

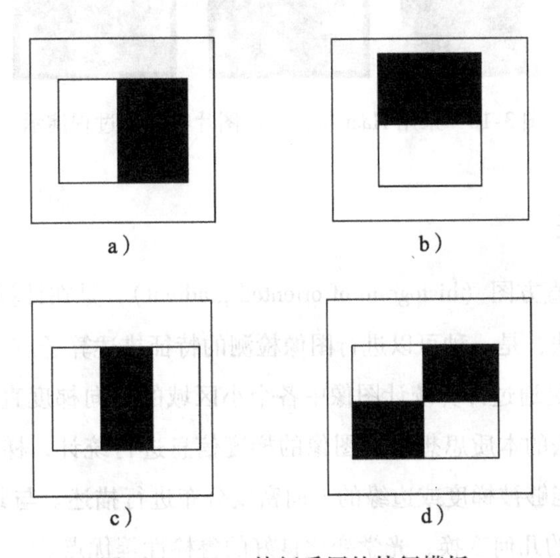

图 3-15 Haar 特征采用的特征模板

根据特征模板计算特征值的过程也比较简单。我们可以看到，模板中有黑色和白色两个区域，将模板中黑色区域与白色区域内像素点的灰度值之和作差作为该模板提取到的特征。

在图像中不同区域使用模板进行特征提取，这样就会提取到很多数据，不过，这个计算量也是十分巨大的。因为，即便图像的尺寸很小，但是模板的数量有很多，模板在图片中不同区域分别进行扫描，这样扫描到的次数就会很多，由此会导致使用模板对图片进行特征提取时的计算量很大。例如，有人统计过，24 × 24 像素尺寸的图片，检测窗口内矩形特征数量可达到 16 万之多。低像素图片尚且如此，高像素图片的特征提取过程将更加复杂，数量也会更多。因此，有人提出了积分图法用以解决特征提取过程中计算量过大的问题，该算法的原理与动态规划的原理是类似的。

如图 3-16 所示演示了采用 Haar 特征对人脸图片进行特征提取的过程。

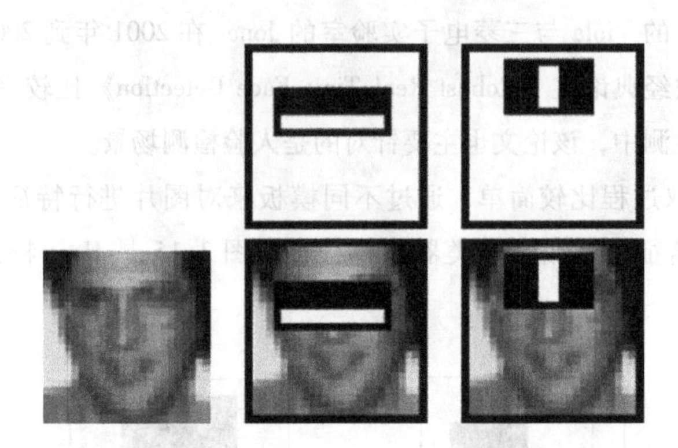

图 3-16　采用 Haar 特征提取图片特征的过程演示

3.6.4　HOG 特征

HOG 即方向梯度直方图（histogram of oriented gradient），是在计算机视觉和图像处理中被广泛使用的一种算法，是一种可以进行图像检测的特征描述算子。

HOG 特征的提取是通过计算统计图像中各个小区域的方向梯度直方图，然后将其进行汇总而得到的。该算法的本质思想是对图像的梯度信息进行统计，梯度主要存在于图像的边缘区域，局部目标能够被梯度或边缘的方向密度分布进行描述。与其他特征描述子相比，HOG 特征具有对图像的几何变换、光学变化良好的鲁棒性等优点。

在介绍 HOG 特征提取的具体原理前，首先介绍一下梯度的概念。

在大学高等数学或者大学物理的课程中我们或许接触过梯度这个概念，标量场的梯度是一个向量场，它指向标量场中方向变化最快的方向。例如，在单变量的实值函数中，梯度的大小就是这个函数的导数，线性函数的斜率就是梯度的具体数值。

图像中的像素点只有数值的概念，而不存在方向的概念，因此，图像也是由标量组成的集合，它是一个标量场，其梯度是一个向量场。例如，在灰度图像中，指向图像中像素的灰度值变化最快的方向，其变化的快慢可以用该梯度值的大小来表示。

有了梯度这个概念，就容易理解 HOG 特征的具体过程了。

1. 图像分块

对整张图片计算 HOG 特征，即便是内容相差很大的图片之间的区别也不明显。但是，将图片划分为不同的小块，并对每一个图片块计算 HOG 特征，这些内容不同的小图片块的 HOG 特征一般区别会比较大。因此，在对一张图片计算 HOG 特征时，先要对图片进行分块，这个图片块被称作细胞单元。

在对图像进行分块之前，要先进行一些预处理。对于彩色图片，要先转换为灰度图片，然后对该灰度图片进行 Gamma 校正，以便校正图片亮度不均匀的情况，调节图片整体亮度。

对图片进行分块也可以理解成以窗口的形式在图片上进行滑动，然后不断地计算每一个窗口中扫描部分的 HOG 特征。那么在对图片进行分块时就会产生一个问题：图片块之间的内容是否应该重合呢？换句话说，使用滑动窗口在图片上进行扫描时，窗口扫描到的区域是否应该重叠。例如，对某张包含人脸图像的图片提取 HOG 特征时，如果按照窗口之间不重叠的扫描原则，那么一个人的双眼很有可能被分到两个不同的图像块中，而反过来说，如果使用小步长的窗口进行滑动，人的双眼图像绝大多数情况下可以被包含到同一个图像块中。毕竟，使用小步长的滑动窗口，图像块中存在重叠区域，所包含的内容更多，不容易漏掉某些细节。但是，这样做的缺点也是显而易见的，这个过程有点类似于“穷举”过程，计算量一定会增加不少。

因此，两种图片块划分的方法各有利弊，一个偏重于准确率，另一个偏重于计算速度。这是一个“鱼与熊掌”的问题。

2. 计算梯度

图像中每个像素点的梯度计算方法如下：

$$Gx(x,y) = I(x+1,y) - I(x-1,y)$$

$$Gy(x,y) = I(x,y+1) - I(x,y-1)$$

式中，$Gx(x, y)$、$Gy(x, y)$ 分别代表图像中位置为（x, y）的像素点的水平方向与竖直方向的梯度值，$I(x, y)$ 表示图像中位置为（x, y）的像素点的灰度值。

像素点（x, y）的梯度幅值和大小就可以使用下面的式子来表示：

$$G(x,y) = \sqrt{Gx\,(x,y)^2 + Gy\,(x,y)^2}$$

$$\alpha(x,y) = \arctan^{-1}\left(\left(\frac{Gy(x,y)}{Gx(x,y)}\right)\right.$$

对每一个图像块（也就是细胞单元）中的每一个像素点计算其梯度，然后将每一个像素点的梯度方向进行汇总，以直方图的形式来表示，其梯度幅值大小作为直方图中的权重，这个直方图就是所谓的梯度方向直方图。

例如，我们可以将直方图中的桶划分为 6 个方向，划分方式如图 3-17 所示。

在图 3-17 中，将梯度的方向 360°划分为 16 份，这个梯度总的方向也可以选择 180°。

图 3-17 采用的是弧度制的表示方式，最大值也就是 2π。

有了划分区间之后，就可以将每一个像素点按照其梯度方向进行归类了。然而，每一个像素点的梯度大小是不同的，要想反映出梯度幅值的大小，就需要通过在每个角度区间中加入的值不同来反映，也就是将梯度幅值的大小作为权值表现在直方图中。例如，某一个像素点的梯度方向是 10°，那么该点需要归到 $\left[0,\ \frac{\pi}{8}\right)$ 的区间范围中，而其幅值大小是 2，那么这个直方图范围内的数值就加 2。当然，这只是一个示例，具体的算法并不一定是自增 2，也可以是以该幅值大小为参数的函数计算结果。

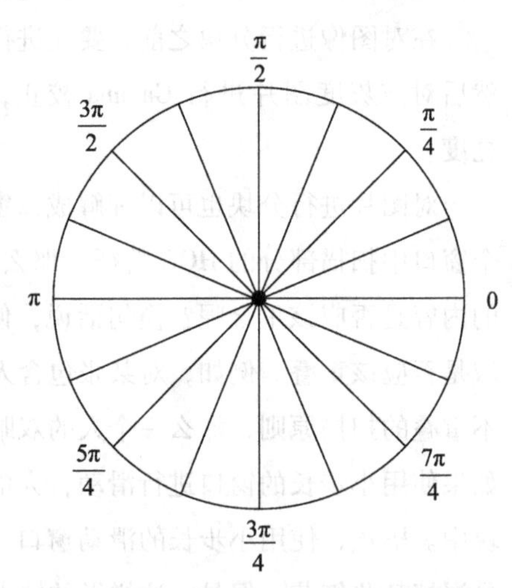

图 3-17　方向梯度直方图角度区间的划分

3. 梯度强度归一化

由于局部光照变化以及前景 - 背景对比度的变化会导致梯度具有比较大的变化，因此需要对梯度强度进行归一化处理。归一化能够进一步对光照、阴影和图像边缘进行压缩，使特征的计算结果更具鲁棒性。

归一化的具体做法是将上述所有的图像块进行汇总，使其组合成大的、在空间上连通的区域。这样，将所有的小图像块的特征进行串联后，就可以反映图片整体特征了。在进行归一化时，所采用的算法一般是计算其 L2 范数。在经过归一化后，就可以用特征向量来对图像进行表示了。有了特征向量，便可以对图像进一步地进行处理了。如常常使用 SVM 算法根据该特征进行分类，可以应用到行人人脸检测等具体的场景中去。

3.7　本章小结

在本章中，我们接触到了计算机视觉的一些基本概念，并介绍了两种常用的颜色模型，分别是 RGB 颜色模型和 HSV 颜色模型。其中，RGB 颜色模型的空间结构是立方体结构，而 HSV 颜色模型的空间结构是椎体结构。相比之下，我们更常用的颜色模型是 RGB 颜色模型，而 HSV 颜色模型中的很多概念对我们后续的学习还是非常有帮助的。

之后我们又介绍了图像的几种表现形式，分别是彩色图像、灰度图像以及二值图像。通过前面的介绍，我们知道彩色图片不是一个简单的二维矩阵就可以表示的，我们可以用两种形式来理解它的结构。一种是可以将其认为是一个二维矩阵的表现形式，但是这个二维矩阵的每一个元素不是一个具体的数值，而是由红、绿、蓝3种颜色组成的一个数组；或者我们以另一种方式来理解这个彩色图像的结构，可以认为一张彩色图片是由3张二维矩阵叠加而成的，这3张二维矩阵分别记录了各个像素点的红、绿、蓝颜色值。而相比之下，灰度图像就更容易理解了，我们可以将其简单地认为是一张二维矩阵。这样，二值图像就是在灰度图像的基础上进一步"简化"，其数值只包括对黑、白两种颜色的表示，是二值的，可以用0或1来表示。

在本章中，我们介绍了信号与噪声的概念，我们明确了信号是理解图像所要表达信息的真正来源，而噪声的出现只会减少我们在图片中获取到的信息。与此同时，噪声的出现会对图片的进一步处理造成干扰，因此，尽可能地过滤噪声是一项很有必要的操作。我们采用滤波方法可以减少噪声对图片的干扰，但是噪声并不能完全消除，只能尽可能地减少。

图片的几何变换是一项很有用的操作，我们可以使用线性代数中的叉乘运算来完成绝大多数功能。在一个向量空间进行一次线性变换再做一个平移，变换为另一个向量空间的过程称为仿射变换。将本章所学的图像变换形式综合到一起便构成了一个仿射变换。进行仿射变换的过程可以用线性代数的矩阵运算来表示：

$$\begin{bmatrix} \boldsymbol{x} \\ \boldsymbol{y} \end{bmatrix} = \boldsymbol{s}\begin{bmatrix} \cos\boldsymbol{\theta} & -\sin\boldsymbol{\theta} \\ \sin\boldsymbol{\theta} & \cos\boldsymbol{\theta} \end{bmatrix}\begin{bmatrix} \boldsymbol{x}_0 \\ \boldsymbol{y}_0 \end{bmatrix} + \begin{bmatrix} \boldsymbol{t}_1 \\ \boldsymbol{t}_2 \end{bmatrix}$$

$$= \boldsymbol{sR}\begin{bmatrix} \boldsymbol{x}_0 \\ \boldsymbol{y}_0 \end{bmatrix} + \boldsymbol{T}$$

其中，$\boldsymbol{s}$是缩放系数，$\boldsymbol{\theta}$是旋转角度，$\boldsymbol{T}$代表位移向量，$\boldsymbol{R}$是一个正交矩阵。

在本章的最后，我们学习了对图像进行特征描述的方法，也就是提取图片特征的算法，称为特征描述子。特征描述子相当于对图片进行降维处理，抛弃图片中我们不关心的部分，提取其主要成分，从而可以完成图像识别、图像分类等功能，是对图片进行处理的重要一环。当然，对图片进行特征提取的方法并不仅限于这几种，例如使用PCA算法也可以完成对图片的特征提取，使用深度学习的方法对图片进行特征提取，其特征值更是多种多样。

CHAPTER 4

第4章

OpenCV基础与应用

OpenCV是一个以BSD许可证开源的、跨平台的计算机视觉库。它提供了Python、C++、Java、Matlab等多种编程语言接口。它集成了很多计算机视觉算法，具有非常强大的功能，是计算机视觉中最为著名的一个库。在这一章中，我们将要介绍OpenCV的一些基本用法。

4.1 OpenCV介绍

OpenCV是使用C++进行编写的，提供了上百种计算机视觉、机器学习、图像处理等相关算法，新版本的OpenCV支持Tensorflow、Caffe等深度学习框架。OpenCV的底层优化处理得很好，能够支持多核处理，能够利用硬件实现加速。由于该库是以BSD许可证进行开源的，因此可以被免费应用在科学研究与商业应用中。

OpenCV库是由英特尔公司下属的俄罗斯技术团队发起的，由于其优异的性能、免费、开源、算法丰富、使用简单等优点，自从项目发起后便得到迅猛发展，越来越多的组织和个人加入源代码的贡献队伍中，这也在客观上进一步促进了OpenCV库的发展。截至目前，其预估下载量超过1400万次，是当前最流行的计算机视觉库。

OpenCV在诸多领域得到了广泛的应用，例如物体检测、图像识别、运动跟踪、增强现实（AR）、机器人等场景。我们在本书中对图像进行处理时，需要用到OpenCV库。

OpenCV的安装比较简单，在Python中，通过pip包管理工具就可以实现安装：

```
pip install opencv-python
```

如果在 anaconda 环境中安装 OpenCV，则通过下面的方法进行安装：

```
conda install opencv
```

安装完 OpenCV 后，可以通过下述方法来查看是否安装成功：

```
# 查看引入 OpenCV 库时是否报错
import cv2
# 查看安装的版本
cv2.__version__
# 作者机器上显示的版本信息是 '3.4.1'
```

4.2 科学计算库 Numpy

在进一步介绍 OpenCV 前，我们先介绍一下在 Python 科学计算中非常重要的一个库——Numpy。

Numpy 是 Numerical Python extensions 的缩写，字面意思是 Python 数值计算扩展。Numpy 是 Python 中众多机器学习库的依赖，这些库通过 Numpy 实现基本的矩阵计算，Python 的 OpenCV 库自然也不例外。

Numpy 支持高阶、大量计算的矩阵、向量计算，与此同时还提供了较为丰富的函数。Numpy 采用友好的 BSD 许可协议开放源代码。它是一个跨平台的科学计算库，提供了与 Matlab 相似的功能和操作方法。虽然科学计算领域一直是 Matlab 的天下，但是 Numpy 基于更加现代化的编程语言——Python，Python 凭借着开源、免费、灵活性、简单易学、工程特性好等特点风靡技术圈，已经成为机器学习、数据分析等领域的主流编程语言。虽然Matlab 提供的包非常多，但是 Python 因其简单灵活、扩展性强等特点，也诞生了一系列优秀的库。例如，Scipy 具有大多数 Matlab 所具备的功能，Matplotlib 能够简便地进行数据可视化。虽然当前 Matlab 的地位仍然难以撼动，但是，随着时间的推移，Python 在科学计算上的生态系统也会越来越丰富。

安装 Numpy 的方法很简单，使用 Python 的包管理工具 pip 或者 anaconda 便可以实现。例如，在 shell 中输入下列命令行便可以通过 pip 安装 Numpy：

```
pip install numpy
```

我们在前面提到过，Numpy 是 OpenCV 的一个依赖库，所以，我们使用 pip 工具安装好 OpenCV 库之后，Numpy 一般已经安装好了。

4.2.1　array 类型

Numpy 的 array 类型是该库的一个基本数据类型，这个数据类型从字面上看是数组的意思，也就意味着它最关键的属性是元素与维度，我们可以用这个数据类型来实现多维数组。因此，通过这个数据类型，我们可以使用一维数组来表示向量，二维数组来表示矩阵，以此类推用以表示更高维度的张量。

我们通过下面的例子来简单体会一下 Numpy 中 array 类型的使用。

代码清单 4-1　Numpy 中 array 类型的基本使用

```
import numpy as np
#引入 Numpy 库,并定义其别名为 np
array = np.array([1,2,3,4])
#通过 np.array()方法创建一个名为 array 的 array 类型,参数是一个 list
array
#在 shell 中输入,返回的结果为:
#array([1, 2, 3, 4])
array.max()
#获取该 array 中元素的最大值,结果为:
#4
array.mean()
#求该 array 中元素的平均值,结果为:
#2.5
array.min()
#获取该 array 中元素的最小值:
#1
array *2
#直接将该 array 乘以 2,Python 将该运算符重载,将每个元素都乘以 2,其输出结果为:
#array([2, 4, 6, 8])
array +1
#将每一个元素都加上 1,输出结果为:
#array([2, 3, 4, 5])
array / 2
#将每一个元素都除以 2,得到浮点数表示的结果为:
#array([ 0.5, 1. , 1.5, 2. ])
array %2
#Numpy 库除了可以对 array 实现除法运算,还可以实现取模运算,结果为:
#array([1, 0, 1, 0], dtype = int32)
array.argmax()
#获取该组数据中元素值最大的那个数据的索引,下标从 0 开始,其结果为:
#3
```

通过上面的代码片段，我们可以了解 Numpy 中 array 类型的基本使用方法。我们可以看到，array 其实是一个类，通过传入一个 list 参数来实例化为一个对象，也就实现了对数据的封装。这个对象中包含对各个元素进行计算的基本方法，例如求平均值、最大值等。除此之外，我们再看一下对更高维度数据的处理。

代码清单 4-2 Numpy 对更高维度数据的处理

```
import numpy as np
array = np.array([[1,2],[3,4],[5,6]])
#创建一个二维数组,用以表示一个3行2列的矩阵,名为array
array
#在交互式编程界面中输入array,返回结果为:
#array([[1, 2],
#        [3, 4],
#        [5, 6]])
array.shape
#查看数据的维度属性,下面的输出结果元组代表的是3行2列
#(3, 2)
array.size
#查看array中的元素数量,输出结果为:
#6
array.argmax()
#查看元素值最大的元素的索引,结果为:
#5
array.flatten()
#将shape为(3,2)的array转换为一行表示,输出结果为:
#array([1, 2, 3, 4, 5, 6])
#我们可以看到,flatten()方法是将多维数据"压平"为一维数组的过程
array.reshape(2,3)
#将array数据从shape为(3,2)的形式转换为(2,3)的形式:
#array([[1, 2, 3],
#        [4, 5, 6]])
```

除此之外，Numpy 还包含了创建特殊类别的 array 类型的方法，代码如下。

代码清单 4-3 Numpy 创建特殊类别的 array 类型

```
import numpy as np
array_zeros = np.zeros((2,3,3))
#生成结果为:
#array([[[0., 0., 0.],
#        [0., 0., 0.],
#        [0., 0., 0.]],
#
#        [[0., 0., 0.],
#        [0., 0., 0.],
#        [0., 0., 0.]]])
```

```
array_ones = np.ones((2,3,3))
# 生成所有元素都为1的array,其shape是(2,3,3)
array_ones.shape
# (2, 3, 3)
array_arange = np.arange(10)
# 生成一个array,从0递增到10,步长为1,结果为:
# array([0, 1, 2, 3, 4, 5, 6, 7, 8, 9])
array_linespace = np.linspace(0,10,5)
# 生成一个array从0到10递增,步长为5,结果为:
# array([ 0. , 2.5, 5. , 7.5, 10. ])
```

Numpy 作为 Python 的一款著名的数值计算库，其在基础计算上的功能也是非常完备的，代码如下。

代码清单 4-4　Numpy 基础计算演示

```
import numpy as np
np.abs([1, -2, -3,4])
# 取绝对值,结果为:array([1, 2, 3, 4])
np.sin(np.pi / 2)
# 求正弦值,结果为:1.0
np.arctan(1)
# 求反正切值,结果为:0.78539816339744828
np.exp(2)
# 求自然常数e的2次方,结果为:7.3890560989306504
np.power(2,3)
# 求2的3次方,结果为:8
np.dot([1,2],[3,4])
# 将向量[1,2]与[3,4]求点积,结果为:11
np.sqrt(4)
# 将4开平方,结果为:2.0
np.sum([1,2,3,4])
# 求和,结果为:10
np.mean([1,2,3,4])
# 求平均值,结果为:2.5
np.std([1,2,3,4])
# 求标准差,结果为:1.1180339887498949
```

除此之外，Numpy 所包含的基本计算功能还有很多，例如将 array 切分、拼接、倒序等。

4.2.2　线性代数相关

我们在前面介绍了 array 类型及其基本操作方法，了解到使用 array 类型可以表示向量、矩阵和多维张量。线性代数计算在科学计算领域中非常重要，而在机器学习和数据挖掘领域中，线性代数相关函数的使用也非常频繁。下面，我们介绍一下Numpy提供的线性代数操作。

代码清单 4-5　Numpy 提供的线性代数操作

```
import numpy as np

vector_a = np.array([1,2,3])
vector_b = np.array([2,3,4])
# 定义两个向量 vector_a 与 vector_b

np.dot(vector_a,vector_b)
# 将两个向量相乘,在这里也就是点乘,结果为 20

vector_a.dot(vector_b)
# 将 vector_a 与 vector_b 相乘,结果为 20
np.dot(vector_a,vector_b.T)
'''
将一个行向量与一个列向量叉乘的结果相当于将两个行向量求点积,这里测试了 dot()方法。其中 array
    类型的 T()方法表示转置。
测试结果表明:
dot()方法默认对两个向量求点积。对于符合叉乘格式的矩阵,自动进行叉乘。
我们看一下下面这个例子:
'''
matrix_a = np.array([[1,2],
                     [3,4]])
# 定义一个 2 行 2 列的方阵
matrix_b = np.dot(matrix_a,matrix_a.T)
# 这里将该方阵与其转置叉乘,将结果赋予 matrix_b 变量
matrix_b
'''
结果为:
array([[ 5, 11],
       [11, 25]])
'''

np.linalg.norm([1,2])
# 求一个向量的范数的值,结果为 2.23606797749979 8
# 如果 norm()方法没有指定第 2 个参数,则默认为求 2 范数
np.linalg.norm([1, -2],1)
# 指定第 2 个参数值为 1,即求 1 范数。我们在前面介绍过,1 范数的结果为向量中各元素绝对值之和,结果为 3.0
np.linalg.norm([1,2,3,4],np.inf)
# 求向量的无穷范数,其中 np.inf 表示正无穷,也就是向量中元素值最大的那个,其结果为 4.0
np.linalg.norm([1,2,3,4], -np.inf)
# 同理,求负无穷范数的结果为 1,也就是向量中元素的最小值
```

```
np.linalg.norm(matrix_b)
#除了向量可以求范数,矩阵也可以有类似的运算,即为F范数,结果为29.866369046136157
np.linalg.det(matrix_a)
#求矩阵matrix_a的行列式,结果为-2.0000000000000004

np.trace(matrix_a)
#求矩阵matrix_a的迹,结果为5

np.linalg.matrix_rank(matrix_a)
#求矩阵的秩,结果为2

vector_a *vector_b
#使用*符号将两个向量相乘,是将两个向量中的元素分别相乘,也就是前面我们所讲到的哈达马乘积,结果为
#array([2, 6, 12])
vector_a **vector_b
#使用二元运算符**对两个向量进行操作,结果为array([1, 8, 81], dtype=int32)
#表示将向量vector_a中元素对应vector_b中的元素值求幂运算。例如最终结果[1,8,81]可以表示为:
#[1*1,2*2*2,3*3*3*3]

np.linalg.pinv(matrix_a)
'''
求矩阵的逆矩阵,方法pinv()求的是伪逆矩阵,结果为:
array([[-2. ,1. ],
       [1.5, -0.5]])
不使用伪逆矩阵的算法,直接使用逆矩阵的方法是inv(),即
np.linalg.inv(matrix_a)
结果相同,也为:
array([[-2. ,1. ],
       [1.5, -0.5]])
'''
```

4.2.3 矩阵的高级函数

我们在前面学习了 Numpy 的基本数据类型 array，同时了解了一些基本的数学运算方法。除了前面我们提到的对矩阵求逆、求秩、求转置等基本运算之外，Numpy 还为我们提供了矩阵分解等更高级的函数。

1. 矩阵分解

矩阵分解（Decomposition Factorization）是将矩阵拆解为若干个矩阵的相乘的过程。在数值分析中，常常被用来实现一些矩阵运算的快速算法，在机器学习领域有非常重要的作用。

例如，我们在前面介绍过线性降维的 PCA 算法，其中就涉及矩阵分解的步骤。今日头

条、亚马逊网上商城这类互联网产品，总会根据我们的个人喜好给我们推送一些它认为我们会感兴趣的资讯或商品，这类用于推送消息的系统称为推荐系统（Recommendation System）。在推荐系统的实现过程中，就用到了矩阵分解算法。例如，主流的开源大数据计算引擎 Spark 在 ml 机器学习库中通过 ALS 算法实现了推荐系统。也有的推荐系统采用 SVD 算法来实现整套系统中的矩阵分解过程。

在 Numpy 中，为我们提供了基于 SVD 算法的矩阵分解，SVD 算法即为奇异值分解法，相对于矩阵的特征值分解法，它可以对非方阵形式的矩阵进行分解，将一个矩阵 A 分解为如下形式：

$$\boldsymbol{A} = U\Sigma V^{\mathrm{T}}$$

式中，A 代表需要被分解的矩阵，设其维度是 $m \times n$。U 矩阵是被分解为的 3 个矩阵之一，它是一个 $m \times m$ 的方阵，构成这个矩阵的向量是正交的，被称为左奇异向量；Σ 是一个 $m \times n$ 的向量，它的特点是除了对角线中的元素外，其余元素都为 0。V 是一个 $n \times n$ 的方阵，它的转置也是一个方阵，与 U 矩阵类似，构成这个矩阵的向量也是正交的，被称为右奇异向量。整个奇异值分解算法矩阵的形式如图 4-1 所示。具体算法实现在此不赘述，感兴趣的读者可以阅读参考文献［5］。

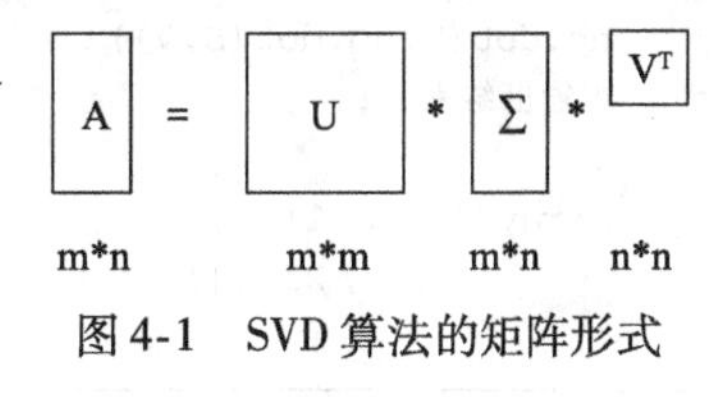

图 4-1　SVD 算法的矩阵形式

我们使用 Numpy 演示一下 SVD 算法的使用。

代码清单 4-6　SVD 算法演示

```
import numpy as np

matrix = np.array([
    [1,2],
    [3,4]])

another_matrix = np.dot(matrix,matrix.T)
# 生成一个矩阵 another_matrix
print(another_matrix)
'''
该矩阵为:
array([[ 5, 11],
       [11, 25]])
'''

U,s,V = np.linalg.svd(another_matrix,2)
# 使用奇异值分解法将该矩阵进行分解,得到 3 个子矩阵 U,s,V
# 在 s 矩阵的基础上,生成 S 矩阵为:
```

```
S = np.array([[s[0],0],
              [0,s[1]]])
# 我们看一下生成的几个矩阵的样子
print(U)
'''
[[-0.40455358 -0.9145143 ]
 [-0.9145143 0.40455358]]
'''
print(s)
'''
[ 29.86606875 0.13393125]
'''
print(V)
'''
[[-0.40455358 -0.9145143 ]
 [-0.9145143 0.40455358]]
'''
# 利用生成的 U、S、V 三个矩阵，我们可以重建回原来的矩阵 another_matrix
np.dot(U,np.dot(S,V))
# 输出结果为：
'''
array([[ 5., 11.],
       [ 11., 25.]])
'''
```

在上面的代码片段中，s 向量表示的是分解后的 Σ 矩阵中对角线上的元素，所以我们在这里面引入了一个 S 矩阵，将 s 向量中的元素放置在这个矩阵中，用以验证分解后的矩阵重建回原先的矩阵 A 的过程。

仔细的读者可能会注意到，为什么这里使用 SVD 算法生成的矩阵 U 与 V^{T} 是相同的？大家可能会注意到，在上面的代码片段中多了一个生成矩阵 another_matrix 的过程。这是因为一个矩阵与其转置相乘之后的矩阵是对称矩阵（矩阵中的元素沿着对角线对称），将对称矩阵进行分解后的结果可以表示为：

$$A = V\Sigma V^{T}$$

通过观察上式，我们不难发现 U 与 V 矩阵是相同的，因为这个例子中，U 与 V 矩阵本身也是对称矩阵，不论它转置与否形式都是一样的。

我们在第 2 章介绍过用于线性降维的 PCA 算法，该算法中有一个步骤是将协方差矩阵分解然后重建。下面我们演示一下使用 Numpy 的 SVD 算法来实现 PCA 算法的例子。

代码清单 4-7　基于 SVD 实现 PCA 算法

```
import numpy as np
```

```
# 零均值化,即中心化,是数据的预处理方法
def zero_centered(data):
    matrix_mean = np.mean(data, axis =0)
    return data - matrix_mean

def pca_eig(data, n):
    new_data = zero_centered(data)
    cov_mat = np.dot(new_data.T, new_data)    # 也可以用 np.cov() 方法
    eig_values, eig_vectors = np.linalg.eig(np.mat(cov_mat))
    # 求特征值和特征向量,特征向量是列向量
    value_indices = np.argsort(eig_values)    # 将特征值从小到大排序
    n_vectors = eig_vectors[:, value_indices[-1:-(n + 1):-1]]
    # 最大的 n 个特征值对应的特征向量
    return new_data *n_vectors               # 返回低维特征空间的数据

def pca_svd(data, n):
    new_data = zero_centered(data)
    cov_mat = np.dot(new_data.T, new_data)
    U, s, V = np.linalg.svd(cov_mat)          # 将协方差矩阵奇异值分解
    pc = np.dot(new_data, U)                  # 返回矩阵的第 1 个列向量即是降维后的结果
    return pc[:, 0]

def unit_test():
    data = np.array(
        [[2.5, 2.4], [0.5, 0.7], [2.2, 2.9], [1.9, 2.2], [3.1, 3.0], [2.3, 2.7], [2, 1.6],
            [1, 1.1], [1.5, 1.6],
        [1.1, 0.9]])
    result_eig = pca_eig(data, 1)
    # 使用常规的特征值分解法,将二维数据降到一维
    print(result_eig)
    result_svd = pca_svd(data, 1)
    # 使用奇异值分解法将协方差矩阵分解,得到降维结果
    print(result_svd)

if __name__ == '__main__':
    unit_test()
```

经过降维的数据为:

```
[-0.82797019  1.77758033 -0.99219749 -0.27421042 -1.67580142 -0.9129491
  0.09910944  1.14457216  0.43804614  1.22382056]
```

我们可以看到,数据已经从二维变为一维了,这两个 PCA 算法的计算结果是相同的。其中 pca_eig() 函数使用常规的特征值分解方法来求解,读者可以参照前面讲述的 PCA 算法过程来理解这段代码。pca_svd() 函数是使用奇异值分解法来求解的。这段代码

虽然相对精简，但是背后是经过复杂的数学推导的。下面简要阐述一下 PCA 算法中奇异值分解的步骤。

1）PCA 算法中得到样本的协方差矩阵是经过零均值化处理的，将其去掉常数部分，则也可表示为：

$$C = X^{T}X$$

其中，X 是经过中心化处理后的样本矩阵。前面我们介绍过，一个矩阵与其转置矩阵相乘的结果是一个对称矩阵。观察到协方差矩阵 C 便是一个对称矩阵，那么将其进行奇异值分解后则可以表示为：

$$C = V\Sigma V^{T}$$

2）将经过中心化的样本矩阵 X 进行奇异值分解，可以得到：

$$X = U\Sigma V^{T}$$

因此，我们得到：

$$\begin{aligned} &X^{T}X \\ &= (U\Sigma V^{T})^{T}(U\Sigma V^{T}) \\ &= V\Sigma^{T}U^{T}U\Sigma V^{T} \\ &= V\Sigma^{2}V^{T} \end{aligned}$$

奇异矩阵 V 中的列对应着 PCA 算法主成分中的主方向，因此可以得到主成分为：

$$XV = U\Sigma V^{T}V = U\Sigma$$

关于更详细的数学推导过程，读者可参考以下网址：

https://stats.stackexchange.com/questions/134282/relationship-between-svd-and-pca-how-to-use-svd-to-perform-pca

2. 随机数矩阵

Numpy 除了为我们提供常规的数学计算函数和矩阵相关操作之外，还提供了很多功能丰富的模块，随机数模块就是其中一部分。利用随机数模块可以生成随机数矩阵，比 Python 自带的随机数模块功能要强大，我们看一下下面这个例子。

代码清单 4-8　Numpy 的随机数功能演示

```
import numpy as np

# 设置随机数种子：
np.random.seed()
```

```
#从[1,3)中生成一个整型的随机数,连续生成10个
np.random.randint(1,3,10)
#返回:array([2, 2, 1, 1, 1, 1, 2, 1, 2, 2])

#若要连续产生[1,3)之间的浮点数,可以使用以下方法:
2*np.random.random(10) + 1
'''
返回:
array([ 1.25705585, 2.38059578, 1.73232769, 2.12303283, 2.33946996,
        2.28020734, 2.15724069, 1.32845829, 2.91361293, 1.78637408])
'''

np.random.uniform(1,3,10)
'''
返回:
array([ 1.37993226, 1.38412227, 1.18063785, 1.75985962, 1.42775752,
        1.62100074, 1.71768721, 1.50131522, 2.20297121, 1.08585819])
'''

#生成一个满足正态分布(高斯分布)的矩阵,其维度是4*4
np.random.normal(size=(4,4))
'''
返回:
array([[-1.81525915, -2.02236963,  0.90969106,  0.25448426],
       [-1.04177298, -0.35408201,  1.67850233, -0.70361323],
       [-0.30710761,  0.57461312, -0.37867596, -0.74010685],
       [-0.94046747,  2.37124816, -0.78503777, -0.33485225]])
'''


#随机产生10个n=5、p=0.5的二项分布数据:
np.random.binomial(n=5,p=0.5,size=10)
#返回:array([2, 0, 1, 3, 3, 1, 3, 3, 4, 2])

data = np.arange(10)          #产生一个0到9的序列

np.random.choice(data,5)
#从data数据中随机采集5个样本,采集过程是有放回的
#返回:array([0, 0, 1, 6, 2])

np.random.choice(data,5,replace=False)
#从data数据中随机采集5个样本,采集过程是没有放回的
#返回:array([0, 4, 3, 9, 7])

np.random.permutation(data)#对data进行乱序,返回乱序结果
#返回:array([2, 8, 6, 4, 9, 1, 3, 5, 7, 0])
```

```
np.random.shuffle(data)      # 对 data 进行乱序,并替换为新的 data
print(data)
# 输出:[1 2 8 4 3 6 9 0 5 7]
```

4.3　OpenCV 基本操作

前面我们学习了 OpenCV 的基础依赖库 Numpy，下面我们一起学习一下 OpenCV 的相关知识。

OpenCV 中的图片以 RGB 的形式存储，只不过在 OpenCV 中的颜色通道顺序不是 RGB 而是 BGR。这是一个历史遗留问题。因为 OpenCV 库的研发历史比较“悠久”，在那个时代，BGR 是数码相机设备的主流表示形式。这一点随着 OpenCV 的发展一直没有改变，我们在后面编写代码的时候应该注意通道顺序的问题。我们在前面介绍过计算机中表示 RGB 颜色模型的方式，我们看一下 OpenCV 中存储图片的形式。如图 4-2 所示是按照 BGR 顺序存储的 RGB 颜色模型的图片。对于相同的数据，我们也可以将其拆分为蓝色、绿色、红色的颜色矩阵，如图 4-3 所示。

0,128,255	0,0,0	255,255,128
0,122,255	0,0,0	0,0,0
128,255,10	255,255,128	0,255,0

图 4-2　OpenCV 中以 BGR 形式存储的彩色图片

0	0	255
0	0	0
128	255	0

B

128	0	255
122	0	0
255	255	255

G

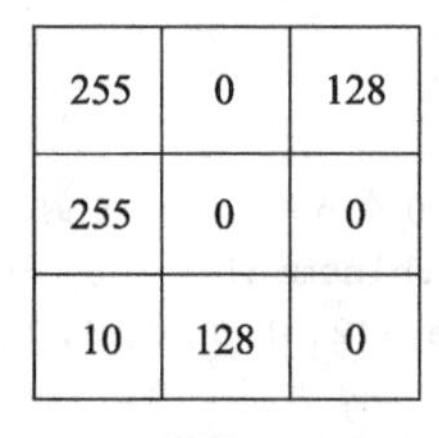

255	0	128
255	0	0
10	128	0

R

图 4-3　将彩色图片拆分成 3 个颜色通道存储的形式

通过图 4-2 和图 4-3，我们知道了 OpenCV 存储图片的形式。那么在 Python 环境中的 OpenCV 库底层存储颜色的数据结构就是 array 类型。OpenCV 将图片读取进来，经过解码后以 array 形式存储。通过下面的例子，我们看一下 OpenCV 中图片的读取和存储方法。

代码清单 4-9　OpenCV 中图片的读取和存储

```
import cv2
import numpy as np
```

```
#使用imread()方法读入一个图片
image = cv2.imread("lena.jpg")

#看一下数据的存储维度
image.shape
#返回:(121, 121, 3)

#将读入的数据image打印出来
print(image)

'''
如果读入数据失败,返回值将不是一个array类型,而是None
我们可以看到图片数据的存储形式:

[[[113 152 227]
  [109 153 230]
  [104 152 230]
  ...,
  [ 58  93 166]
  [119 156 212]
  [149 182 232]]

 [[107 149 224]
  [103 149 226]
  [ 97 149 225]
  ...,
  [ 79 112 175]
  [ 77 108 159]
  [ 65  91 137]]

 [[101 148 222]
  [ 96 146 222]
  [ 91 146 221]
  ...,
  [ 56  80 132]
  [  3  22  65]
  [  0   3  40]]

 ...,
 [[ 21  40  45]
  [ 24  37  45]
  [ 34  41  50]
  ...,
  [ 20  34  57]
  [  7  24  50]
  [  8  27  54]]
```

```
[[[ 17 35 36]
  [ 20 32 38]
  [ 22 29 38]
  ...,
  [ 13 29 52]
  [ 28 45 72]
  [ 41 59 90]]

 [[ 15 31 30]
  [ 19 31 35]
  [ 21 28 37]
  ...,
  [ 13 29 52]
  [ 48 64 93]
  [ 71 90 123]]]
'''

# 将存储图片数据的 image 变量写到磁盘中,写出的文件名为 lena.bak.jpg
# 其返回值结果为 True,代表写入成功,反之代表失败
cv2.imwrite("lena.bak.jpg",image)
```

这里面有一个问题需要注意：OpenCV 判断图片的格式是通过扩展名来实现的，如果我们的文件名为 lena. jpg. bak 那么可能会报以下错误：

```
could not find a writer for the specified extension in function cv::imwrite_
```

所以，我们在使用 OpenCV 时候要注意图片文件的扩展名。

4.4　图像的基本变换

相比于其他的库，OpenCV 最大的特点是图像处理功能非常完备。OpenCV 能够实现对图片颜色和形状的变换，我们在本节中将会学习 OpenCV 对图片的变换。

4.4.1　颜色变换

图片的颜色变换可以有很多种类，如可以对彩色图片进行灰度化处理，调节图片的亮度和对比度，将图片转换成负片的形式等。这些操作都表现在对图片的颜色处理上。下面我们介绍几种图片的常用颜色变换。

1. 灰度化

我们在平时接触到的图片大多是彩色图片，存储的颜色模型一般也都是 RGB 模型。我们前面提到过彩色图片的存储形式，相当于 3 个颜色通道分别用各自的颜色矩阵来记录数

据。对于灰度图像来讲，它自然没有3个通道的说法，它的表现形式是一个矩阵，没有RGB三个不同的颜色通道。

彩色图片是可以转换为灰度图像的，虽然在转换为灰度图像的过程中丢失了颜色信息，但是却保留了图片的纹理、线条、轮廓等特征，这些特征往往比颜色特征更重要。将彩色图片转换为灰度图片后，存储的数据量自然而然也随之减少，这样就会带来一个明显的好处：对图片进行处理时的计算量也将会减少很多。这一点在工程实践中非常重要，大家会在后面的内容中进一步体会。我们在前面的内容中介绍过从数学的角度上将彩色图片灰度化的方法，下面我们简述一下在OpenCV中将彩色图片转换为灰度图片的过程。

代码清单4-10　使用OpenCV将彩色图片灰度化处理

```
import numpy as np
import cv2

img = cv2.imread("lena.jpg")

print(img.shape)
# (121, 121, 3)
# 使用cv2.cvtColor()方法将彩色图片转换为灰度图片
gray_img = cv2.cvtColor(img,cv2.COLOR_BGR2GRAY)

print(gray_img.shape)
# (121, 121)

# 将转换后的灰度图片恢复成BGR形式
img2 = cv2.cvtColor(gray_img,cv2.COLOR_GRAY2BGR)

print(img2.shape)
# (121, 121, 3)

# 输出彩色图片img的内容
print(img)
'''
[[[113 152 227]
  [109 153 230]
  [104 152 230]
  ...,
  [ 58  93 166]
  [119 156 212]
  [149 182 232]]

 [[107 149 224]
  [103 149 226]
```

```
  [ 97 149 225]
  ...,
  [ 79 112 175]
  [ 77 108 159]
  [ 65  91 137]]

 [[101 148 222]
  [ 96 146 222]
  [ 91 146 221]
  ...,
  [ 56  80 132]
  [  3  22  65]
  [  0   3  40]]

 ...,
 [[ 21  40  45]
  [ 24  37  45]
  [ 34  41  50]
  ...,
  [ 20  34  57]
  [  7  24  50]
  [  8  27  54]]

 [[ 17  35  36]
  [ 20  32  38]
  [ 22  29  38]
  ...,
  [ 13  29  52]
  [ 28  45  72]
  [ 41  59  90]]

 [[ 15  31  30]
  [ 19  31  35]
  [ 21  28  37]
  ...,
  [ 13  29  52]
  [ 48  64  93]
  [ 71  90 123]]]
'''

# 输出将灰度图片重新转换为 BGR 形式图片后的内容
print(img2)
'''
[[[170 170 170]
  [171 171 171]
  [170 170 170]
  ...,
```

```
  [111 111 111]
  [169 169 169]
  [193 193 193]]

 [[167 167 167]
  [167 167 167]
  [166 166 166]
  ...,
  [127 127 127]
  [120 120 120]
  [102 102 102]]

 [[165 165 165]
  [163 163 163]
  [162 162 162]
  ...,
  [ 93 93 93]
  [ 33 33 33]
  [ 14 14 14]]

 ...,
 [[ 39 39 39]
  [ 38 38 38]
  [ 43 43 43]
  ...,
  [ 39 39 39]
  [ 30 30 30]
  [ 33 33 33]]

 [[ 33 33 33]
  [ 32 32 32]
  [ 31 31 31]
  ...,
  [ 34 34 34]
  [ 51 51 51]
  [ 66 66 66]]

 [[ 29 29 29]
  [ 31 31 31]
  [ 30 30 30]
  ...,
  [ 34 34 34]
  [ 71 71 71]
  [ 98 98 98]]]
'''
```

在上面的例子中，我们看到使用 cvtColor() 函数可以将彩色图片转换为灰度图片，经过转换后的图片 shape 属性减少了一个维度，所以这个过程也可以看作一个降维的过程。cvtColor() 函数取 convert color 之意，第 2 个参数表示的是转换操作的类别。这里我们是将 BGR 形式的图片转换为灰度图片，所以使用 cv2. COLOR_BGR2GRAY 常量来表示。当然，如果将灰度图片转换为 BGR 形式的图片，也可以传入 cv2. COLOR_GRAY2BGR 常量。

在代码清单 4-10 中做了一个实验：尝试将灰度图片 gray_img 再次转换为 BGR 形式的彩色图片，发现转换后的图片无法恢复原先不同颜色通道的数值。OpenCV 所采用的方法是将所有的颜色通道全都置成相同的数值，这个数值就是该点的灰度值。这也说明了从彩色图片转换到灰度图片的计算是单向的，使用简单的算法将灰度图片恢复为彩色图片是很难的。OpenCV 中所采用的转换过程只是形式上的转换，并不是真正将灰度图片转换为彩色形式。目前效果比较好的将灰度图片转换为彩色图片的算法多是结合机器学习的方法来实现的。

2. 负片转换

负片是摄影中会经常接触到的一个词语，在最早的胶卷照片冲印中是指经曝光和显影加工后得到的影像。负片操作在很多图像处理软件中也叫反色，其明暗与原图像相反，其色彩则为原图像的补色。例如，颜色值 A 与颜色值 B 互为补色，二者数值的和为 255，即 RGB 图像中的某点颜色为（0，0，255），则其补色为（255，255，0）。

由于负片的操作过程比较简单，OpenCV 并没有单独封装负片函数。这里我们需要将一张图片拆分为各个颜色通道矩阵，然后分别对每一个颜色通道矩阵进行处理，最后再将其重新组合为一张图片。示例代码如下。

代码清单 4-11　负片功能实现

```
import numpy as np
import cv2

# 读入图片
img = cv2.imread("lena.jpg")

# 获取高度和宽度,注意索引是高度在前,宽度在后
height = img.shape[0]
width = img.shape[1]

# 生成一个空的三维张量,用于存放后续 3 个通道的数据
negative_file = np.zeros((height,width,3))

# 将 BGR 形式存储的彩色图片拆分成 3 个颜色通道,注意颜色通道的顺序是蓝、绿、红
b,g,r = cv2.split(img)
```

```
#进行负片化处理,求每个通道颜色的补色
r = 255 - r
b = 255 - b
g = 255 - g

#将处理后的结果赋值到前面生成的三维张量中
negative_file[:,:,0] = b
negative_file[:,:,1] = g
negative_file[:,:,2] = r

#看一下生成图片的数据
negative_file
'''
array([[[ 142., 103., 28.],
        [ 146., 102., 25.],
        [ 151., 103., 25.],
        ...,
        [ 197., 162., 89.],
        [ 136.,  99., 43.],
        [ 106.,  73., 23.]],

       [[ 148., 106., 31.],
        [ 152., 106., 29.],
        [ 158., 106., 30.],
        ...,
        [ 176., 143.,  80.],
        [ 178., 147.,  96.],
        [ 190., 164., 118.]],

       [[ 154., 107., 33.],
        [ 159., 109., 33.],
        [ 164., 109., 34.],
        ...,
        [ 199., 175., 123.],
        [ 252., 233., 190.],
        [ 255., 252., 215.]],

       ...,
       [[ 234., 215., 210.],
        [ 231., 218., 210.],
        [ 221., 214., 205.],
        ...,
        [ 235., 221., 198.],
        [ 248., 231., 205.],
        [ 247., 228., 201.]],

       [[ 238., 220., 219.],
```

```
        [ 235., 223., 217.],
        [ 233., 226., 217.],
        ...,
        [ 242., 226., 203.],
        [ 227., 210., 183.],
        [ 214., 196., 165.]],

       [[ 240., 224., 225.],
        [ 236., 224., 220.],
        [ 234., 227., 218.],
        ...,
        [ 242., 226., 203.],
        [ 207., 191., 162.],
        [ 184., 165., 132.]]])
'''

# 将生成的图片保存起来,注意存储图片文件名中的扩展名
cv2.imwrite("negative_lena.jpg",negative_file)
```

经过上述代码对图像的处理，我们可以看到经过处理的图像如图 4-4b 所示，原始图像如图 4-4a 所示。

a)

b)

图 4-4　原始图像与经过负片处理后的图像

使用负片对图像进行处理，就是将图片的颜色进行反转的过程，这是一个线性变换过程。在图像处理中可以增强暗色区域中的白色或灰色细节。在这个例子中，我们应该同时熟悉对彩色图片中 3 个不同颜色通道的拆分以及重新构建图像的方法。

3. 亮度与对比度转换

一般来说，图像处理算子是将一幅或多幅图像作为输入数据，产生一幅输出图像的函数。图像变换可分为以下两种。

- 点算子：基于像素变换，在这一类图像变换中，仅仅根据输入像素值（有时可加上某些额外信息）计算相应的输出像素值。
- 邻域算子：基于图像区域进行变换。

两种常用的点算子是用常数对点的像素值进行乘法或加法运算，可以表示为：

$$g(i,j) = \alpha \cdot f(i,j) + \beta$$

其中，图像中点的位置为（i，j），α 值代表增益，β 值代表偏置。对图像进行亮度和对比度的变换就是一种点算子，这两个参数分别可以用来控制对比度与亮度。

熟悉这个原理之后，我们就可以通过调节这两个参数的值，来对图片进行对比度或亮度的调节。即将原图像中的每一个像素点都加上一个偏置常数，则可以使图片的亮度变大。类似地，将原图片中的像素点乘上一个增益系数，可以调整图片的对比度。但是要注意，图片像素点的像素值取值范围是［0，255］，一定不要让其溢出，否则图片将不是我们想要的效果。

代码清单4-12分别演示了实现对图片的像素点进行计算的两种方法。

代码清单4-12　对图片亮度与对比度转换演示

```
import cv2
import numpy as np

# 方法1：通过addWeighted()函数来实现
def convert_img1(img, alpha, beta):
    blank = np.zeros(img.shape, img.dtype) # dtpye is uint8
    return cv2.addWeighted(img, alpha, blank, 0, beta)

# 方法2：通过for循环手动实现,与addWeighted()函数内部实现原理一样
def convert_img2(img, alpha, beta):
    rows, cols, channel = img.shape
    new_img = np.zeros(img.shape, img.dtype)
    for i in range(0,rows):
        for j in range(0,cols):
            for k in range(0,channel):
                # np.clip() 将数值限制在[0,255]区间,防止数字溢出
                new_img[i,j,k] = np.clip(
                    alpha *img[i,j,k] + beta,0,255)
    return new_img

img = cv2.imread('lena.jpg')
cv2.imwrite('converted_lena_1.jpg', convert_img1(img,2.2,50))
cv2.imwrite('converted_lena_2.jpg', convert_img2(img,2.2,50))
```

在上述代码中，函数 convert_img1()中的 addWeighted()函数的参数列表分别为：

[img1，alpha，img2，beta，gamma]

代表将两个图片进行如下计算：

new_img = alpha · img1 + beta · img2 + gamma

而函数 convert_img2()实现的过程，就是通过 for 循环修改原始图片的像素值，与函数 convert_img1()的过程是一样的，只不过 convert_img1()函数调用 addWeighted()函数的 img2 参数中图片的像素值都是 0 罢了。

可以得到转换前的图片如图 4-5a 所示，转换后的图片如图 4-5b 所示。

a）　　　　b）

图 4-5　图片亮度与对比度转换示例

4.4.2　几何变换

图像的几何变换是指对图片中的图像像素点的位置进行变换的一种操作，它将一幅图像中的坐标位置映射到新的坐标位置，也就是改变像素点的空间位置，同时也要估算新空间位置上的像素值。经过几何变换的图片，直观来看就是其图像的形态发生了变化，例如常见的图像缩放、平移、旋转等都属于几何变换。

1. 图像裁剪

图像的裁剪实现起来相对容易，即在图像数据的矩阵中裁剪出部分矩阵作为新的图像数据，从而实现对图像的裁剪。例如下面的代码段落实现了对图片的裁剪。

代码清单 4-13　图像裁剪演示

```
import cv2
import numpy as np
img = cv2.imread('lena.jpg')
```

```
print(img.shape)
# (121, 121, 3)
new_img = img[20:120,20:120]
cv2.imwrite('new_img.jpg',new_img)
```

上述代码实现的过程是将原始的图像从第（20，20）个像素点的位置，裁剪到（120，120）处，裁剪的形状是矩形。原始图像如图4-6a所示，裁剪后的图像如图4-6b所示，图像尺寸明显变小了。

a）

b）

图4-6　图像裁剪示例

2. 图像尺寸变换

修改图像的尺寸也就是修改图像的大小，OpenCV的resize()函数可以实现这样的功能。对图像进行尺寸变换时，必然会丢失或者增加一些像素点，这些像素点怎么丢弃或者增加呢？这就需要插值算法了，resize()函数提供了指定插值算法的参数。在缩放时建议使用区域插值cv2.INTER_AREA，可以避免出现波纹；在放大时建议使用三次样条插值cv2.INTER_CUBIC，但是其计算速度相对较慢。也可以使用线性插值cv2.INTER_LINEAR，默认情况下所有改变图像尺寸大小的操作使用的插值法都是线性插值。

我们可以通过设置缩放因子或者直接给出变换后图像的尺寸，则resize()函数就可以为我们自动生成变换后的图像了。

代码清单4-14　使用OpenCV变换图像尺寸

```
import cv2
import numpy as np
img = cv2.imread('lena.jpg')
print(img.shape)
# (121, 121, 3)
new_img = cv2.resize(img,(40,40),interpolation=cv2.INTER_AREA)
```

```
cv2.imwrite('new_img1.jpg', new_img)
print(new_img.shape)
# (40, 40, 3)
new_img2 = cv2.resize(img,None,fx=0.5, fy=0.6,interpolation=cv2.INTER_AREA)
print(new_img2.shape)
# 注意,图像的宽对应的是列数,高对应的是行数
# (73, 60, 3)
cv2.imwrite('new_img2.jpg',new_img2)
```

如图 4-7 所示，原图如图 4-7a 所示，new_img1 与 new_img2 分别如图 4-7b 与图 4-7c所示。

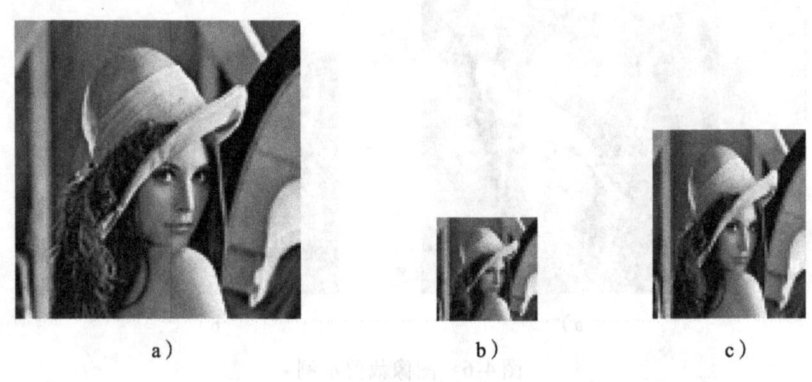

a）　　b）　　c）

图 4-7　图像尺寸变换示例

3. 图像旋转

我们在前面介绍过图像的旋转原理，OpenCV 为我们提供了图像的这种操作，旋转通过 getRotationMatrix2D() 函数来实现。

代码清单 4-15　使用 OpenCV 实现图像旋转

```
import cv2
import numpy as np
img = cv2.imread('lena.jpg')
rows, cols, _ = img.shape
# 第 1 个参数为旋转中心,第 2 个为旋转角度,第 3 个为旋转后的缩放因子
rotated_img = cv2.getRotationMatrix2D((cols/2,rows/2),45,0.4)
cv2.imwrite('dst.jpg',rotated_img)
```

原图如图 4-7a 所示，经过旋转后的图像如图 4-8 所示。

4. 图像的其他线性变换

除了上面我们所介绍的几何变换处理以外，OpenCV 还为我们提供了很多其他的几何变换函数，例如通过 warpAffine() 函数来实现平移，通过 getAffineTransForm() 与 warpAffine() 函

数来实现仿射变换等。这些在本书后面没有使用，而且还要涉及矩阵相关操作，在此不再详细展开，感兴趣的读者可以阅读 OpenCV 相关书籍。

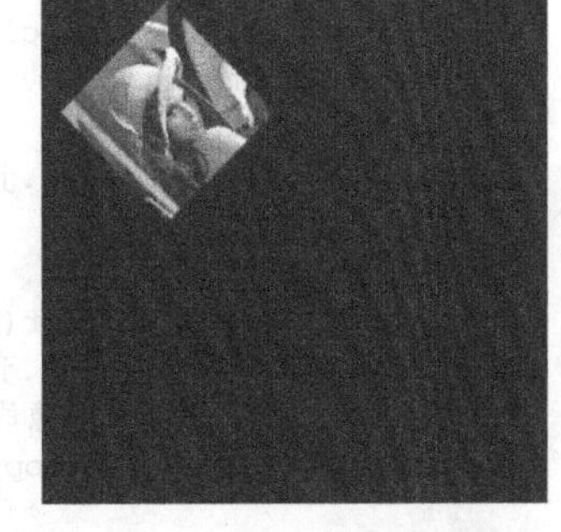

图 4-8 经过旋转后的图像

4.4.3 图像噪声处理

我们曾在前面介绍过噪声。与信号相比，噪声是我们不希望得到的，噪声量越少则表明图像质量越高。由于图像采集设备的性能不同，有的采集设备获得的噪声少，有的则会很多，这可能会干扰到图像的处理。

因此，我们在这里介绍一下噪声的消减方法，可以用在图像的预处理上。与此同时，对训练数据添加适量噪声，可以使训练后的模型更加鲁棒，对模型的性能提升有一定帮助。因此，为图像添加噪声可以起到数据增强的作用，关于数据增强的内容，详见第5章。

1. 添加噪声

下面我们演示一下对图像添加两种常用噪声的方法，一种是椒盐噪声，另一种是高斯噪声。它们的实现代码如代码清单 4-16 所示。

代码清单 4-16 为图像添加噪声

```
import cv2
import numpy as np
import random

# 添加椒盐噪声
def salt_and_pepper_noise(img, percentage):
    rows, cols = img.shape
    num = int(percentage *rows *cols)
    for i in range(num):
        x = random.randint(0,rows - 1)
        y = random.randint(0,cols - 1)
        if random.randint(0,1) == 0:
            img[x,y] = 0      # 黑色噪点
        else:
            img[x,y] = 255    # 白色噪点
    return img

# 添加高斯随机噪声
def gaussian_noise(img, mu, sigma, k):
    rows, cols = img.shape
    for i in range(rows):
        for j in range(cols):
            # 生成高斯分布的随机数,与原始数据相加后要取整
```

```
                value = int(img[i,j]) + k *random.gauss(mu=mu,
                                                        sigma=sigma))
                #限定数据值的上下边界
                value = np.clip(a_max=255,a_min=0,a=value)
                img[i,j] = value
        return img
    img = cv2.imread('lena.jpg')

    # 转换为灰度图像
    gray_img = cv2.cvtColor(img,cv2.COLOR_BGR2GRAY)
    cv2.imwrite('gray_lena.jpg',gray_img)
    # 需要复制一份,不然是对图像的引用,后面的操作会重叠
    gray_img2 = gray_img.copy()

    # 保存椒盐噪声图像
    cv2.imwrite('salt_and_pepper.jpg',
                salt_and_pepper_noise(gray_img,0.3))
    # 保存高斯噪声图像
    cv2.imwrite('gaussian.jpg',
                gaussian_noise(gray_img2, 0, 1, 32))
```

在代码清单 4-16 中，我们看到了为图像添加椒盐噪声和高斯噪声的方法。对于高斯噪声来说，函数 gaussian_noise() 中的 mu 参数代表了随机数高斯分布的平均值，sigma 代表随机数高斯分布的标准差，而参数 k 代表一个系数，表明添加高斯噪声的强度。经过上述代码处理后的图像如图 4-9 所示。

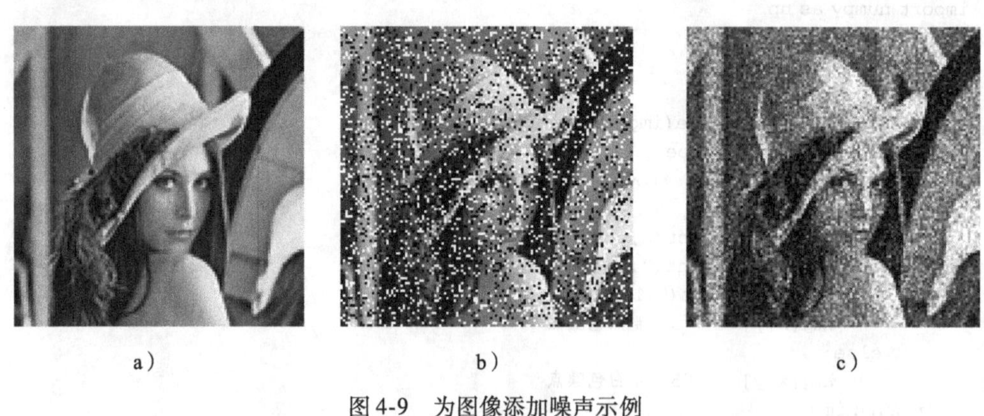

a）　　b）　　c）

图 4-9　为图像添加噪声示例

在图 4-9 中，图 4-9b 是椒盐噪声处理后的图像，图 4-9c 是高斯噪声处理后的图像。

2. 模糊与滤波

OpenCV 为我们提供了几种滤波方法，如中值滤波、双边滤波、高斯模糊、二维卷积等，这些操作的基本方法如代码清单 4-17 所示。

代码清单 4-17 图像滤波演示

```
import cv2
import numpy as np
import random
salt_and_pepper_img = cv2.imread('salt_and_pepper.jpg')
gaussian_img = cv2.imread('gaussian.jpg')

# 二维卷积
# 得到一个5*5 大小的矩阵作为卷积核,矩阵中的每个值都为0.04
kernel = np.ones((5,5),np.float32) / 25
conv_2d_img = cv2.filter2D(salt_and_pepper_img, -1, kernel)
cv2.imwrite('filter_2d_img.jpg', conv_2d_img)

# 中值滤波
# 参数5 表示选择附近5*5 区域的像素值进行计算
median_blur_img = cv2.medianBlur(salt_and_pepper_img,5)
cv2.imwrite('median_blur_img.jpg', median_blur_img)

# 高斯模糊
# 标准差参数设置为0 是指根据窗口大小(5,5)来自行计算高斯函数标准差
gaussian_blur_img = cv2.GaussianBlur(gaussian_img, (5,5), 0)
cv2.imwrite('gaussian_blur_img.jpg', gaussian_blur_img)

# 双边滤波
# cv2.bilateralFilter(src, d, sigmaColor, sigmaSpace)
#9 代表邻域直径,两个参数75 分别代表值域与空域标准差
bilateral_filter_img = cv2.bilateralFilter(gaussian_img, 9, 75, 75)
cv2.imwrite('bilateral_filter_img.jpg', bilateral_filter_img)
```

上述操作加入过噪声的原始图像如图4-9b、图4-9c所示，这两个带有噪声的图像经过滤波处理的结果如图4-10所示。

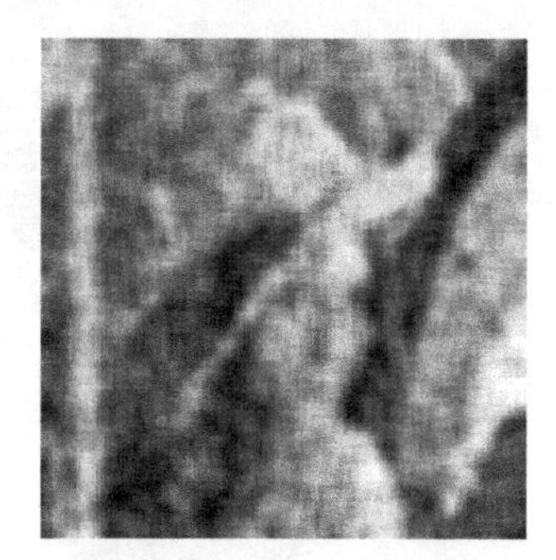

a）对添加过椒盐噪声图片经过二维卷积滤波后的结果

b）对添加过椒盐噪声的图片进行中值滤波后的结果

图4-10 带有噪声的图像经过滤波处理后的结果

c）对经过高斯噪声污染后的图片进行高斯滤波后的结果

d）对经过高斯噪声污染后的图片进行双边滤波后的结果

图 4-10 （续）

4.5 本章小结

OpenCV 是一个非常优秀且使用广泛的开源计算机视觉库，该库核心代码采用 C ++ 编写，提供了多种语言接口。在本章中，我们学习了 OpenCV 的 Python 接口使用方法，学习了使用 OpenCV 对图像进行操作的基本方法。

与此同时，我们也接触到用于科学计算领域的 Numpy，该包提供了很多数学相关功能，是 Python 中用于科学计算必不可少的工具。

CHAPTER 5

第 5 章

深度学习与 Keras 工程实践

机器学习是人工智能的一个重要分支，它主要包括两类，一类是统计学习方法，另一类是深度学习方法。深度学习是当前机器学习的一个热门研究领域，工业界也有很多产品落地。工业界落地的产品主要集中在计算机视觉和自然语言处理等领域。其中，在计算机视觉领域中，人脸识别领域是一个研究时间较长且相对成熟的子领域。

在本章中，我们将学习深度学习。深度学习的常用框架有很多，本书中所采用的深度学习框架是 Keras，这是一种简便易学且使用方便的主流深度学习框架。

5.1 深度学习介绍

深度学习（Deep Learning）也称为深度结构化学习或分层学习，是基于学习数据表示的更广泛的机器学习方法系列中的一种。深度学习是一类机器学习算法，而不是特定的某个算法。简单概括，深度学习有以下 3 个特点：

- 多层非线性处理单元，它们级联在一起进行特征的提取和转换，其中每一层使用前一层的输出作为其输入。这与我们熟知的神经元的工作方式是类似的，如图 5-1 所示。
- 有监督学习和无监督学习两种方式，例如卷积神经网络（Convolutional Neural Networks，CNN），一般用在监督学习的场景中，而深度置信神经网络（Deep Belief Network，DBN，也译作深度信念网络）则具有基于受限玻尔兹曼机的无监督预训练过程。

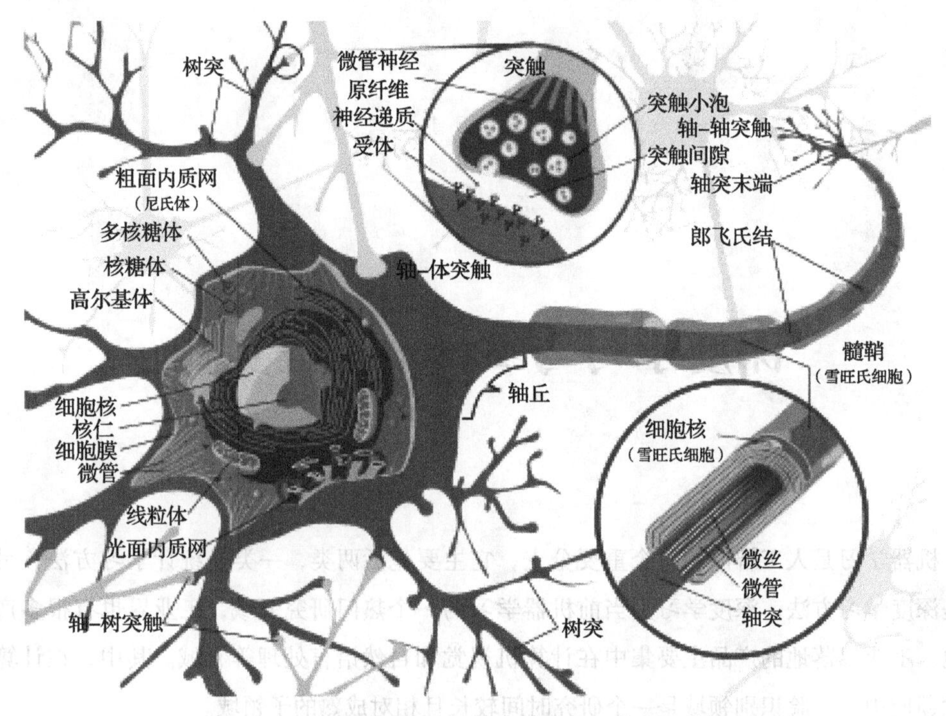

图 5-1　神经元间通过树突和轴突进行信息的传播

- 在深度学习中，每个层级的输出都对上一层输入的数据进行了更高程度的抽象和更复杂的表示，这就导致了深度学习很有意思的一个现象——深度学习最后的输出结果往往是人们难以理解的。

说到深度学习，就不得不提到以下在 2006 年出现的 3 篇论文：

- A fast learning algorithm for deep belief nets. Hinton, G. E. , Osindero, S. and Teh, Y. . *A fast learning algorithm for deep belief nets*. Neural Computation 18：1527-1554，2006
- Greedy LayerWise Training of Deep Networks. Yoshua Bengio，Pascal Lamblin，Dan Popovici and Hugo Larochelle，Greedy LayerWise *Training of Deep Networks*，in J. Platt et al. (Eds)，Advances in Neural Information Processing Systems 19 (NIPS 2006)，pp. 153-160，MIT Press，2007
- Efficient Learning of Sparse Representations with an Energy- Based Model. Marc' Aurelio Ranzato，Christopher Poultney，Sumit Chopra and Yann LeCun. *Efficient Learning of Sparse Representations with an Energy-Based Model*，in J. Platt et al. (Eds)，Advances in Neural Information Processing Systems (NIPS 2006)，MIT Press，2007

这3篇论文的作者分别是 Hinton、Bengio 与 Yann LeCun。其中第1篇论文介绍了一种成功训练出多层神经网络——深度置信网络的方法；第2篇探讨此方法并比较基于受限玻尔兹曼机（RBM）和自编码机（auto-encoder）的深度网络；第3篇则探讨了用与 Hinton 方法类似的办法来初始化卷积神经网络。

这3篇论文及其作者对神经网络和深度学习领域产生了深远的影响，因此这3位作者也被称为深度学习三巨头。自那以后，大量关于深度学习的论文被发表，深度学习领域呈现百花齐放之势，深度学习在语音识别、图像视觉、大数据等领域取得的成果也越来越丰富。

深度学习发展至今，早已不是大家遥不可及的概念，而是切切实实与人们生活息息相关的技术，正在悄悄地改变着我们的生活方式。

5.2 Keras 框架简介

Keras 是一个将神经网络进行高层次抽象并且封装了丰富且友好 API 的深度学习库。Keras 用 Python 编写而成，以 TensorFlow、Theano 或 CNTK 为后端，Keras 本身作为编写神经网络的前端，相当于在 TensorFlow 等库的基础上再封装一层，也就是说在它下层的 TensorFlow、Theano 和 CNTK 之间可以自由切换，而对用户来说基本不需要修改代码或只需要修改少部分代码，可以说它是将 TensorFlow、Theano、CNTK 的 API 进行二次封装的一个中间层。由于 Keras 支持多个后端引擎，故而 Keras 不会将使用者锁定到一个生态系统中，非常便于迁移。同时，Keras 也可以更轻松地将模型转化为产品。

Keras 被工业界和学术界广泛采用，是除 TensorFlow 以外被工业界和学术界使用最多的深度学习框架。目前 Keras 的开发主要由谷歌支持，并且 Keras API 已经被包装在 TensorFlow 中。

Keras 为支持快速实验而生，能够把想法快速实现。按照官方文档的说法，它有如下特点：

- 支持简单而快速的原型设计，对用户友好，高度模块化，具有良好的可扩展性。
- 同时支持卷积神经网络和循环神经网络，以及两者的组合。
- 在 CPU 和 GPU 上可以无缝切换运行。

Keras 的安装也很方便，使用 pip 包管理工具就可以实现安装。

```
pip install keras
```

也可以选择将源代码下载下来，然后进行安装。以 Linux 环境为例：

```
git clone --depth=1 https://github.com/keras-team/keras.git
cd keras
sudo python setup.py install
```

我们前面提到过，Keras 是一个深度学习库的前端，其要依赖 TensorFlow 等作为张量计算的后端，当前我们一般以 TensorFlow 作为主流的张量计算后端。所以，我们还要安装张量计算后端。以安装 TensorFlow 为例：

```
pip install tensorflow
```

如果不指定版本号，pip 工具会自动指定一个低版本的 TensorFlow 下载。TensorFlow 每一次大版本更新可能会有较大变化，如果需要指定版本号，可以在后面加上对应的版本号。例如安装 1.8 版本的 TensorFlow 则使用以下命令：

```
pip install tensorflow==1.8
```

如果需要安装支持 GPU 的 1.8 版本的 TensorFlow，则安装方法如下：

```
pip install tensorflow-gpu==1.8
```

GPU 因其在设计上具有更好的并行计算能力，因此对于深度学习来讲，是一个十分重要的利器。目前深度学习模型基本上都是用 GPU 进行训练的，因此，安装 GPU 的驱动程序有必要在此简单介绍一下。当前深度学习 GPU 供应商主要是英伟达，我们以英伟达显卡驱动安装为例进行介绍。

在 Windows 平台上安装英伟达显卡的驱动比较简单，直接在官方网站下载驱动安装包，同时在官方网站下载 CUDA 工具包，按照安装导航的提示进行安装就可以了。但是，我们的训练模型一般都是在 Linux 平台上完成的，因此我们重点讲述一下在 Linux 平台上安装英伟达驱动程序的方法。对于 Linux 操作系统，以 Ubuntu 16.04 LTS 为例，执行下述命令，可安装大部分开发工具需要使用的基础依赖包。

```
sudo apt update
sudo apt install build-essential libatlas-base-dev
sudo pip install graphviz
```

安装英伟达的显卡驱动之前，需要首先卸载系统当前的驱动。使用如下方法进行卸载：

```
sudo apt --purge remove xserver-xorg-video-nouveau
```

然后向 apt 添加英伟达的驱动源。

```
sudo apt install dirmngr
```

```
sudo apt install software-properties-common #以便可以使用 add-apt-repository
sudo add-apt-repository ppa:graphics-drivers/ppa
```

最后，安装驱动程序和CUDA工具包。

```
sudo apt install nvidia-410 nvidia-settings nvidia-prime
sudo apt install nvidia-cuda-toolkit
```

安装成功后，可以使用英伟达自带的nvidia-smi工具来查看当前GPU的状态，其中显示了当前的GPU显存使用情况和当前占用GPU的程序等信息，可以通过该工具来检测GPU驱动是否被正常安装，以及查看GPU的运转情况。值得一提的是，GPU的显存尽可能地设置得大一些，这样对于模型训练十分有好处，否则很有可能会造成异常。

5.3 Keras的使用方法

Keras非常易于学习和使用，在深度学习框架中具有非常明显的优势。同时在谷歌、微软、亚马逊等科技巨头的有力支持下，可以轻松地将模型转化为产品。接下来我们一边学习使用Keras，一边学习深度学习的相关知识。

5.3.1 深度学习的原理

我们知道，深度学习的基本原理其实与人工神经网络的思想是一致的，而人工神经网络是从信号处理角度对于人的大脑神经元网络的抽象模型。简单来说，在一个系统中，输入信号通过某一层处理之后输出了另一个信号，当输入信号和输出信号之间互相连接的处理层数更多、结构更复杂时，即可将其看作一个人工神经网络。

这样也就反映出了深度学习同样是一个处理单元串接另外一个处理单元的结构，这种结构与人的神经元之间进行神经冲动的传播形式是一样的。因此，我们将深度学习中的每一个处理单元称为一个层，通过不同种类的层之间相互堆叠，形成了一个完整的、能够实现一定功能的复杂网络，这个比传统的人工神经网络更为复杂的网络便是深度学习神经网络。

因此，我们通过对每一个深度学习网络的层进行抽象，由深度学习库来实现每一个层，并提供给用户进行使用，然后我们就可以像搭积木一样来构建属于我们自己的深度学习神经网络了。当前的绝大多数的深度学习框架也都是按照这个思路来实现的，Keras也不例外。接下来我们将介绍一下Keras实现神经网络各个层之间进行连接的方式。

5.3.2 Keras 神经网络堆叠的两种方法

我们前面提到过，深度学习网络的结构是各个计算单元依次连接的结构，这些计算单元就是神经网络中的各种层。简单的神经网络仅仅沿着一条主线顺序连接下来就可以了，这与数据结构中的链表结构是一样的，如图 5-2 所示为一个简单的神经网络顺序模型。

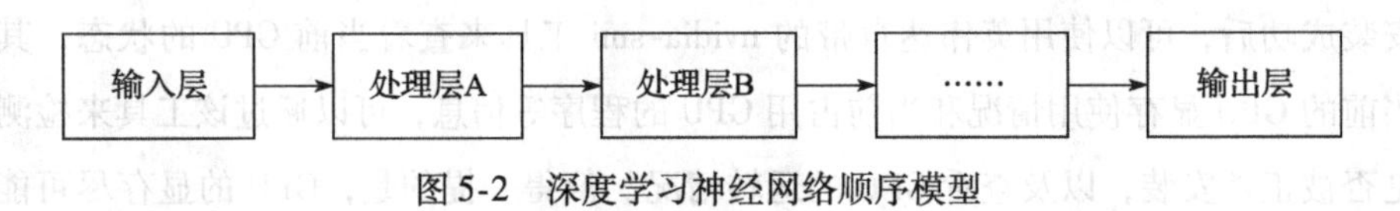

图 5-2 深度学习神经网络顺序模型

顺序模型的神经网络比较容易理解，但是随着研究的深入，神经网络不是只有一个输出层了，而且各个输入层之间也不是只有上下两个层才能够连接，某些层之间也允许连接。这样神经网络的结构就可以用数据结构中的图来表示了。画出一个简易的示意图，如图 5-3 所示。

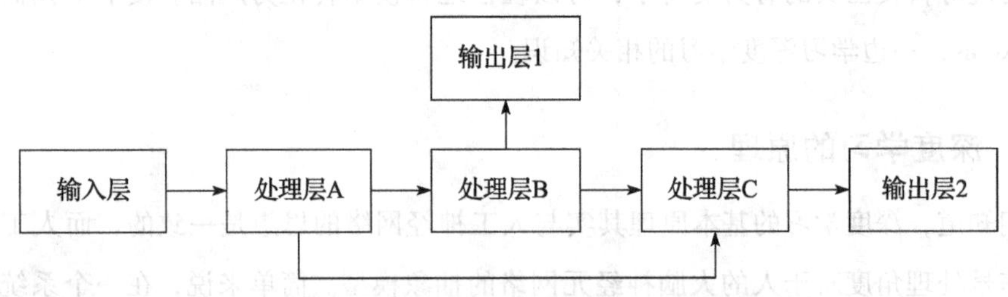

图 5-3 结构相对复杂的深度学习神经网络结构示意

通过上面两种示意图的展示，我们就可以理解神经网络模型的基本结构了。我们在使用库的时候，通过调用深度学习库封装好的各个神经网络层，将它们连接起来，然后再通过输入层输入数据，就可以达到训练神经网络的效果了。而这个训练的过程，其实也就是训练在各个层中封装好的函数中的参数。

构建深度学习网络的整个过程就像搭积木一样简单。由于深度学习网络的工程实践性非常好，所以神经网络原生的结构在抽象、封装后非常容易理解。我们需要做的就是决定使用哪些种类的层、按照怎么样的顺序、用多少个层来搭建这个网络，然后用多大的数据，以什么样的训练方式进行训练。

而 Keras 也非常友好地为我们实现了上述的两种搭建神经网络的模型，分别是线性模型（Sequential model）和函数式 API（Functional API）。

1. 线性模型

Keras提供的线性模型对应图5-2的形式，是一种线性表的形式。通过实例化Sequential类来得到一个线性模型的实例。我们先来看一下它的使用方法。

```
from keras.models import Sequential
model = Sequential()
```

通过这样的方式，我们就创建了一个名为model的神经网络。现在我们要做的就是在这个神经网络上继续添加层，这个过程类似于在链表的末尾节点上继续添加新的节点。

```
from keras.layers import Dense
model.add(Dense(units=4, activation='relu', input_dim=100))
model.add(Dense(units=5, activation='softmax'))
```

上面代码中的Dense是一个类，这是一个全连接层，是深度学习中最简单的一种层。这里面的参数列表是该层的具体参数，在后面会继续介绍。这里重点看一下如何向神经网络中堆叠层即可。

在向模型中堆叠元素之后，这个模型就算是构建成功了。接下来我们要对其进行编译，在编译时我们需要传入该模型的损失函数、优化器等参数。例如：

```
model.compile(loss='categorical_crossentropy',
    optimizer='sgd',
    metrics=['accuracy'])
```

我们对模型进行编译时，指定的损失函数是categorical_crossentropy，这是Keras内部封装好的一个函数，直接写上就可以用了，通过字面上我们也容易理解它是用作多分类的；所采用的优化器是SGD，即随机梯度下降算法；所使用的衡量标准是accuracy，即预测的准确性。

到这里，整个模型就已经完成构建了。代码一共只有几行，整个过程就像是在搭积木。在构建好模型后需要用数据集进行训练，训练的方法也非常简单。

```
model.fit(x_train, y_train, epochs=5, batch_size=32)
```

这里面的x_train和y_train都是Numpy库中的array类型，epochs代表一共训练多少轮次，batch_size代表一个批训练样本的数量，这些参数在后面还会具体介绍。

将模型训练好后，我们还可以用这个训练后的模型进行预测。预测方法也非常简单，使用predict()方法就可以实现了。

```
classes = model.predict(x_test, batch_size=128)
```

由此可见，Keras 库的使用非常友好，整个模型的构建如同在搭积木，我们不用关心具体代码如何实现，只需要关注如何设计这个网络结构。这个网络的结构图如图 5-4 所示。

这个模型很简单，只有两个全连接层，对应的就是输入层和输出层，没有中间层。有关全连接层的具体细节我们将在后面继续介绍。

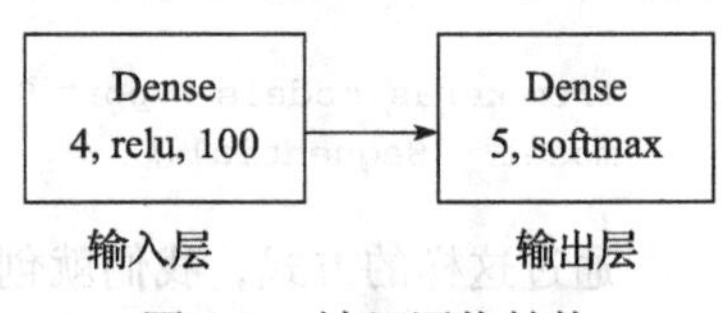

图 5-4　神经网络结构

2. 函数式 API

我们可以看到，使用顺序模型进行编程的 Keras 模型是一个线性模型，所有的神经网络层都被串联起来，这对于简单的神经网络模型无疑是一种非常直观的编程模型。但是我们在前面介绍过，如今很多深度学习神经网络的所有层之间并不是简单的串联关系，这样使用顺序模型将会造成一定的局限性。Keras 为我们提供了另外一种编程模型——函数式 API。Keras 的函数式 API 是定义复杂模型（如多输出模型、有向无环图，或具有共享层的模型等）的方法。我们首先来看一下顺序模型的例子如何用函数式 API 来编写。

```
from keras.layers import Input, Dense
from keras.models import Model

# 创建一个输入层，输入样本的维度是100，返回一个张量
inputs = Input(shape=(100,))
# 每一个层的实例是可调用的，它以前一个层的输出为输入，从而将两个层连接起来
x = Dense(4, activation='relu')(inputs)
predictions = Dense(5, activation='softmax')(x)

# 这部分创建了一个包含输入层和两个全连接层的模型
model = Model(inputs=inputs, outputs=predictions)
model.compile(optimizer='sgd',
              loss='categorical_crossentropy',
              metrics=['accuracy'])
model.fit(data, labels)  # 开始训练
```

上述函数式 API 部分的代码与顺序模型部分的代码实现的是同一个神经网络，我们可以看到，函数式 API 是通过实例化一个层后，将需要连接的上一个层作为参数传了进来，这样就可以实现一个层同时是多个层的上一层，这也是函数式 API 的优势之处。这里的输入层不像在顺序模型中与 Dense 层作为其中一个参数指定，在代码中合在一起写了（当然也可以分开写，单独创建一个输入层）。在函数式编程中需要在最后实例化一个 Model 类，传入输入和输出，对于有多个输入或多个输出的神经网络，可以通过 Python 中的 list 传入

参数。Keras 官方为我们提供了一个示例，这个示例神经网络的结构图如图 5-5 所示。

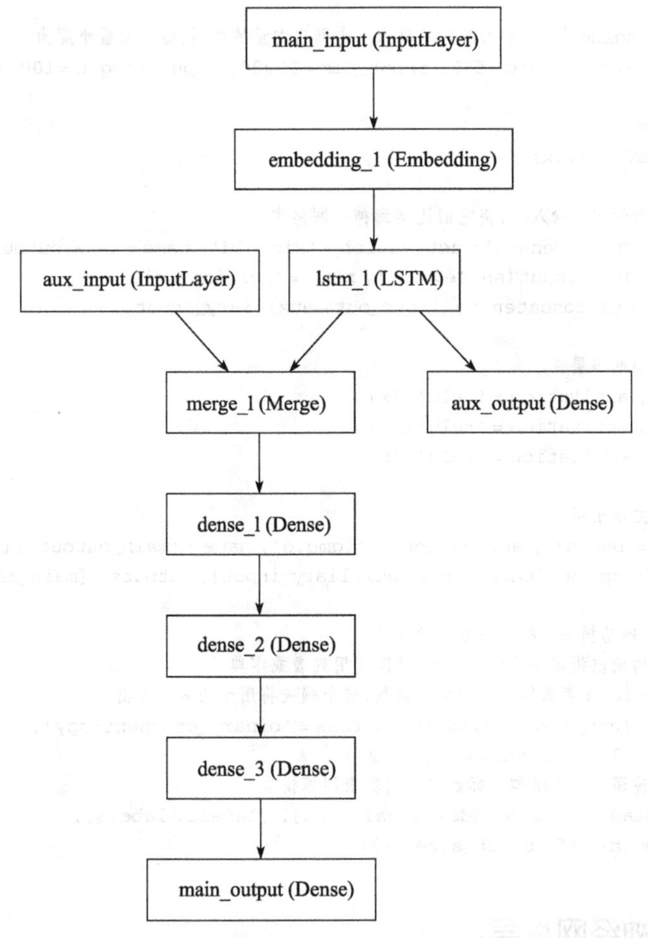

图 5-5　多输入多输出深度学习神经网络结构示例

可以看到，这个神经网络的结构要比顺序模型的结构复杂得多，由于该网络存在多个分支，如果使用顺序模型的编程方式，将无法实现该网络。该网络可以用来预测 Twitter 上的一条新闻标题有多少转发和点赞数。我们不对该网络进行介绍，只是通过该网络学习函数式 API 的编写方法。可以得到该网络结构的代码如下：

```
from keras.layers import Input, Embedding, LSTM, Dense
from keras.models import Model

# 接收一个含有 100 个整数的序列,每个整数在 1 到 10000 之间
# 每个整数编码一个词作为新标题编码后的结果
```

```
# 通过传递一个 name 参数命名该层
main_input = Input(shape=(100,), dtype='int32', name='main_input')

# 添加一个 Embedding 层,将输入序列编码为一个稠密向量的序列,每个向量维度为 512
x = Embedding(output_dim=512, input_dim=10000, input_length=100)(main_input)

# 添加一个 LSTM 层
lstm_out = LSTM(32)(x)

# 创建一个辅助的输出和输入层,将它们连接到神经网络中
auxiliary_output = Dense(1, activation='sigmoid', name='aux_output')(lstm_out)
auxiliary_input = Input(shape=(5,), name='aux_input')
x = keras.layers.concatenate([lstm_out, auxiliary_input])

# 堆叠多个全连接网络层
x = Dense(64, activation='relu')(x)
x = Dense(64, activation='relu')(x)
x = Dense(64, activation='relu')(x)

# 最后创建一个主输出层
main_output = Dense(1, activation='sigmoid', name='main_output')(x)
model = Model(inputs=[main_input, auxiliary_input], outputs=[main_output, auxiliary_
    output])
# 编译模型,并给辅助损失分配一个 0.2 的权重
# 如果要为不同的输出指定不同的权重值,可以使用列表或字典
# 在这里,我们给 loss 参数传递单个损失函数,这个损失将用于所有的输出
model.compile(optimizer='rmsprop', loss='binary_crossentropy',
              loss_weights=[1., 0.2])
# 我们可以通过传递输入数组和目标数组的列表来训练模型
model.fit([headline_data, additional_data], [labels, labels],
          epochs=50, batch_size=32)
```

5.4　常用的神经网络层

我们已经知道，对于一个深度学习神经网络，无论简单的也好，复杂的也罢，都是通过一个个神经网络层连接起来的，这些不同的层就像是盖高楼用的砖瓦。我们下面针对一些常用的神经网络层进行简单的介绍。

5.4.1　全连接层

全连接层的每一个节点都与上一层的所有节点相连，从而把前边提取到的特征综合起来。例如，在前面序列模型的示例代码中，两个神经网络层均是全连接层，如图 5-4 所示是对这两个层的抽象表示。对于图 5-4 所示的神经网络模型更为直观的表示如图 5-6 所示。

可以看到，图5-6是将图5-4中的抽象表示换了一种表示方法表示出来了。我们能看到这个神经网络结构由两个层组成（由参数input_dim表示的输入不计入），分别对应着输入层和输出层。第1个输入层有4个单元（units），输出层有5个单元（units）。例如使用softmax作为激活函数的全连接层，常用作多分类模型中的类别输出层，如图5-6中的输出层共有5个单元，则可以对应输出5个类别。

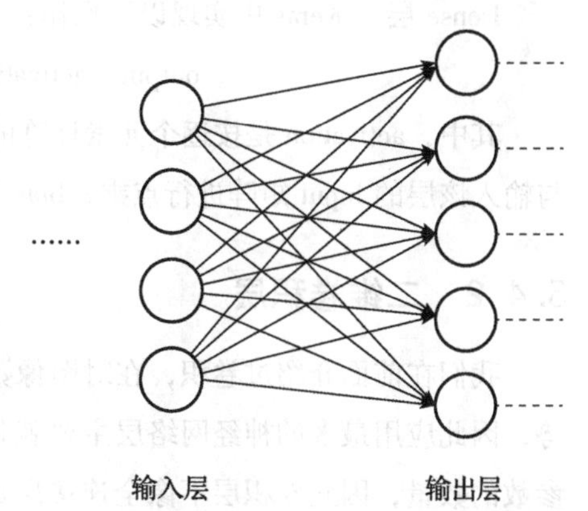

图5-6　顺序模型示例代码将全连接层展开的神经网络结构

我们可以看到，图5-6所示的全连接之间的连接非常多，前后两个层之间的每个连接对应着参数，这个参数就是机器学习中被训练的参数。可以看到，使用全连接层出现的参数非常多，仅图5-6所示的连接线就有20个之多，这样也就造成了全连接层的参数量十分惊人，在模型深度增加（也就是模型的层数越来越多）的情况下，十分容易出现过拟合现象。

在Keras中全连接层即Dense层，该层的完整定义如下：

```
keras.layers.Dense(units, activation = None, use_bias = True, kernel_initializer =
    'glorot_uniform', bias_initializer = 'zeros', kernel_regularizer = None, bias_
    regularizer = None, activity_regularizer = None, kernel_constraint = None,
    bias_constraint = None)
```

其中各个参数的含义如下。

- units：是一个正整数，表示输出空间的维度。
- activation：激活函数，默认不使用激活函数，即线性激活，输入与输出相同。
- use_bias：布尔型变量，代表该层是否使用偏置向量。
- kernel_initializer：kernel权值矩阵的初始化器。
- bias_initializer：偏置向量的初始化器。
- kernel_regularizer：运用到kernel权值矩阵的正则化函数。
- bias_regularizer：运用到偏置向量的正则化函数。
- activity_regularizer：运用到输出结果的正则化函数。
- kernel_constraint：运用到kernel权值矩阵的约束函数。
- bias_constraint：运用到偏置向量的约束函数。

对于序列模型的第 1 层的 Dense 层，需要指定输入数据的维度，即 input_shape 参数。我们在前面序列模型的例子中使用过。

Dense 层在 Keras 中实现以下操作：

output = activation（input · kernel + bias）

其中，activation 是按逐个元素计算的激活函数；kernel 是由网络层创建的权值矩阵，其与输入该层的 input 矩阵进行点乘；bias 是偏置向量，它只在 use_bias 为 True 时才使用。

5.4.2 二维卷积层

我们在前面介绍过卷积，在对图像数据进行处理时，由于用卷积进行处理具有天然优势，因此应用最多的神经网络层主要就是卷积层。在卷积层中使用参数共享可以用来控制参数的数量，因此卷积层不像全连接层那样具有非常多的参数，可以减少过拟合现象，同时也能加快网络中计算的速度。

以卷积层为主的神经网络层即为卷积神经网络（Convolutional Neural Network，CNN），通常的卷积神经网络主要由输入层、卷积层、激活函数、池化层、全连接层等组成，卷积神经网络在图像处理、语音识别等领域具有重要作用。当前主流的人脸识别深度学习神经网络基本都是卷积神经网络，我们在后面会详细介绍几种经典且常用的卷积神经网络。

Keras 为我们提供的卷积层不仅有二维卷积层一种，还包括一维卷积层和三维卷积层，同时还有深度方向可分离的卷积层以及反卷积层等。由于一维卷积主要用于时序数据处理，二维卷积用于对图像的空间卷积，三维卷积主要用于对立体空间卷积，因此我们在这里主要介绍二维卷积。

Keras 为我们提供的二维卷积即为 Conv2D 层，其完整的定义如下：

```
keras.layers.Conv2D(filters, kernel_size, strides = (1, 1), padding = 'valid', data_format =
    None, dilation_rate = (1, 1), activation = None, use_bias = True, kernel_initializer =
    'glorot_uniform', bias_initializer = 'zeros', kernel_regularizer = None, bias_
    regularizer = None, activity_regularizer = None, kernel_constraint = None, bias_
    constraint = None)
```

该层创建了 filters 个卷积核，使用这些尺寸的卷积核对输入数据进行卷积计算并生成输出数据。每一个卷积核对应一个输出数据，被称为特征图（feature map）。如果使用该层作为模型的第 1 层，需要提供 input_shape 参数。例如，输入数据为 64 × 64 像素的彩色图片，在 data_format 参数为 channels_last（默认值，可不更改）时，该参数值应该设置为 input_shape = (64, 64, 3)。

其中，对各个参数的说明如下。

- filters：卷积核的个数，即卷积操作后输出空间的维度。
- kernel_size：可以是一个整数，也可以是一个元组，表示卷积窗口的宽度和高度。
- strides：可以是一个整数，也可以是一个元组，表明卷积沿宽度和高度方向的步长，即卷积操作每一步移动的步长。
- padding：只能为“valid”或“same”，设置图像在卷积过程中边界像素如何填充。
- data_format：可以设置为“channels_last”（默认）或“channels_first”二者之一，表示输入中维度的顺序。
- dilation_rate：可以是一个整数，也可以是一个元组，指定膨胀卷积的膨胀率。
- activation：卷积层要使用的激活函数。默认不激活，输入输出相同，即$f(x)=x$。
- use_bias：指定该层是否使用偏置向量。
- kernel_initializer：kernel权值矩阵的初始化器。
- bias_initializer：偏置向量的初始化器。
- kernel_regularizer：运用到kernel权值矩阵的正则化函数。
- bias_regularizer：运用到偏置向量的正则化函数。
- activity_regularizer：运用到层输出（它的激活值）的正则化函数。
- kernel_constraint：运用到kernel权值矩阵的约束函数。
- bias_constraint：运用到偏置向量的约束函数。

卷积层进行的计算就是对前一层数据做卷积运算，二维卷积层也就是对图像进行卷积运算。假设输入的图像是64×64大小的RGB彩色图像，则其尺寸大小为（64，64，3），那么我们就可以通过如下代码实现一个卷积层。

```
from keras.models import Model
from keras.models import Sequential
from keras.layers import Conv2D

model = Sequential() # 产生一个序列模型对象
model.add(Conv2D(
        kernel_size=(9,9),
        activation="relu",
        filters=48,
        strides=(4, 4),
        input_shape=(64,64,3)
))
```

在上面的代码中我们可以看到，如果卷积层作为输入层的话，需要提前指定输入数据的维度。上述彩色图像是（64，64，3），如果将其转换为灰度图像的话，那么输入数据的维度就变成了（64，64，1）。与此同时，我们给定卷积核的尺寸 kernel_size 为（9，9），这是卷积层中每一个 filter 的尺寸，由于经过卷积核得到的特征图都源自这个的卷积核与原图像中 9×9 的区域做卷积运算，因此该卷积层的感受野为（9×9），strides 参数是（4，4）。

值得一提的是，卷积核除了具有高度和宽度之外，也具有通道数。例如上面的例子中，我们使用的是 RGB 图像，对应了 3 个通道，那么卷积层同样具有 3 个通道，在卷积计算过程中输入数据分别乘以卷积核对应的 RGB 图像 3 个通道的数值，再相加，从而得到输出张量对应位置的数值。

其中 activation 参数指的是该层的激活函数，我们在后面会介绍几种常用的激活函数。ReLU 是一种常用的激活函数，被称为线性整流函数，该函数具有加快模型训练时收敛速度的优点，其函数形式很容易理解。

$$f(x) = \max(0,x)$$

5.4.3 池化层

池化层也称为抽样层，是一种在图像的特定范围内聚合不同位置特征的操作。这是因为卷积运算后的图像具有局部特征，并且图像的每个像素区域通常具有很高的相似性。图像区域中的特征平均值或最大值可以用来表示该区域的整体特征，分别称为均值池化和最大池化。这样做不仅可以压缩数据，还会改善结果，使得神经网络不容易发生过拟合。

池化层一般与卷积层结合在一起使用，在卷积层的后面放置一层池化层能够有效减少数据量，起到降采样的作用。因此，这个过程也可以看作对经过卷积层运算之后的结果进行进一步的特征提取与压缩的过程。

典型的池化方式有以下 3 种。

- 均值池化（mean-pooling）：选择特定区域中所有值的均值。
- 随机池化（stachastic-pooling）：随机选择特定区域中的任意一个值。
- 最大池化（max-pooling）：选择特定区域中值最大的值。这也是最常用的一种池化方式。

如图 5-7 所示展示了池化过程。池化过程的滑动窗口大小为 4×4，从左至右，从上到下依次滑动，在不重叠的情况下，可以获得最大池化后的输出结果如图 5-8a 所示，获得均值池化的输出结果如图 5-8b 所示。

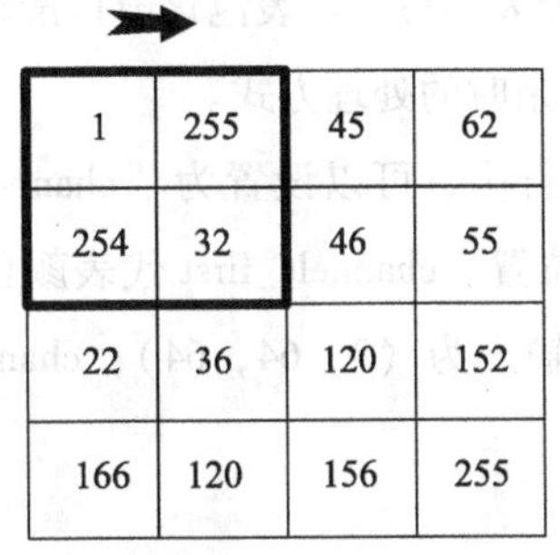

图5-7 池化过程示例

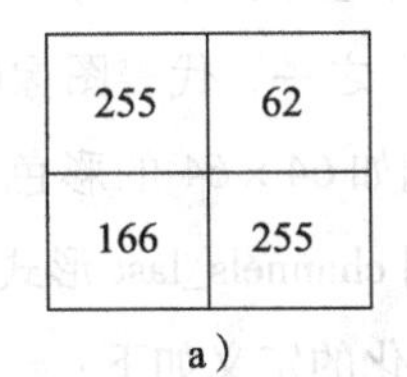

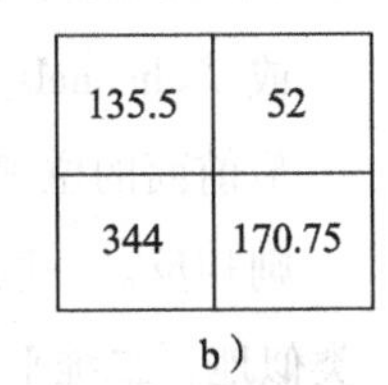

图5-8 经过池化后的输出结果

以图5-7中左上角黑框处当前滑动窗口所在位置为例，该4个点中的最大值为255，将其作为输出结果，即图5-8a中左上角处的值，以此类推，可以得到图5-8a中的结果。以同样的道理，将获取4个点的最大值改为获取4个点的平均值，可得到图5-8b所示的结果。随机池化一般不多用，其是采用窗口中所选择的4个点中的任意一个值，作为输出结果中对应位置的值。

通过上面的例子我们可以看到，图5-7所示的为一个4×4维度的数据，经过池化后变成了2×2维度的数据，数据得到了进一步的压缩。使用池化与卷积层进行配合使用的另一个好处就是具有更好的平移不变性，因为图像平移前后的数据经过池化处理后的差距可能已经很小了。

池化的动图演示，可以参见下述网址：

http://deeplearning.stanford.edu/wiki/index.php/Pooling

Keras为我们提供了很多种池化层。与卷积层一样，我们在图像处理中同样可以使用二维池化层，它的定义如下：

```
keras.layers.MaxPooling2D(pool_size=(2, 2), strides=None, padding='valid',
    data_format=None)
```

参数说明如下。

- pool_size：池化窗口的大小，可以是一个整数或者由两个整数组成的元组。默认值为（2，2）。会把输入张量的两个维度都缩小一半，例如图5-7所示，其池化窗口大小就为（2，2）。如果只使用一个整数，那么两个维度都会使用同样的窗口长度。
- strides：可以是整数、整数元组或是None，代表池化窗口进行滑动的步长值。池化窗口都是不重复的，默认值None即代表与pool_size相同，如果进行重叠池化，即相邻池化窗口之间会有重叠区域，则可以自定义此值。

- ❑ padding：取值为“valid”或者“same”，注意区分大小写，代表池化窗口滑动到图像边界区域时，边界区域被池化窗口覆盖后尚有空余时的处理方式。
- ❑ data_format：输入张量中的维度顺序，是一个字符串，可以设置为“channels_first”或“channels_last”之一，代表图像的通道维的位置。channels_first 代表颜色通道在最前面的位置，例如 64×64 的彩色图像的维度输入为（3，64，64）；channels_last 则相反。一般常用 channels_last 形式。

类似地，二维平均池化的定义如下：

```
keras.layers.AveragePooling2D(pool_size = (2, 2), strides = None, padding = 'valid',
    data_format = None)
```

它与上面参数意义都是类似的，在这里不赘述。下面的代码演示了在卷积层后面接上一个池化层的过程。

```
from keras.models import Model
from keras.models import Sequential
from keras.layers import Conv2D
from keras.layers import MaxPooling2D

model = Sequential() #产生一个序列模型对象
model.add(Conv2D(
        kernel_size = (9,9),
        activation = "relu",
        filters = 48,
        strides = (4, 4),
        input_shape = (64,64,3)
))
#在一个卷积层后面接上一个池化层
model.add(MaxPooling2D((3, 3), strides = (2, 2), padding = 'same'))
```

接下来，我们将要介绍一下全局池化。全局池化与普通池化的区别在于，全局池化不需要池化窗口在输入数据上进行滑动采样，也就是说池化过程的输入数据是前一个卷积层输出得到的特征图，它同样包括全局平均池化和全局最大池化。下面我们以全局平均池化（global average pooling，GAP）为例，来介绍一下全局池化。

在以往的卷积神经网络中，一般的结构都是若干个卷积层和池化层进行堆叠，然后再在最后加上几层全连接层，用户将网络前面卷积层提取到的特征进行向量化，我们在后面将要进一步了解的 AlexNet 网络就是一个典型的这样结构的网络，有关该网络的内容我们将在后面进一步介绍。我们前面提到过，全连接网络的一个最大的缺点就是参数量会很大，而全局平均池化恰巧能够替代卷积神经网络中的全连接层，这样做的好处便是能够减少卷积神经网络中的参数数量。

全局平均池化源自参考文献［6］，论文作者在该论文中提出了一种新型的深度学习网络结构，即 Network In Network（NIN）。其提出了一种称为 mlpconv 的网络层，在该神经网络的最后没有使用全连接层进行分类，而是采用了我们这里介绍的全局平均池化。论文作者认为，使用全局平均池化能够极大地减少整体网络的参数，同时不需要依赖 dropout 层（我们在后面将会介绍，这是一种防止过拟合的手段）。而且相比全连接层的“黑盒”性质来说，全局平均池化层更有意义且容易解释其内在原理。但是，使用全局平均池化的网络收敛速度会相对较慢。

介绍 NIN 网络的这篇论文具有很广泛的影响，感兴趣的读者可以进一步阅读该论文。Keras 为我们提供了两种全局池化的方式，一种是全局平均池化，另一种是全局最大池化，我们一起来看一下定义。

全局平均池化定义如下：

```
keras.layers.GlobalAveragePooling2D(data_format=None)
```

全局最大池化的定义如下：

```
keras.layers.GlobalMaxPooling2D(data_format=None)
```

我们可以看到，全局池化网络需要设定的参数只有一个，即 data_format。这个参数与前面我们介绍的网络中的同名参数意义相同，并没有什么特别之处，且在实际编写代码时，这个参数往往都是默认值，一般不需要特别指定。因此，这个网络其实就是对输入特征的一种线性的计算过程，该层常放在网络的最后，我们在后面会具体使用到它。

5.4.4 BN层

BN 层即 Batch Normalization 层，称为批量标准化层，由 Sergey Ioffe 和 Christian Szegedy 提出。该神经网络层源于参考文献［7］，这是一种优化深度学习神经网络层的方式。

在训练神经网络时，对输入数据进行标准化可以提高网络训练的速度。通常我们的做法就是在输入训练数据时，对输入样本进行归一化处理，例如 min-max 标准化、Z-score 等。而对于神经网络结构，我们可以将其划分为 3 个部分，即输入层、输出层和隐藏层，其中隐藏层也就是夹杂在输入层和输出层中间的所有网络层的统称。对于输入层数据，直接在数据的预处理阶段进行归一化就可以了。但是对于隐藏层的数据来讲，又该如何进行标准化处理呢？同时，在深度学习神经网络中往往存在着 Internal Covariate Shift 现象，BN 层就是为了解决这个问题而被提出来的，它是一种优化神经网络的方法。

深度学习神经网络在训练时，是按照每个批次（batch）依次进行训练的，设定每次训练时批次大小的参数由模型的 fit() 方法中 batch_size 参数所指定（5.3.2 节中将模型搭建好后进行训练时展示了这个过程）。BN 层对训练中每一个批次的数据进行处理，使其平均值接近 0，标准差接近 1 。这个数据既可以是输入，也可以是网络中某一层的输出。例如，BN 层在每一个处理批次中，将前一层的激活值（activations）进行标准化处理。BN 层的标准化过程与 Z-score 类似，参考文献［7］中详细展示了这个算法，如图 5-9 所示。

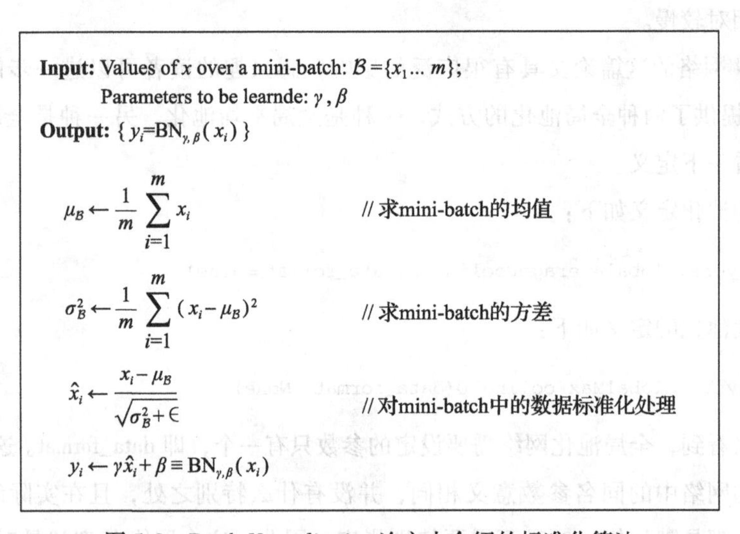

图 5-9 Batch Normalization 论文中介绍的标准化算法

说到这里，我们不得不提到 IID 独立同分布假设（Independently and Identically Distributed），它是机器学习领域一个重要的假设。**IID 独立同分布假设就是假设训练数据与测试数据是满足相同分布的，那么通过训练数据获得的模型能够在测试集上获得较好的效果。**因此，Batch Normalization 就是在神经网络训练过程中，使得每一层神经网络的输入保持相同分布，这样在实践的时候往往会取得好的效果。虽然 BN 层的某些细节可能阐释得不是很透彻，但是深度学习本身具有非常强的工程性质，BN 层的表现也得到了广泛的认可。关于 BN 层更深入的数学原理和推导，感兴趣的读者可以阅读参考文献［7］。

Keras 为我们提供了 BN 层的实现，它的定义如下：

```
keras.layers.BatchNormalization(axis=-1, momentum=0.99, epsilon=0.001, center=
    True, scale=True, beta_initializer='zeros', gamma_initializer='ones', moving_
```

```
mean_initializer='zeros',moving_variance_initializer='ones', beta_regularizer
=None, gamma_regularizer=None, beta_constraint=None, gamma_constraint=None)
```

BN层中的参数含义如下。

- axis：需要标准化的轴，一般是特征轴。例如在 data_format = "channels_first" 的 Conv2D层的后面，将BN层的axis参数设置为1。
- momentum：超参数，移动均值和移动方差的动量值。
- epsilon：图5-9中正则化过程的超参数 ε，这是一个很小的浮点数值，用以避免在除法的过程中除数为零。
- center：如果为True，把 β 的偏移量加到标准化的张量上；如果为False，则忽略。
- scale：缩放，如果为True，乘以 γ；如果为False，则不使用。当下一层为线性层时，这个参数可以被禁用，因为缩放将由下一层完成。
- beta_initializer：β 权重的初始化方法。
- gamma_initializer：γ 权重的初始化方法。
- moving_mean_initializer：移动均值的初始化方法。
- moving_variance_initializer：移动方差的初始化方法。
- beta_regularizer：可选的 β 权重的正则化方法。
- gamma_regularizer：可选的 γ 权重的正则化方法。
- beta_constraint：可选的 β 权重的约束方法。
- gamma_constraint：可选的 γ 权重的约束方法。

5.4.5 dropout层

我们在前面反复提到过，对于全连接层来讲，它有一个非常大的弊端，那就是参数量会很大，非常容易造成过拟合现象。因此，Hinton团队提出了dropout层，即在深度学习网络的训练过程中，对于每一个全连接层的神经网络单元，按照一定的概率将其暂时从网络中丢弃。由于是随机地丢弃，故而每一个批次（mini-batch）都在训练不同的网络，从而增加了网络的健壮性，减少了过拟合现象的发生。

关于dropout层为何会减少过拟合现象的发生，学术界也是众说纷纭。其中以参考文献[8]和参考文献[9]的说法最受关注。参考文献[8]是Hinton团队给出的阐释，该篇论文认为，大规模的深度学习神经网络往往会存在耗时巨大和过拟合现象，这是模型过分复杂造成的。因此，引入了dropout层，随机地抛弃一些全连接网络中的神经网络单元，从而简化了神经网络的结构。如图 5-10 所示是深度学习神经网络的全连接层部分，这在卷积神经网络中非常常见，能够将卷积层提取到的特征进行向量化。经过 dropout 层简化后的神经网络全连接部分的结构如图 5-11 所示，网络结构明显精简了很多。

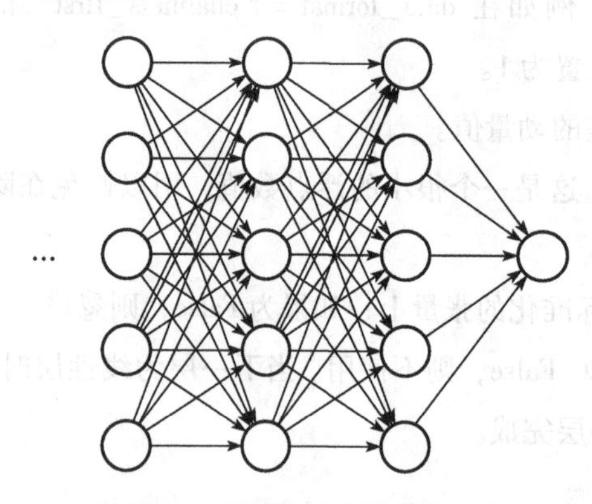

图 5-10　深度学习神经网络中的全连接层部分

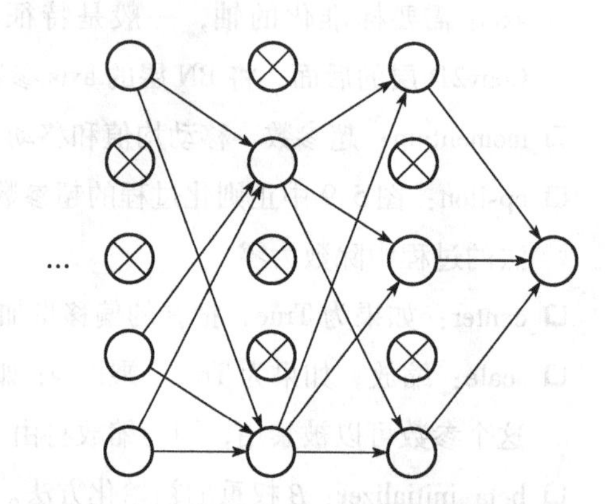

图 5-11　加入 dropout 层后的深度学习神经网络的全连接层部分

值得一提的是，dropout 层是随机选择断开全连接层中每个神经网络单元之间的连接的，即每次断开的连接都是不一样的。我们能够设置 dropout 层的参数，来选择断开连接的比例。Keras 为我们实现了 dropout 层。Keras 的实现机制是在神经网络训练中每次数据更新时，将全连接层的输入单元按比率随机地设置为 0，这样就相当于断开了神经网络单元之间的连接。Keras 的 dropout 层的定义如下：

```
keras.layers.Dropout(rate, noise_shape = None, seed = None)
```

参数的说明如下。

rate：0 ~ 1 的浮点数，指定需要断开连接的比例。

noise_shape：表示将与输入数据相乘的二进制 dropout 掩层的形状，一般默认即可。

seed：生成随机数的随机数种子数。

5.4.6　flatten 层

flatten 层比较容易理解，就是将输入数据展平，它不影响批量的大小。熟悉 Spark 计算引擎的读者可能了解其中的 flatmap 算子，它们是相似的。我们一般将 flatten 层放置在卷积层和全连接层中间，起到一个转换的作用。因为我们前面介绍过，卷积层的输出结果是二维张量，经过卷积层后会输出多个特征图，需要将这些特征图转换成向量序列的形式，才能与全连接层一一对应。这个过程如图 5-12 所示。

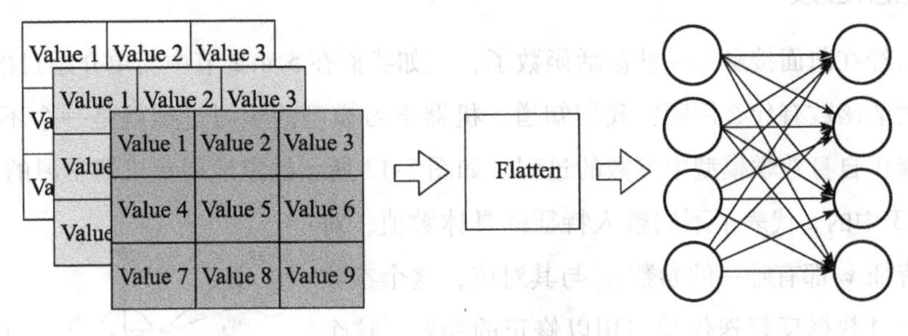

图 5-12　flatten 层的功能演示

Keras 为我们提供了 flatten 层的定义。

```
keras.layers.Flatten(data_format = None)
```

它只需要提供一个 data_format 参数即可，这个参数与前面提到的同名参数是相同的意义，一般默认即可。也就是说，flatten 层是一种工程实现过程，并不需要我们自己去指定什么参数。

Keras 的官方文档为我们提供了一个简单的示例，演示了 flatten 层的基本使用方法。

```
model = Sequential()
model.add(Conv2D(64, (3, 3),
          input_shape = (3, 32, 32), padding = 'same',))
# now: model.output_shape == (None, 64, 32, 32)

model.add(Flatten())
# now: model.output_shape == (None, 65536)
```

在这个例子中我们能够看到，输入的图像是 32 × 32 大小的 RGB 图像，输入数据的格式（即 image_data_format 参数）是 channels_first，所以图像通道数值 3 位于元组的第 1 个位置处。由于这个卷积层的 padding 参数是 same，因此输出结果的尺寸是（None，64，32，32），其中 None 代表训练模型时批次的大小，即 batch_size 参数的大小，这个参数由训练时指定，并不固定，故此处不需要考虑。这个输出结果表明，由 64 个卷积核生成了 64 个特征图，接下来的 flatten 层将这些特征图进行转换，将其向量化（也可以类比为把这些特征图中的数值加入一个数组中），因此经过 flatten 层输出后的向量尺寸是 65536，即 64 × 32 × 32 的结果。

5.5　激活函数

我们已经在前面接触到一些激活函数了，例如我们在 5.4.2 节中简单介绍过的 ReLU 激活函数。激活函数有什么用呢？我们知道，机器学习模型的学习过程就是一个不断地通过数据集来修正自身数学模型中参数的过程。如图 5-13 所示抽象地展示机器学习的过程。

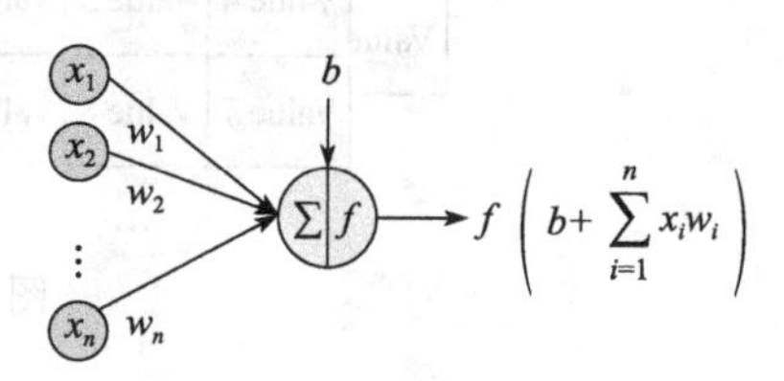

图 5-13　激活函数的作用过程

图 5-13 中的 x 代表了不同输入特征的具体数值，对于每一个特征 x_i 都有唯一的参数 w_i 与其对应，这个参数就是我们通过数据反复迭代学习用以修正的参数。这个过程的输入数据是特征向量，那么输出结果是如何得到的呢？输出结果就是将这些输入特征与训练参数一一对应相乘并相加（也就是说，如果两个向量都是行向量则相当于点乘，如果输入特征是行向量，参数是列向量，则为矩阵相乘），将加上某一个偏置参数 b，通过 $f(\cdot)$ 进行转换从而得到的结果。

引入激活函数可以增加神经网络模型的**非线性**，以便增强对样本非线性关系的拟合能力。如果没有激活函数，那么神经网络的每一层都只相当于矩阵相乘，即便叠加了若干层，也只相当于将这些矩阵连续相乘而已。

激活函数有很多，例如 ReLU、Sigmoid、tanh、elu 等。下面介绍几种最为常用的激活函数。

5.5.1　Sigmoid 激活函数

Sigmoid 激活函数是一个非线性函数，它的定义域可以是全体实数，而值域却是（0，1）。也就是说，使用 Sigmoid 函数可以将全体实数映射到（0，1）区间上，其采用非线性的方法将数据进行归一化处理。Sigmoid 函数通常用在回归预测和二分类（即按照是否大于 0.5 进行分类）模型的输出层中。Sigmoid 函数的公式如下：

$$S(x) = \frac{1}{1+\mathrm{e}^{-x}}$$

该函数的函数曲线如图 5-14 所示。

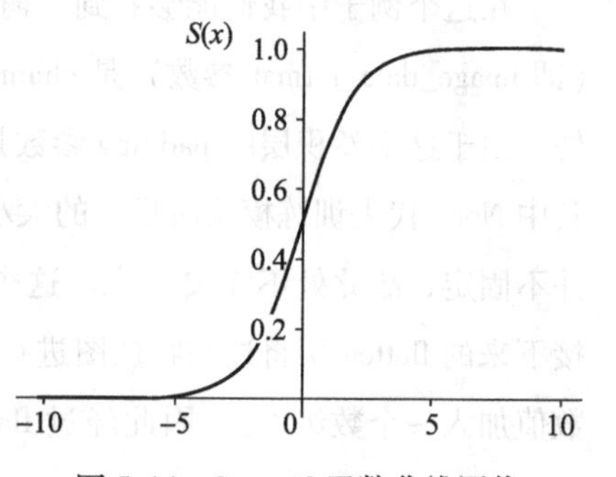

图 5-14　Sigmoid 函数曲线图像

该函数有一个有趣的性质，那就是它的导函数能够用它自身来表示。

$$S'(x) = S(x)[1 - S(x)]$$

这样Sigmoid函数的优点就比较明显了：它的函数曲线平滑，在变量接近0时变化幅度最大，在正无穷与负无穷处它的函数值分别趋近1与0，即$S(x)=1$与$S(x)=0$是该函数的两条渐近线；另外，该函数上某一点的导数非常容易计算。

同时，Sigmoid函数也具有一些缺点：首先，该函数的计算相对耗时；其次，该函数容易造成梯度弥散。梯度弥散是由于激活函数具有明显的饱和区所造成的。在Sigmoid的函数图像中，我们可以看到，在图像的两侧非常接近渐近线，也就是说即使自变量有再大的变化，函数值的变动也是微乎其微的。深度学习神经网络在训练时是通过反向传播算法来修正参数值的，在反向传播的过程中需要计算激活函数的导数。以卷积层为例，一旦卷积核的输出落入激活函数的饱和区，它的梯度将变得非常小，从而影响了整个模型的收敛速度。这个过程如图5-15所示。

而我们前面介绍的BN层就可以用来防止此类梯度弥散现象的发生，使反向传播过程的梯度不受激活函数饱和区的影响。感兴趣的读者可以阅读参考文献［7］，在该论文中有详细的理论推导过程。

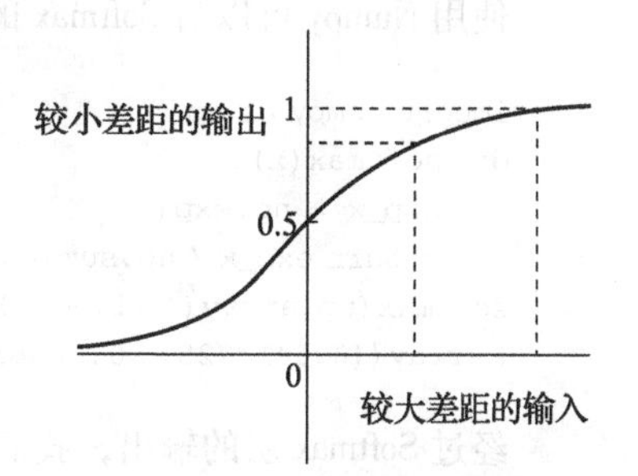

图5-15 Sigmoid函数在饱和区函数值随着自变量值变化的情况

5.5.2 Softmax激活函数

Softmax在统计学习和深度学习中都有着非常广泛的应用，它主要用在处理多分类问题中。在多分类场景下，神经网络模型就是一个分类器，而这个分类器最终需要告诉我们，根据输入特征，进行计算后的分类结果是什么。用于表示分类结果的正是这个Softmax激活函数。分类器最后的输出单元需要使用Softmax作为激活函数，它可以用来表明每一个类别对应的输出概率是多少，那么输出概率最大的那个类别自然就是分类器分类后的结果了。该函数的表达式如下：

$$S_i = \frac{e^{V_i}}{\sum_{j}^{C} e^{V_j}}$$

其中，V_i是分类器前级网络的输出结果；i表示类别索引，总的类别个数为C；S_i为当前元素的指数占所有元素指数和的比例。通过计算占总体值比例的方式，Softmax将多分类的输出结果转化为相对概率，从而更容易理解和比较。下面我们以一个例子进行说明。

在一个多分类问题场景下，分类类别 C 为3，经过分类器中若干层的特征提取，最后获得对应3个类别的输出值，分别为：

$$V = \begin{bmatrix} -1 \\ -3 \\ 0 \\ 2 \end{bmatrix}$$

经过 Softmax 进行激活后，这些数值可以转化为相对概率。

$$S = \begin{bmatrix} 0.042 \\ 0.006 \\ 0.114 \\ 0.839 \end{bmatrix}$$

使用 Numpy 可以对 Softmax 的计算过程表示如下：

```
import numpy as np
def softmax(x):
    exp_x = np.exp(x)
    return exp_x / np.sum(exp_x)
softmax(np.array([-1,-3,0,2]))
# array([0.04177257, 0.0056533 , 0.11354962, 0.83902451])
```

经过 Softmax 层的输出，我们可以更直观地选择输出相对概率最大的类别作为最后的输出类别。由于计算的过程是浮点数计算，涉及精度的取舍问题，所以最终输出相对概率的和可能不会正好为1。

5.5.3 ReLU 激活函数

ReLU 激活函数，即修正线性单元（Rectified linear unit，ReLU），是一种在深度学习中应用非常广泛的激活函数，由 Hinton 教授团队提出。这个激活函数具有仿生学原理，它的函数图像非常简单，如图5-16所示。

我们可以用分段函数的形式来表示这个函数。

$$R(x) = \begin{cases} x, & x \geqslant 0 \\ 0, & x < 0 \end{cases}$$

也可以用更简单的形式来表示它。

$$R(x) = \max(0, x)$$

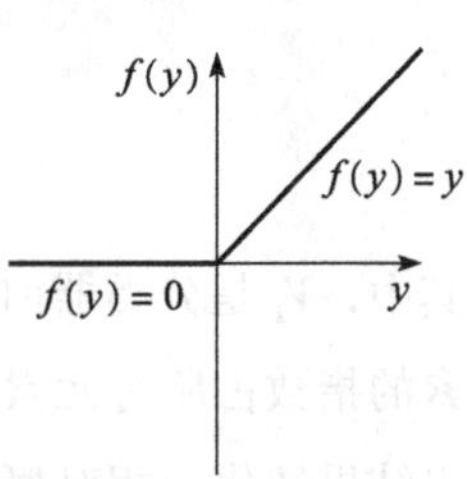

图5-16　ReLU 函数的函数图像

虽然ReLU函数是一个非线性函数，但是它也是一个分段线性函数。ReLU函数的特点就是在自变量为非正实数的情况下，函数值恒为0，而在自变量为正实数的情况下呈正比例函数。这种现象被称为单侧抑制，可以使神经网络中的神经元具有稀疏激活的特性。人脑的工作方式就具有稀疏激活的特性，科学家估测大脑同时被激活的神经元只有1%~4%，也就是在处理一件事情时，并不是全部的脑神经都要投入进去。而ReLU函数相当于屏蔽了一半的激活（理想情况下），从而实现了单侧抑制。

通过这种稀疏激活的工作方式，让激活时更加“专一”，使模型能够更好地挖掘相关特征。同时，ReLU函数不存在饱和区，也就不会造成如Sigmoid函数那样的梯度弥散问题，从而加快了模型训练时的收敛速度。

5.5.4　Keras中激活函数的使用

除了上面我们介绍的几种常用的激活函数外，Keras还为我们提供了很多种类的激活函数。我们可以通过Keras封装的网络层中activation参数来指定。例如，下面的卷积层中的指定的激活函数为ReLU函数。

```
from keras.models import Sequential
from keras.layers import Conv2D
from keras.layers import MaxPooling2D

model = Sequential()
model.add(Conv2D(
        kernel_size = (9, 9),
        activation = "relu",
        filters = 48,
        strides = (4, 4),
        input_shape = input_shape
))
model.add(MaxPooling2D((3, 3), strides = (2, 2), padding = 'same'))
model.add(Conv2D(
    strides = (1, 1),
    kernel_size = (3,3),
    activation = "relu",
    filters = 128
))
model.add(Conv2D(
    strides = (1, 1),
    kernel_size = (3,3),
    activation = "relu",
    filters = 128
))
```

```
model.add(MaxPooling2D((3, 3), strides = (2, 2), padding = 'same'))
...
```

在 Keras 中激活函数也可以通过 Activation 激活层来单独封装。在下述代码中，我们将 Dense 层的激活函数单独拿出来，以 Activation 激活层的形式封装并加入网络中。这段代码如下：

```
from keras.layers import Activation, Dense

model.add(Dense(64))
model.add(Activation('sigmoid')
```

这段代码等价于：

```
model.add(Dense(64, activation = 'sigmoid'))
```

我们在这里可以直接使用“sigmoid”字符串来表示 sigmoid 激活函数，是因为该函数是 Keras 的预定义激活函数。我们在前面介绍的 sigmoid、softmax、ReLU 都是 Keras 预定义的激活函数，直接拿过来就可以使用了。除了我们在这里介绍的几种常用的激活函数外，Keras 还为我们预定义了其他激活函数，包括指数线性单元 elu、可伸缩的指数线性单元 SELU、双曲正切激活函数 tanh、Softplus 激活函数、Softsign 激活函数、Hard sigmoid 激活函数，以及高级激活函数，如带泄漏的修正线性单元 LeakyReLU、参数化的修正线性单元 PReLU。这里面的某些激活函数是近些年来深度学习领域的最新研究成果，并且得到了工业实践、感兴趣的读者可以阅读参考文献［10～13］，以便进一步了这些激活函数的原理。

5.6　优化器

我们在前面介绍过通过 Keras 实现深度学习神经网络的流程，在模型调用 compile 方法进行编译时，我们应该注意到，有两个参数是非常重要的。其中一个参数是损失函数，另一个参数便是优化器。我们将在这一节中介绍神经网络中的优化器，在下一节中对损失函数进行介绍。

我们在前面简单介绍过机器学习模型的实现原理，也就是通过输入和输出数据，来找到一个能够推测出因果关系的模型。这个模型实际上就是一个非常复杂的数学函数式，函数的参数便是输入数据的特征值，函数的输出结果便是预测值。机器学习模型的训练过程，就是不断地通过大量的训练样本，将这个复杂的数学模型的参数不断地进行修正，从而达到一个最佳的预测效果。这个修正参数的过程是一个不断迭代的过程，在实际进行训练的时候，神经网络一般采用反向传播（Back Propagation，BP）算法来实现。神经网络前向传递输入数据直至输出产生误差，反向传播误差信息，更新模型中的参数，从而修正权值矩阵。

对于我们前面介绍的SVM算法等统计学习方法来讲，它们是不需要使用反向传播算法的。我们可以将这个算法看作一个浅层的神经网络，也就是不存在中间隐藏层的神经网络，通过输出层直接就可以量化出模型预测得准不准，从而判断下一步应该往哪个方向去修正参数，使得权值矩阵变得更准确。但是对于具有隐藏层的神经网络来讲，固然可以通过输出层算出模型是不是很准确，但是对于模型中的隐藏层却无法做出进一步的判断。所以，反向传播算法就是为了将误差一步一步地往模型的输入层方向推送，从而使网络中的隐藏层的参数也得到修正。

通过上面的介绍我们知道，要想获得更好的预测效果，就要不断地更正模型中的参数，也就是寻找使得模型预测效果最佳时的参数，这很显然是一个最优化的数学问题，我们期望通过算法来找到模型的全局最优解。而我们这里所述的优化器就是Keras中封装了优化算法的一个模块。接下来，我们将介绍两个具有代表性的优化器。

5.6.1　SGD优化器

SGD即随机梯度下降（Stochastic Gradient Descent），是梯度下降算法的一种实现。在求解损失函数的最小值时，可以通过梯度下降法来一步步地迭代求解，从而得到最小化的损失函数和最佳的模型参数值。如图5-17所示展示了某个函数的函数曲线。

在图5-17中标注了该函数的全局最小值和局部最小值，假设该函数曲线的纵轴是模型的损失函数值，横轴是模型的某个参数值，我们想要获得的预测效果最佳的模型的损失函数一定是最小的。从图5-17中可以看到，该函数图像有3个驻点（函数的一阶导数为0的点），其中两个驻点是函数的极小值，但无论有多少个极小值，只有一个是函数的最小值。在模型的实际训练中，就是为了尽量地寻找损失函数的全局最小值。我们的优化算法很容易将某个极小值，也就是局部最小值当成全局最小值，从而

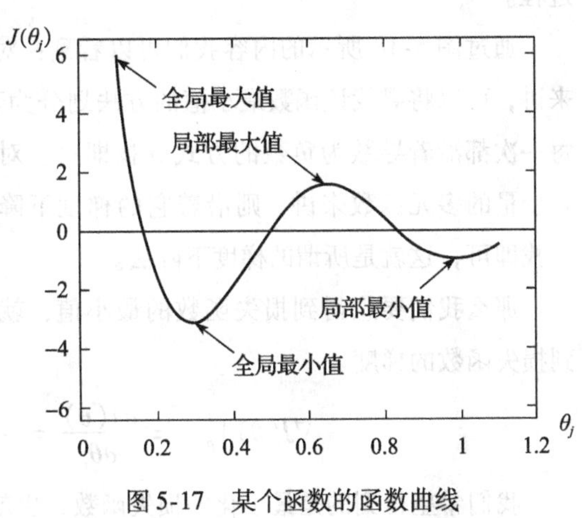

图5-17　某个函数的函数曲线

使模型不具有特别优秀的预测效果。

对于上述过程，我们可以用数学语言来描述。对于具有 n 个参数的机器学习模型（对于神经网络，我们可以看作其中某个网络层），我们可以用级数的形式进行表示：

$$h_\theta(x) = \sum_{j=0}^{n} \theta_j x_j$$

其中，θ_j 是第 j 个特征 x_j 的权值参数。

该模型的某一种损失函数如下：

$$J(\theta) = \frac{1}{2m}\sum_{i=1}^{m}(y^i - h_\theta(x^i))^2$$

其中，x^i 代表特征向量 x 的第 i 个特征值。

我们希望求得该损失函数的最小值，也就是一个全局最优解。有的读者可能会问，既然已经知道了损失函数的表达式，那么就求其偏导数，令偏导数为 0，进而求得驻点即可，为什么还要采用逐步迭代的方法呢？上述方法就是我们所说的求解析解的过程，但是对于机器学习的模型来说，绝大多数都是无法通过微积分直接求得解析解的，我们只能通过逐步迭代的方法来尽量求得全局最优解，也就是所谓的数值解。换句话说，解析解对应的是一个严格的函数，例如正弦函数、指数函数等，利用解析解能够求得绝对的结果，而机器学习模型得到的数值解，虽然期望得到全局最优值，但是实际得到的结果一般都是较优的局部最优值。

我们在得到损失函数后，希望求其全局最小值。我们知道，沿着梯度的方向进行下降，一定可以找到某一个最小值。如图 5-18 所示是一个通过迭代的方式寻找函数的最小值的过程。

通过图 5-18 所示的内容我们可以看到：对于一元函数来讲，可以将寻找该函数最小值的方法划分为若干个步骤，每一次都沿着导数为负数的方式寻找即可。对于具有多个自变量的多元函数来讲，则沿着它的梯度下降的方向逐步寻找即可，这就是所谓的梯度下降法。

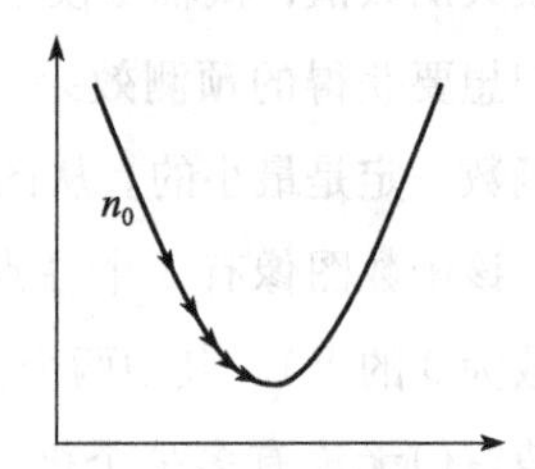

图 5-18　使用迭代的方式寻找某函数最小值的过程

那么我们要想得到损失函数的最小值，就需要首先得到损失函数的梯度。

$$\nabla J(\theta)\big|_{\theta=\theta_j} = \frac{\partial J(\theta)}{\partial \theta_j} = -\frac{1}{m}\sum_{i=1}^{m}(y^i - h_\theta(x^i))x_j^i$$

我们希望得到的是最小化的损失函数，也就是朝着梯度为负的方向进行更新。

$$\theta_j' = \theta_j - \nabla J(\theta) \big|_{\theta=\theta_j}$$

我们用得到的 θ_j' 替换旧的 θ_j，重复上述步骤，直到找到满意的最小值或达到预定的迭代次数为止。到此为止，就是梯度下降算法的大致思路。

我们可以看到，梯度下降算法中迭代修正参数 θ_j 的过程中，减去该点梯度的参数恒为常数1，也就是按照匀速的方式进行下降的。我们可以将这个式子修改如下：

$$\theta_j' = \theta_j - \eta \cdot \nabla J(\theta) \big|_{\theta=\theta_j}$$

上式中我们加入了参数 η，用以调节在某一迭代轮次中的下降幅度，该超参数（在开始训练模型之前便设置值的参数，而不是通过训练得到的参数）被称为学习率。我们可以看一下如图5-19所示的不同学习率下的梯度下降收敛情况。

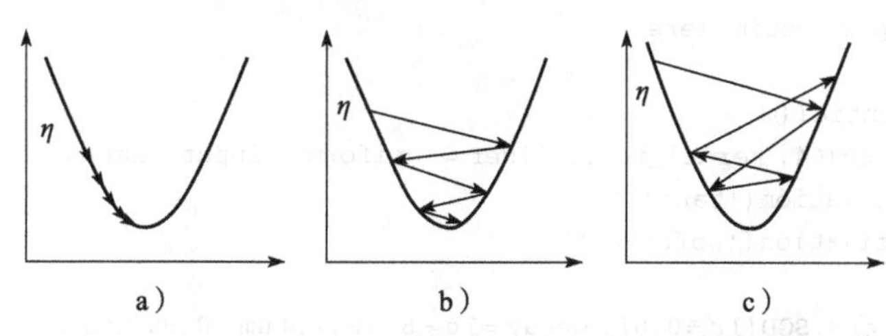

图5-19 不同学习率下的梯度下降算法的收敛情况

图5-19a所示是学习率设置得过小时的情况。学习率设置得很小能够找到最小值，但是其收敛速度很慢，同时也比较容易进入局部最小值。

图5-19b所示是学习率设置得适中时的情况。模型的收敛过程是震荡的，收敛速度较快。

图5-19c所示是学习率设置得过大时的情况。模型的收敛过程是剧烈震荡的，并且难以收敛。

由此可见，学习率设置得过大或过小都会影响模型的收敛效果。

介绍完梯度下降算法后，再来说一下随机梯度下降。随机梯度下降是在梯度下降算法的基础上演变出来的。随机梯度下降中的“随机”指的是：

- 随机打乱全部数据。
- 重复执行梯度下降，但每次只从 m 个样本中随机取一个样本代入计算。

与随机梯度下降对应的另外一种常用的梯度下降算法便是批量梯度下降（batch gradient descent，BGD）。在实际的实践中往往采用小批量样本进行梯度下降，即所谓的小批量梯度下降（mini-batch gradient descent）。顾名思义，即抽取样本中一个小批次的样本，代入梯度下降算法中进行迭代，从而得到最优的参数 θ。

与批量梯度下降相比，随机梯度下降过程显得更曲折，但其迭代速度也往往更快。对于样本量很大的情况，可能只用其中很少的一部分样本，就已经将参数迭代到最优解了，这一点也是批量梯度下降所不具备的。但是，同时随机梯度下降的噪声数据较批量梯度下降要多，这也使得随机梯度下降并不是每次迭代都能向着整体最优化的方向进行。与此同时，它们的收敛形式也是不一样的，批量梯度下降常会收敛到一个最小值，随机梯度下降往往是收敛到一个最小值区域震荡，而非固定在一个具体值。

在 Keras 中指定模型的优化器时，只需要在调用模型的 compile 方法时指定 optimizer 参数即可。例如 Keras 官方给出的一个示例代码片段如下：

```
from keras import optimizers

model = Sequential()
model.add(Dense(64, kernel_initializer='uniform', input_shape=(10,)))
model.add(Activation('tanh'))
model.add(Activation('softmax'))

sgd = optimizers.SGD(lr=0.01, decay=1e-6, momentum=0.9, nesterov=True)
model.compile(loss='mean_squared_error', optimizer=sgd)
```

其中 sgd 的参数含义如下。

lr：学习率，是一个非负数。

momentum：扩展功能，表示动量优化，用于加速 SGD 在相关方向上前进，并抑制震荡，是一个非负数。

decay：扩展功能，表示每次参数更新后的学习率衰减参数，是一个非负数。

nesterov：扩展功能，是一个布尔值，表示是否使用 Nestrov 动量（NAG）优化。

5.6.2 Adadelta 优化器

在学习过随机梯度下降算法之后，我们知道优化器中的学习率参数对训练后模型的质量影响是很大的，但是这个参数又不太容易设置，过大或过小都不太好。人们希望模型训练过程中既能够快速收敛，又能够得到一个较好的结果。因此，学者们便提出了能够自动调节学习率的优化器，通过引入动量这个概念来调节梯度下降速度，让其在应该快一点下降的时候加速下降，进而快速收敛。

这类优化器有很多，例如 RMSprop、Adagrad、Adadelta、adam 等。其中 Adagrad 是一种

具有特定参数学习率的优化器，可以根据参数在训练期间的更新频率进行自适应调整。Adadelta是Adagrad的一个更具有鲁棒性的扩展版本，它不是积累过去所有的梯度，而是根据渐变更新的移动窗口来调整学习率。

对于这种能够自适应调节学习率的优化器，Keras推荐使用默认数值即可，不建议盲目地修改超参数。因此，我们此处不赘述其内在原理，感兴趣的读者可以阅读参考文献[14~21]。

5.7 损失函数

在前面我们曾简单介绍过一个名为“损失函数”的概念。本节中，我们将更详细地介绍一下这个概念及Keras为我们提供的损失函数。

损失函数（loss function）用于度量模型一次预测结果的好坏。以监督学习为例，选取某一个模型f作为决策函数，对于给定的输入X，则由$f(X)$给出相应的预测结果。这个输出的预测结果$f(X)$与真实值y可能一致，也可能不一致。这时候，我们就需要一种函数来度量模型f预测错误的程度，这个函数就是损失函数，我们可以记为$L(y, f(X))$。

在Keras中，损失函数是编译模型时所需的两个重要参数之一，另一个重要参数就是我们上一节讲过的优化器。在Keras中，我们可以通过指定损失函数名的方式在编译模型的时候使用损失函数。

```
model.compile(loss = 'mean_squared_error', optimizer = 'sgd')
```

也可以通过下面的方式来实现。

```
from keras import losses

model.compile(loss = losses.mean_squared_error, optimizer = 'sgd')
```

与损失函数类似，我们或许听说过另外一种说法，即代价函数（cost function）。一般认为，代价函数与损失函数是同一个函数的不同称呼方式。也有说法认为，代价函数与损失函数仍有细微区别：损失函数针对的是单一的样本，而代价函数针对的是多个样本，即代价函数是将每个样本的损失取平均值。二者无本质区别，时常混用，本书中均称为损失函数。

Keras提供了很多损失函数，我们下面来介绍几种常用的损失函数。

5.7.1 均方误差

首先我们介绍一下平方损失函数（quadratic loss function）。

$$L(y, f(X)) = (y - f(X))^2$$

我们可以看到，平方损失函数是预测值与真实值之间的偏差平方后的结果。对于多个样本求其损失平均值即为均方误差（mean squared error，MSE）。

对于具有 N 个样本的序列 $\{(y^{(1)}, X^{(1)}), (y^{(2)}, X^{(2)}), \ldots, (y^{(N)}, X^{(N)})\}$ 则有均方误差如下：

$$MSE = \frac{1}{N}\sum_{i=1}^{N}(y^{(i)} - f(X^{(i)}))^2$$

将均方误差开根号，即为均方根误差（root mean squared error，RMSE），也称标准误差。

$$RMSE = \sqrt{MSE} = \sqrt{\frac{1}{N}\sum_{i=1}^{N}(y^{(i)} - f(X^{(i)}))^2}$$

如果将均方误差的平方改为取绝对值，则我们又可以得到一个新的损失函数，即平均绝对误差（mean absolute error）。

$$MAE = \frac{1}{N}\sum_{i=1}^{N}|y^{(i)} - f(X^{(i)})|$$

均方误差、均方根误差与平均绝对误差都可以用来评价数据的变化程度。其值越小，表明预测模型描述实验数据具有更好的精确度，常作为回归问题的损失函数。

5.7.2 交叉熵损失函数

首先我们介绍一下信息量。我们通常会说某一件事的信息量很大，例如“中国足球获得世界杯冠军”这件事的信息量就非常大，民众一定会认为这是一个爆炸性新闻。那么我们如何衡量这件事的信息量非常大呢？原因很简单：因为在民众的心目中，中国足球走出国门都很难，更不要说获得世界杯冠军了，这件事情的概率小到不可能发生。那么也就是说，发生概率越小的事情一旦发生了，其所产生的信息量就会越大。那么，我们就可以据此得到信息量的公式。

$$I(x) = \log\frac{1}{p(x)} = -\log(p(x))$$

式中，x 表示某个事件。

信息熵是香农信息论中的另一个重要概念，是衡量某一个系统信息量不确定性程度的量，是一个很抽象的概念。它是该系统中信息量的数学期望，那么可以得到信息熵的表达式。

$$H(X) = -\sum_{i=1}^{N} p(x_i)\log(p(x_i))$$

式中，N表示该系统中的类别数量。

我们将信息熵的公式进行变化，得到了交叉熵。

$$H(p,q) = -\sum_{i=1}^{N} p(x_i)\log(q(x_i))$$

交叉熵是KL散度（相对熵）的一部分，对该部分的推导过程感兴趣的读者可以阅读参考文献［22］。交叉熵主要用于度量两个概率分布间的差异性信息。在上式中，p代表正确预测结果的概率分布，q表示使用模型预测结果的概率分布。交叉熵越小则代表分布p与分布q越接近，故可以将该函数作为机器学习的损失函数。

交叉熵损失通常用在分类模型中，例如我们在前面介绍过多分类问题的输出层常常使用Softmax作为激活函数，它所采用的损失函数就是交叉熵损失函数。Softmax的输出是一个序列，表明分类结果为各个类别的概率。通过Softmax激活后的数值表示为该类别的概率，所以分类的真实标签应该是只有一位有效的序列，其他位均为0，即［0 1 0 0 0 0 0］或［0 0 0 1 0 0 0］这种形式。那么，输出层采用Softmax作为激活函数的话，交叉熵损失就可以写为：

$$L = \frac{1}{N}\sum_i L_i = \frac{1}{N}\sum_i -\log\left(\frac{e^{V_i}}{\sum_j e^{V_j}}\right)$$

下面我们举一个例子：某个样本的类别为｛A，B，C｝三者其一，使用训练好的模型a与模型b分别对其进行预测，预测结果分别为预测值a与预测值b，其预测结果如表5-1所示。

表5-1　某一个样本预测后的真实值与预测值

	A	B	C
真实值	0	1	0
预测值a	0.1	0.6	0.3
预测值b	0.1	0.8	0.1

那么，模型a对此样本进行预测的交叉熵损失函数值如下：

$$\begin{aligned} loss &= -[(0\times\log(0.1) + 1\times\log(0.6) + 0\times\log(0.3))] \\ &= -\log 0.6 \\ &= 0.222 \end{aligned}$$

模型 b 对此样本进行预测的交叉熵损失函数值如下：

$$
\begin{aligned}
loss &= -[(0\times\log(0.1)+1\times\log(0.8)+0\times\log(0.1))]\\
&= -\log 0.8\\
&= 0.097
\end{aligned}
$$

由于模型 b 的损失函数值更小，故认为，针对该样本的预测结果，模型 b 更优秀。

5.7.3 Keras 提供的损失函数

Keras 为我们提供了很多常用的损失函数，例如在回归问题中用到的 MSE、MAE 等，以及用在分类问题中的交叉熵损失函数，如二分类问题的 binary_crossentropy 损失函数及多分类问题的 categorical_crossentropy 损失函数。Keras 关于损失函数的实现比较容易理解，我们看一下 Keras 源代码中定义的损失函数代码片段，详见代码清单 5-1。

代码清单 5-1　Keras 中关于损失函数的代码片段

```
from . import backend as K

def mean_squared_error(y_true, y_pred):
    return K.mean(K.square(y_pred - y_true), axis=-1)


def mean_absolute_error(y_true, y_pred):
    return K.mean(K.abs(y_pred - y_true), axis=-1)


def mean_absolute_percentage_error(y_true, y_pred):
    diff = K.abs((y_true - y_pred) / K.clip(K.abs(y_true),
                                            K.epsilon(),
                                            None))
    return 100. *K.mean(diff, axis=-1)


def mean_squared_logarithmic_error(y_true, y_pred):
    first_log = K.log(K.clip(y_pred, K.epsilon(), None) + 1.)
    second_log = K.log(K.clip(y_true, K.epsilon(), None) + 1.)
    return K.mean(K.square(first_log - second_log), axis=-1)


def squared_hinge(y_true, y_pred):
    return K.mean(K.square(K.maximum(1. - y_true *y_pred, 0.)), axis=-1)


def hinge(y_true, y_pred):
```

```
    return K.mean(K.maximum(1. - y_true *y_pred, 0.), axis=-1)


def categorical_hinge(y_true, y_pred):
    pos = K.sum(y_true *y_pred, axis=-1)
    neg = K.max((1. - y_true) *y_pred, axis=-1)
    return K.maximum(0., neg - pos + 1.)


def logcosh(y_true, y_pred):
"""Logarithm of the hyperbolic cosine of the prediction error.
    'log(cosh(x))' is approximately equal to '(x **2) / 2' for small 'x' and
    to 'abs(x) - log(2)' for large 'x'. This means that 'logcosh' works mostly
    like the mean squared error, but will not be so strongly affected by the
    occasional wildly incorrect prediction.
    # Arguments
        y_true: tensor of true targets.
        y_pred: tensor of predicted targets.
    # Returns
        Tensor with one scalar loss entry per sample.
    """
    def _logcosh(x):
        return x + K.softplus(-2. *x) - K.log(2.)
    return K.mean(_logcosh(y_pred - y_true), axis=-1)


def categorical_crossentropy(y_true, y_pred):
    return K.categorical_crossentropy(y_true, y_pred)


def sparse_categorical_crossentropy(y_true, y_pred):
    return K.sparse_categorical_crossentropy(y_true, y_pred)


def binary_crossentropy(y_true, y_pred):
    return K.mean(K.binary_crossentropy(y_true, y_pred), axis=-1)


def kullback_leibler_divergence(y_true, y_pred):
    y_true = K.clip(y_true, K.epsilon(), 1)
    y_pred = K.clip(y_pred, K.epsilon(), 1)
    return K.sum(y_true *K.log(y_true / y_pred), axis=-1)


def poisson(y_true, y_pred):
    return K.mean(y_pred - y_true *K.log(y_pred + K.epsilon()), axis=-1)
```

```
def cosine_proximity(y_true, y_pred):
    y_true = K.l2_normalize(y_true, axis=-1)
    y_pred = K.l2_normalize(y_pred, axis=-1)
    return -K.sum(y_true *y_pred, axis=-1)


# Aliases.

mse = MSE = mean_squared_error
mae = MAE = mean_absolute_error
mape = MAPE = mean_absolute_percentage_error
msle = MSLE = mean_squared_logarithmic_error
kld = KLD = kullback_leibler_divergence
cosine = cosine_proximity
```

在代码清单5-1中，每一个损失函数都使用了相同的参数列表，即（y_true，y_pred），其分别是真实标签与预测值的序列。这里的K代表的是一个backend，是Keras封装的底层张量计算库，例如TensorFlow。

5.8　模型评估方法

我们在前面已经介绍了深度学习神经网络的一些基本概念，并且介绍了使用Keras实现的一些方法。我们设计好的神经网络，在经过大量数据的反复迭代训练后就可以得到最终的模型了。在实际工程场景中，我们还需要判断该模型的性能是否优良，以及是否发生过拟合或者欠拟合现象，这时候我们可以通过一些方法来评估模型。

对模型的评估要根据模型的用途，例如对分类模型与回归模型进行评估的方法也并不完全一样。对于回归问题，我们知道回归的预测结果是连续的，而非离散的，要想获得与真实值一模一样的预测结果是很难的，因此通常衡量均方误差、均方根误差、决定系数（Coefficient of determination）等的值。而对于分类模型，其预测结果是离散的，我们可以直接判断其预测结果的对与错。

在本节中，我们首先介绍一种通用的模型评估方法——交叉验证（cross validation），这同时也是一种模型的选择方法。由于我们已经介绍过均方误差和均方根误差的计算方法，因此回归器的性能评估方法将不赘述，后面我们将主要介绍分类器的性能评估方法。

5.8.1　交叉验证

机器学习模型的目的不仅对已知数据具有很好的预测能力，还需要对未知数据具有很好的预测能力。当给定损失函数时，基于损失函数的模型训练误差（training error）与模型的测试误差（test error）便成了模型评估的指标。我们在前面介绍过，如果一味地提高模型对训练数据的预测能力，则会造成所选择的模型复杂度比最佳的模型复杂度要高，也就是会造成过拟合现象（over-fitting）。在工程实践中，因为训练程度不够而造成的欠拟合现象一般很少发生，而为了提高模型的预测能力而造成的过拟合现象却时常发生。如图5-20所示展示了预测误差与模型复杂程度的关系。

如图5-20所示，随着模型训练程度的加深，迭代次数的增多，模型内部所具有的参数也越来越多，模型的对训练数据拟合能力越来越强，训练误差逐渐下降。但是这并不意味着模型的预测能力会一直强下去，随着模型进一步复杂，其对测试数据预测效果开始变差，即发生了过拟合现象。那么也就是说，训练误差和测试误差同时都很小的模型，是一个具有良好表现的模型。

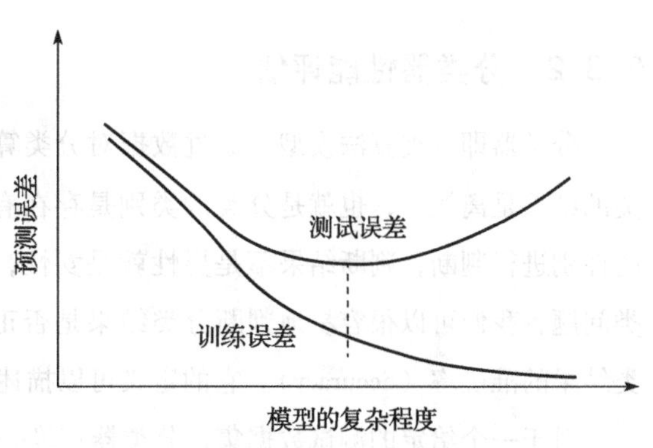

图5-20　预测误差与模型复杂程度的关系

如果给定的训练样本是充足的，那么我们可以将其划分为训练集（training set）、测试集（test set）与验证集（validation set）3个部分。训练集用于对模型的训练，验证集用于模型的选择，而测试集用于在选择出模型后对模型的预测好坏进行评估。但是实际情况是训练数据大多都不是很充足，那么我们便将给定的数据集切分为训练集和测试集，在此基础上反复地进行训练、测试以及模型选择。通常使用的一种交叉验证法为将训练数据集随机切分为训练集和测试集两个部分，其比例在一般工程实践中选择7:3或8:2。然后用训练集在不同情况（实际实践中一般为不同的迭代轮次）下训练出模型，最后用测试集评价其测试误差。经过反复训练，往往会得到很多模型，我们选择其中测试误差最小的模型作为最终的模型。

通过上述方法，便可以获得训练误差和测试误差同时都很小的模型了，这个模型对未知数据的泛化能力一般都会比较优秀。交叉验证法在实际工程中经常使用，除了上述介绍的交叉验证法以外，还有S折交叉验证法（S-fold cross validation）也会被使用，一般常用的有五折交叉验证、十折交叉验证等。它是将训练数据拆分为S个互不相交的相同大小的子集，然后利用$S-1$个子集中的数据对模型进行训练，剩下的那个子集用于模型的测试。

那么这种选择方法一共有 S 种，经过 S 次选择就可以覆盖所有的选择方式。经过 S 次模型的训练，选择其中平均测试误差最小的一个模型，就可以作为最终的模型了。值得一提的是，通过对 S 次训练的测试误差取平均值，可以得到一个平均错误值，我们可以通过该值对比不同算法模型的性能优良。对于数据集非常小的极端情况，可以令 S 为数据集中样本的数量，即每次只留下一个样本用于测试，即为留一交叉验证法（leave-one-out cross validation）。S 折交叉验证法在统计学习中比较常用，深度学习一般以简单的交叉验证法为主。

5.8.2　分类器性能评估

分类器即分类算法模型，通过数据对分类算法进行训练后，我们就得到了分类器。分类的结果是离散的，也就是分类的类别是存在有限的集合中的。例如，对一张人脸图片中的性别进行判断，判断结果不是男性就是女性，这是一个典型的二分类问题。对于这种分类问题，我们可以很容易地判断分类结果是否正确，一个非常显而易见的评价指标就是分类结果的准确率（accuracy）。它的定义可以描述如下：

对于一个给定的测试数据集，分类器正确分类的结果数与数据集样本总数之比。

不论是多分类问题还是二分类问题，使用准确率来描述分类结果的好坏都是通用的。对于二分类问题来说，我们还有另外的评价指标：查准率与查全率，以及更为直观的 ROC 曲线。

1. 查准率

查准率又称精确率（precision），注意这是一个与“准确率”不同的概念，不要弄混。对于二分类问题来讲，我们可以将其分为两类：我们将关注的那一类称为正类，其余的称为负类。以分类器在测试数据集上的分类结果为例，测试正确是我们关注的，将其标记为正类，则预测错误为负类。

我们以下面的表示方式来定义 4 种情况出现的总数。

- TP：将正类预测为正类数。
- FN：将正类预测为负类数。
- FP：将负类预测为正类数。
- TN：将负类预测为负类数。

可以将这 4 种情况以表格的形式展现出来，如表 5-2 所示。这个表格就是一个混淆矩阵。

表 5-2　二分类问题的混淆矩阵

预测 \ 实际	正类（positive）	负类（negative）
正类（true）	TP	FN
负类（false）	FP	TN

那么，我们就可以得到查准率的定义如下：

$$P = \frac{TP}{TP + FP}$$

我们从公式中可以看出，查准率即预测的正类样本中，真正是正类的样本所占的比例，也就是正样本的分类准确率，所以也将其译为精确率或查准率。

2. 查全率

查全率又称召回率（recall）。它的定义如下：

$$R = \frac{TP}{TP + FN}$$

从公式可以看出来，查全率即正类样本被正确分类的比例，即召回的正样本比例，所以也译为召回率或查全率。

查全率与查准率在信息检索领域非常常用，在机器学习领域也是如此。一般情况下，我们希望二者的值越大越好，但是在某些场景下它们的值是互斥的，类似一种“鱼与熊掌”的关系。例如，利用深度学习对图片进行色情图片检测的场景中，色情图片标记为正类。假设预测为正类的只有一张图片，而这个图片也恰好是色情图片，那么这个场景下的查准率就是1，然而数据集中真正的色情图片远远不止这一张，所以查全率就会比较低。可见上述场景对色情图片的检查太过谨慎，给人一种“宁缺毋滥”的感觉。而反过来，考虑另外一个极端情况，将数据集中所有的图片都判断为色情图片，那么此时的查全率就会为1，但是查准率却会非常低，这给人一种“宁可错杀一千，也不放过一个”的感觉。

在实际工程领域中，一般通过算法判断图片是色情图片后，还需要人工进行二次审核，这时候就要看具体的业务场景了。假如业务场景允许有少量色情图片，而且不想投入太多的人力去做内容审核，这时候就要优先考虑查准率。而相反，如果业务场景是一个很严格的场合，要求不能有色情图片，否则会对公司造成很不好的影响，宁可投入大量人力二次审核也要保证内容的纯净，这时候就要侧重查全率。

为了综合考量查全率与查准率，提出了 F_1 值，它是查全率与查准率的调和均值。其定义如下：

$$\frac{2}{F_1} = \frac{1}{P} + \frac{1}{R}$$

$$F_1 = \frac{2TP}{2TP + FP + FN}$$

可见，当查全率与查准率同时都很高的时候，F_1 值也会很高，表明结果较为理想。

3. ROC 曲线

ROC 曲线即受试者工作特征曲线（receiver operating characteristic curve），又称为感受性曲线（sensitivity curve）。ROC 曲线是以假阳性概率（False Positive Rate，FPR）为横坐标，以真阳性概率（True Positive Rate，TPR）为纵坐标而建立的坐标图，用以表明测试者在某个条件下由于采用不同的判断标准而得出的不同结果，用于测量不同模型（如改变超参数，二分类阈值，不同的二分类算法等）的二分类效果。

其中，真阳性概率即查全率，而假阳性概率的计算公式如下：

$$FPR = \frac{FP}{FP + TN}$$

如图 5-21 所示为针对 lfw 人脸数据集的一些人脸识别算法预测结果的 ROC 曲线。

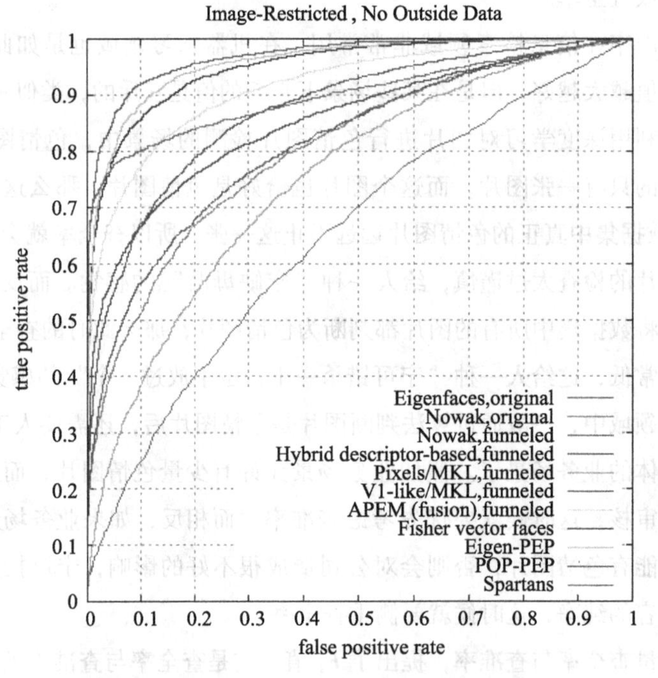

图 5-21　一些人脸识别算法预测结果的 ROC 曲线

我们可以通过ROC曲线来判断算法的好坏，其中越靠近左上角的曲线代表受试者工作越准确，算法越良好。为了将ROC曲线进行量化，引入了AUC（Area Under Curve）值。AUC值即ROC曲线下的面积，如图5-22所示。

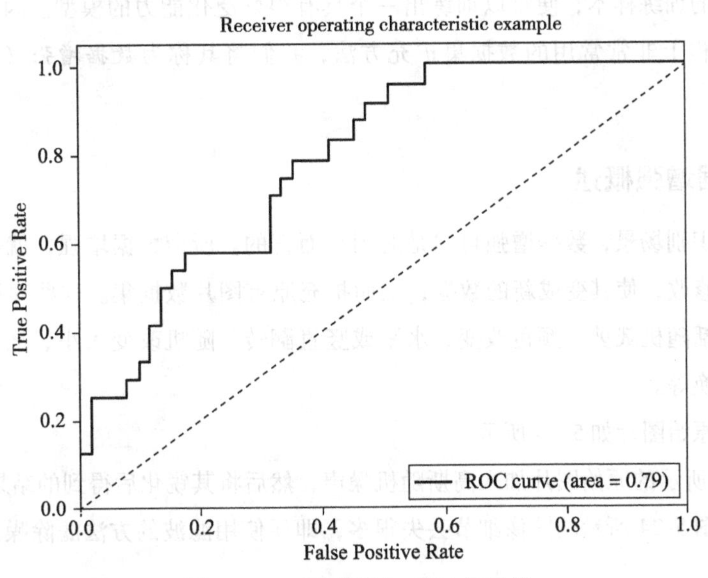

图5-22　ROC曲线与AUC值示例

在图5-22中我们看到，ROC曲线与坐标轴所夹区域的面积为0.79，图中虚线为其对角线，代表二分类中随机分类的预测结果，显然其AUC值为0.5。可见AUC值一般都是大于0.5的，除非将结果反着分类或者数据太少。

5.9　数据增强

深度学习领域的权威学者、香港中文大学汤晓鸥教授曾经说过，深度学习有3个核心要素，分别是：

- 优秀的算法设计
- 高性能的计算能力
- 大数据

以上3点概述了当前以及未来信息科学的三大主流领域——大数据、云计算及AI。随着学术界对机器学习特别是深度学习研究的深入，越来越多的优秀算法诞生了，它们以论文的形式展示给大家。但是，即便是相同的算法，不同的工程师团队实践后的效果也不尽相同。这就意味着深度学习不仅仅是算法的问题，它同时具有非常浓厚的工程色彩。

深度学习对大数据的依赖程度远非传统的统计学习方法可比，汤晓鸥教授也强调了大数据在深度学习领域的重要性。但是对于普通工程师团队来说，数据的搜集能力有限。缺乏大量高质量的训练样本，便难以训练出一个具有很好泛化能力的模型。因此，我们在这里介绍一种工程上非常常用的数据集扩充方法，我们将其称为*数据增强*（data augmentation）。

5.9.1 数据增强概述

对于人脸识别场景，数据增强自然是对图片而言的。所谓数据增强，就是指对图片数据进行变换、修改，使其变成新的数据，从而扩充原有图片数据集。这些对图片进行变换的手段通常包括随机裁剪、颜色改变、水平或竖直翻转、随机改变大小、加入噪声、对图片进行仿射变换等。

例如，某原始图片如5-23所示。

对图5-23所示的原始图片加入高斯随机噪声，然后将其锐化后得到的结果如图5-24所示。可以看到图5-24所示的图像细节丢失很多，即便使用滤波的方法滤除噪声，图片也会变得非常模糊。

图5-23 数据增强前的原始图片

图5-24 加入高斯随机噪声等处理后的图像

对图5-23所示的原始图片进行仿射变换，可以得到如图5-25所示的结果。该仿射变换过程主要是将图片进行放大处理，使原始图片丢失部分信息。同时由于图片的尺寸没有变化，需要使用插值的方式来填补放大过程中的像素点，那么必然会造成图片的相对模糊。

对图5-23所示的原始图片进行随机裁剪，然后将裁剪后的图片与背景图片重叠，如图5-26所示。当然，对于裁剪后的“空白”区域，也可以使用纯色来填充，通常是白色或者黑色。

图 5-25 进行仿射变换处理后的图片

图 5-26 随机裁剪并与背景图片重叠后的图片

对图 5-23 所示的原始图片进行水平翻转，然后再将其进行透视变换，则可以得到如图 5-27 所示图片。

图 5-27 水平翻转并透视度换后的图片

我们上面所介绍的是常用的数据增强方法，而实际上数据增强的方法还有很多，这些方法中绝大多数的参数是可以指定的，例如，将图片进行旋转处理的角度、将图片进行旋转的中心点、将图片进行裁剪的位置和大小、图片加噪声点的位置和程度、将图片进行透视变换的角度等。上述我们提到的参数都可以通过在某一个值域中取随机数的方式来指定，那么通过这样一些方法，就可以将原始数据集扩充到我们想要的大小，从而显著地增加了数据集的样本数量。

通过使用数据增强的方法来实现数据集的扩充，可以使训练后的模型具有更好的鲁棒性，尤其是对噪声的抵抗能力得到强化，进而提高训练后模型的泛化能力。由此可见，数据增强是一种十分实用且易用的工程方法。

5.9.2 Keras 实现数据增强

Keras 为我们提供的数据增强功能是通过 ImageDataGenerator 类来实现的。ImageDataGenerator 类主要通过生成器（generator）的方式来产生经过变化的新图片。生成器是 Python 提供的一个高级特性，我们知道对于 list 这样的容器，其中的元素是预先存储在内存中的。而生成器的特点是其中的元素一边生成，一边使用。换句话说，当我们遍历 list 时，遍历的是已经存在于 list 中的元素，而生成器中的元素是在遍历的过程中同时生成的，这是一种流式的效果。

通过 ImageDataGenerator 类可以得到一个生成器，我们在实例化这个类的时候传入数据增强的参数，而后我们就可以通过调用这个类的方法来获得一个生成器。ImageDataGenerator 类的参数列表如下：

```
keras.preprocessing.image.ImageDataGenerator(featurewise_center = False,
                                              samplewise_center = False,
                                              featurewise_std_normalization = False,
                                              samplewise_std_normalization = False,
                                              zca_whitening = False,
                                              zca_epsilon = 1e - 06,
                                              rotation_range = 0.0,
                                              width_shift_range = 0.0,
                                              height_shift_range = 0.0,
                                              brightness_range = None,
                                              shear_range = 0.0,
                                              zoom_range = 0.0,
                                              channel_shift_range = 0.0,
                                              fill_mode = 'nearest',
                                              cval = 0.0,
                                              horizontal_flip = False,
                                              vertical_flip = False,
                                              rescale = None,
                                              preprocessing_function = None,
                                              data_format = None,
                                              validation_split = 0.0)
```

我们可以看到，ImageDataGenerator 类的参数非常多，这些参数大多数对应了数据增强中的具体操作细节，例如随机旋转的度数等。下面介绍一下其中的参数含义。

featurewise_center：布尔值，是否将输入数据的均值设置为 0。

samplewise_center：布尔值，是否将每个样本的均值设置为 0。

featurewise_std_normalization：布尔值，是否将输入特征除以其标准差。

samplewise_std_normalization：布尔值，是否将每个输入样本除以其标准差。

zca_epsilon：ZCA 白化的 ε 值，默认为 1e-6。

zca_whitening：布尔值，决定是否应用 ZCA 白化的方式进行数据增强。

rotation_range：整数值，决定随机旋转的度数。

width_shift_range：浮点数、整数或者其数组，水平位置平移值。

height_shift_range：浮点数、整数或者其数组，垂直位置平移值。

shear_range：浮点数，图片剪切的强度。

zoom_range：浮点数或者一个区间，表示随机缩放的范围，形如［0.1，0.2］，分别表示其上界和下界。

channel_shift_range：浮点数，随机通道偏移的幅度。

fill_mode：“constant”“nearest”“reflect”或“wrap”之一，默认为“nearest”。当进行变换时，超出边界的点将根据本参数给定的方法进行处理。假设填充序列“abcd”两侧的数值，其中每个参数的填充方式如下。

- constant：kkkkkkkk | abcd | kkkkkkkk（假设 cval 参数值为 k 时）
- nearest：aaaaaaaa | abcd | dddddddd
- reflect：abcddcba | abcd | dcbaabcd
- wrap：abcdabcd | abcd | abcdabcd

cval：浮点数或整数，详见 fill_mode 参数；

horizontal_flip：布尔值，是否随机水平翻转；

vertical_flip：布尔值，是否随机垂直翻转；

rescale：重缩放因子的数值，将数据乘以所提供的参数值。如果不指定该参数则默认为 None。如果是 None 或 0，则不进行缩放；

preprocessing_function：指定一个回调函数，这个函数会在其他任何操作之前运行。这个函数需要一个参数——图片数据（秩为 3 的 Numpy 张量）；

data_format：图像数据格式，与前面所述的同名参数含义相同；

validation_split：是一个在［0，1］区间的浮点数，表示保留用于验证的图像比例。

下面我们看一下 Keras 官方为我们演示的用法，其中最简单的一种用法是直接调用 ImageDataGenerator 对象的 flow() 函数。这段代码详见代码清单 5-2。

代码清单 5-2 使用 Keras 自带的数据增强功能

```
(x_train, y_train), (x_test, y_test) = cifar10.load_data()
y_train = np_utils.to_categorical(y_train, num_classes)
y_test = np_utils.to_categorical(y_test, num_classes)

datagen = ImageDataGenerator(
    featurewise_center=True,
    featurewise_std_normalization=True,
    rotation_range=20,
    width_shift_range=0.2,
    height_shift_range=0.2,
    horizontal_flip=True)

# compute quantities required for featurewise normalization
```

```
# (std, mean, and principal components if ZCA whitening is applied)
datagen.fit(x_train)

# fits the model on batches with real - time data augmentation:
model.fit_generator(datagen.flow(x_train, y_train, batch_size=32),
                    steps_per_epoch=len(x_train) / 32, epochs=epochs)
```

代码清单 5-2 中出现的 cifar10 为 Keras 内置的封装好的数据集对象。cifar10 数据集是一个图片分类数据集，该数据集包含了 6 万张图片，分别对应诸如飞机、鸟、猫、狗等不同的 10 个类别。在代码中通过调用 cifar10 的 load_data()方法，可以得到拆分好的训练集和测试集，这样便可以在后续模型训练中使用交叉验证法。

np_utils. to_categorical()函数用于将整型标签转变为独热编码（One-Hot）。例如，某多分类结果为三类，分别是人、狗、猫，让计算机去判断这 3 个文字是不可取的，那么这 3 个类别便可以依次表示为 0、1、2。我们前面介绍过用于分类输出的 Softmax 激活函数，它的输出结果是每个类别的概率值，假设某图片的判断结果是猫，那么理想的输出结果应该是［0，0，1］，即类别是猫的那个位置为 1 其他位置为 0。而这里的［0，0，1］向量，也就可以代表类别 2，也就是猫这个类别。上述这种表示方法便是独热编码。类似地，我们可以将这 3 个类别进行编码，编码结果如表 5-3 所示。

表 5-3　3 种不同标签类别的表示方式

类别	用数字表示类别	独热编码表示类别
人	0	[1, 0, 0]
狗	1	[0, 1, 0]
猫	2	[0, 0, 1]

ImageDataGenerator 类实例化后的对象为 datagen，这里只是使用了简单的数据增强方式，使用 fit()函数来计算特征归一化所需的数量。如果应用 ZCA 白化，将计算标准差、均值、主成分值。这里真正创建了生成器的是 flow()函数，其中 batch_size 用于指定生成一个批次中样本的数量。

我们在代码清单 5-2 中可以看到，这里使用了模型自带的 fit_generator()方法，可以将生成器生成的数据直接用作数据训练，省去了我们手动遍历生成器的过程。当然，如果想调用最基本的 fit()函数，这个训练过程就需要自己去手动实现。手动实现也很简单，在代码清单 5-2 的基础上改写如下：

```
# here's a more "manual" example
for e in range(epochs):
    print('Epoch', e)
    batches = 0
    for x_batch, y_batch in datagen.flow(x_train, y_train, batch_size=32):
        model.fit(x_batch, y_batch)
        batches += 1
        if batches >= len(x_train) / 32:
            # we need to break the loop by hand because
            # the generator loops indefinitely
            break
```

在上述代码中我们可以看到，对于生成器而言，使用for语句进行遍历是无限循环的，因此必须手动退出。

上述我们展示的是Keras中最基本的数据增强使用方法。Keras的数据增强功能还有很多，感兴趣的读者可以访问下面的网址：

https://keras.io/preprocessing/image/

5.9.3 自己实现数据增强

我们在前面学习了Keras为我们提供的数据增强方式，而在一些简单的场景中，我们可能会自己实现某些基本的数据增强。下面我们就简单实现一下随机裁剪与随机旋转，实现代码如代码清单5-3所示。

代码清单5-3 自己实现简单的数据增强

```
import numpy as np
import scipy.ndimage as ndi

def do_random_crop_and_rotation(image_array,translation_factor,zoom_range):
    height = image_array.shape[0]
    width = image_array.shape[1]
    x_offset = np.random.uniform(0, translation_factor *width)
    y_offset = np.random.uniform(0, translation_factor *height)
    offset = np.array([x_offset, y_offset])
    scale_factor = np.random.uniform(zoom_range[0],zoom_range[1])
    crop_matrix = np.array([[scale_factor, 0],[0, scale_factor]])

    image_array = np.rollaxis(image_array, axis=-1, start=0)
    image_channel = [ndi.interpolation.affine_transform(image_channel,
            crop_matrix, offset=offset, order=0, mode='nearest',
            cval=0.0) for image_channel in image_array]
```

```
    image_array = np.stack(image_channel, axis=0)
    image_array = np.rollaxis(image_array, 0, 3)
    return image_array
```

上面这一个函数分别实现了随机裁剪与随机旋转，它的输入数据是一个使用 Numpy 封装的张量，translation_factor 代表转换因子，是一个浮点数值，第 3 个参数 zoom_range 表示一个区间，例如［0.1，0.2］，scale_factor 在该区间内随机产生。该函数的核心是利用 ndi. interpolation. affine_transform()实现的，顾名思义，该函数实现的是仿射变换，利用仿射变换我们可以对图片进行旋转与裁剪。

通过代码清单 5-3 所实现的随机剪切与随机旋转，我们就可以实现简单的数据增强了。它们的使用方法如下：

```
import cv2

raw_img = cv2.imread('lena.jpg')
cropped_and_rotated_img = do_random_crop_and_rotation(raw_img,0.3,[0.75, 1.25])
```

通过上述代码，我们便可以将一张原始图片转换为另一张图片，将这些生成的图片数据合入训练集中，便可以直接用于模型的训练了。

5.10 Keras 的工程实践

在前面我们介绍了 Keras 的一些基本功能，接下来我们介绍一下在工程实践上经常使用的 Keras 功能。这些功能相对于前面介绍的内容，具有更明显的工程属性。

5.10.1 训练时的回调函数

这是 Keras 为我们提供的一个非常重要的功能。我们对模型进行训练的时间往往是比较长的，短则数小时，长则数天。虽然在网络的训练过程中会有日志打印到屏幕上（标准输出流），但是程序员一直值守在其旁是不现实的。并且我们在前面介绍过网络的训练方法，即通过 fit()一类的函数进行训练即可，那么当训练终止后，该训练模型也只是存储在内存中，并没有持久化到硬盘上。而回调函数就可以解决打印日志和模型持久化等问题。

回调函数是一个函数的合集，它会在模型训练中使用。可以通过回调函数来查看训练模型的内在状态或对其进行统计。实际工程中，往往具有多个回调函数，将这些回调函数以列表的形式保存起来，然后作为参数赋值给 fit()一类的方法，在训练时，相应的回调函数就会被 Keras 在各自的阶段调用。Keras 提供的常用回调函数如下。

- BaseLogger：积累训练轮次的平均评估结果。
- TerminateOnNaN：当遇到 NaN 损失值停止训练。
- ProgbarLogger：把评估以标准输出打印出来。
- ModelCheckpoint：在每个训练 epoch 结束之后，持久化模型。
- EarlyStopping：设定提前终止条件，当被监测的数量不再提升时，则停止训练。
- RemoteMonitor：将事件数据推到服务器。
- LearningRateScheduler：学习速率定时器。
- ReduceLROnPlateau：当评价指标不再提升时，减少学习率。
- CSVLogger：将每个 epoch 的训练结果保存在 csv 文件中。

接下来，我们将对其中的一些工程实践做简单的阐述。

1. 提前终止条件

设定提前终止条件是通过 EarlyStopping 回调函数来实现的。这个回调函数的详细信息如下：

```
keras.callbacks.EarlyStopping(monitor='val_loss', min_delta=0, patience=0,
    verbose=0, mode='auto')
```

其中每个参数的含义如下。

- monitor：训练过程中被监测的数据。
- min_delta：被监测的数据被认为提升的阈值，即小于 min_delta 的绝对变化会被认为没有提升。
- patience：没有提升的训练轮数，即训练过程最多能容忍多少次没有提升。
- verbose：详细信息模式。
- mode："auto""min""max" 三者其中之一。在"min"模式时，被监测的数据停止下降，训练就会停止；在"max"模式时，当被监测的数据停止上升，训练就会停止；在"auto"模式时，数值变化的方向会自动推断。

通过设置提前终止条件，可以使模型提前终止训练，以防止模型由于训练过多而造成的过拟合。关于提前终止条件的示例代码参见代码清单 5-4。

2. 记录训练日志

训练日志数据是结构化的，我们在保存数据的时候将其保存为结构化的数据格式。Keras 为我们提供的 csv_logger 回调函数提供了将日志保存为 csv 文件格式的能力，这样便于我们在模型训练之后，将训练数据可视化。特别是在使用交叉验证法进行训练时，构建训练集与测试集误差情况曲线，这个图像与图 5-20 类似。

代码清单 5-4 展示了记录训练日志的方法，append 参数表示是否以追加的形式进行记录，读者可根据场景自行决定。

3. 持久化训练好的模型

将每一个训练轮次训练好的模型进行持久化是非常重要的，将模型保存起来，不但不用担心训练结果因为意外断点而毁于一旦，而且还可以结合交叉验证法，选择哪一个训练轮次的模型作为最终的模型。

持久化训练模型使用 ModelCheckpoint 回调函数来实现，具体的使用方法如代码清单 5-4 所示。在这里面我们将输出的文件名格式化，这样就可以在文件名中标注是哪个训练轮次的持久化文件，同时也标注了预测的准确率这个关键的评估指标。

4. 降低学习率

我们曾在模型的优化器部分介绍过随机梯度下降（SGD）算法，在讲解随机梯度下降算法时提到过一个重要的数学概念——学习率。我们使用 ReduceLROnPlateau 回调函数来在适当的情况下降低学习率，以获得更佳的训练结果。这个回调函数监测一个评估指标，如果当这个指标在一定的训练轮次之后还没有进步，那么学习率就会被降低。

这部分的实现代码如代码清单 5-4 所示，这里被检测的评估指标是损失函数值，同时指定学习速率被降低的因数为 0.1. 即新的学习速率为现有学习速率与该因数之积。

5.10.2　打印网络信息

Keras 为我们提供了打印网络信息的方法，即调用模型的 summary() 方法来获取。下面我们简单创建一个神经网络，然后使用该方法获取模型的摘要信息。

作为演示而创建的神经网络结构是经典的 LeNet-5，该网络是由卷积神经网络之父 LeCun于 1998 年发表的论文［23］中提出的，可以用于识别手写数字，并在 MNIST 数据集上取得了很好的效果。该网络的结构如图 5-28 所示。

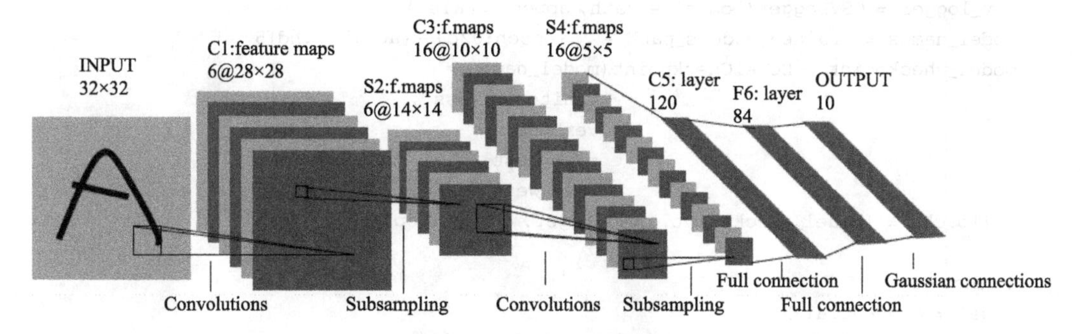

图 5-28　LeNet-5 网络的结构

接下来，我们来创建一个 LeNet-5 网络，创建的过程如代码清单 5-4 所示。

代码清单 5-4　Keras 实现 LeNet-5 网络

```
from keras.datasets import mnist
from keras.models import Sequential
from keras.layers import Dense
from keras.layers import Conv2D, MaxPooling2D, Flatten
from keras.optimizers import SGD
from keras.callbacks import EarlyStopping, ReduceLROnPlateau, CSVLogger, ModelCheckpoint
from keras.utils import np_utils

# parameters
patience = 10
log_file_path = "./log.csv"
trained_models_path = "./trained_models/LeNet-5"

# load dataset
# 训练集为 60,000 张 28×28 像素灰度图像
# 测试集为 10,000 同规格图像,总共 10 类数字标签
(x_train, y_train), (x_test, y_test) = mnist.load_data()

# 增加一个维度,且对图片数据归一化
x_train = x_train.reshape(x_train.shape[0], 28, 28, 1) / 255.0
x_test = x_test.reshape(x_test.shape[0], 28, 28, 1) / 255.0

# 转换为 one-hot 标签
y_train = np_utils.to_categorical(y_train, num_classes=10)
y_test = np_utils.to_categorical(y_test, num_classes=10)

# model callbacks
early_stop = EarlyStopping('loss', 0.1, patience=patience)
reduce_lr = ReduceLROnPlateau('loss', factor=0.1,
                              patience=int(patience / 2), verbose=1)
```

```
csv_logger = CSVLogger(log_file_path, append=False)
model_names = trained_models_path + '.{epoch:02d}-{acc:2f}.hdf5'
model_checkpoint = ModelCheckpoint(model_names,
                                   monitor='loss',
                                   verbose=1,
                                   save_best_only=True,
                                   save_weights_only=False)
callbacks = [model_checkpoint, csv_logger, early_stop, reduce_lr]

# LeNet-5
model = Sequential()
model.add(Conv2D(filters=6, kernel_size=(5, 5),
                 padding='valid', input_shape=(28, 28, 1),
                 activation='relu'))
model.add(MaxPooling2D(pool_size=(2, 2)))
model.add(Conv2D(filters=16, kernel_size=(5, 5),
                 padding='valid', activation='relu'))
model.add(MaxPooling2D(pool_size=(2, 2)))
model.add(Flatten())
model.add(Dense(120, activation='relu'))
model.add(Dense(84, activation='relu'))
model.add(Dense(10, activation='softmax'))
sgd = SGD(lr=0.05, decay=1e-6, momentum=0.9, nesterov=True)
model.compile(optimizer=sgd, loss='categorical_crossentropy', metrics=['accuracy'])
model.summary()
model.fit(x_train, y_train, batch_size=128, epochs=100, validation_data=(x_test, y_test),
          callbacks=callbacks, verbose=1, shuffle=True)
```

我们通过调用summary()方法获取网络的摘要信息。

```
model.summary()
```

可以得到该网络的摘要信息如下：

```
_________________________________________________________________
Layer (type)                 Output Shape              Param #
=================================================================
conv2d_1 (Conv2D)            (None, 24, 24, 6)         156
_________________________________________________________________
max_pooling2d_1 (MaxPooling2 (None, 12, 12, 6)         0
_________________________________________________________________
conv2d_2 (Conv2D)            (None, 8, 8, 16)          2416
_________________________________________________________________
max_pooling2d_2 (MaxPooling2 (None, 4, 4, 16)          0
_________________________________________________________________
flatten_1 (Flatten)          (None, 256)               0
```

```
dense_1 (Dense)                (None, 120)           30840

dense_2 (Dense)                (None, 84)            10164

dense_3 (Dense)                (None, 10)            850
=================================================================
Total params: 44,426
Trainable params: 44,426
Non-trainable params: 0
```

5.10.3 输出网络结构图

在前面我们介绍了Keras可以通过summary()方法来获取网络的摘要信息，但是获取到的摘要信息是文本的形式，对于简单一点的信息还好，一旦网络层次比较深，这些文本信息看起来就不够直观了。为了更加直观地展示网络结构，Keras提供了将网络图形化展示的方法，可以以结构图的形式将网络展示出来。

在代码清单5-4的基础上，我们希望将LeNet-5这个网络的结构图输出出来，那么我们可以通过以下的代码实现：

```
from keras.utils.vis_utils import plot_model

plot_model(model, to_file='LeNet-5.png', show_shapes=True, show_layer_names=False)
```

通过调用plot_model()方法，就可以将模型的结构图输出为图片文件。在上述示例代码中，输出的文件名命名为LeNet-5.png，并且指定了额外的两个参数，分别是输出网络的shape和不输出每一层的名字。在使用plot_model()输出网络结构图时，还需要系统安装一些依赖。我们可以通过下面的方法安装依赖。以使用apt包管理工具为例：

```
pip install pydot
apt-get install graphviz
```

通过调用该方法，可以得到上述我们实现的LeNet-5的网络结构，如图5-29所示。

5.10.4 获取某层的输出

神经网络可以大致分为输入层、输出层以及隐藏层，而隐藏层的中间输出结果一般是不可见的，但是，在某些情景中，我们希望能够获取某一个隐藏层的输出结果。例如，

图 5-29所展示的 LeNet-5 网络，它的倒数第 2 个全连接层的输出结果是一个具有 84 个元素的向量，这个向量就是每一个手写图片的抽象表示，也就是其特征向量。我们可以将该向量提取出来，用于检索类似的图片，或者对比两张图片的差异，这在人脸识别场景中尤其有用。Keras 为我们提供了获取某一个中间层输出结果的功能。

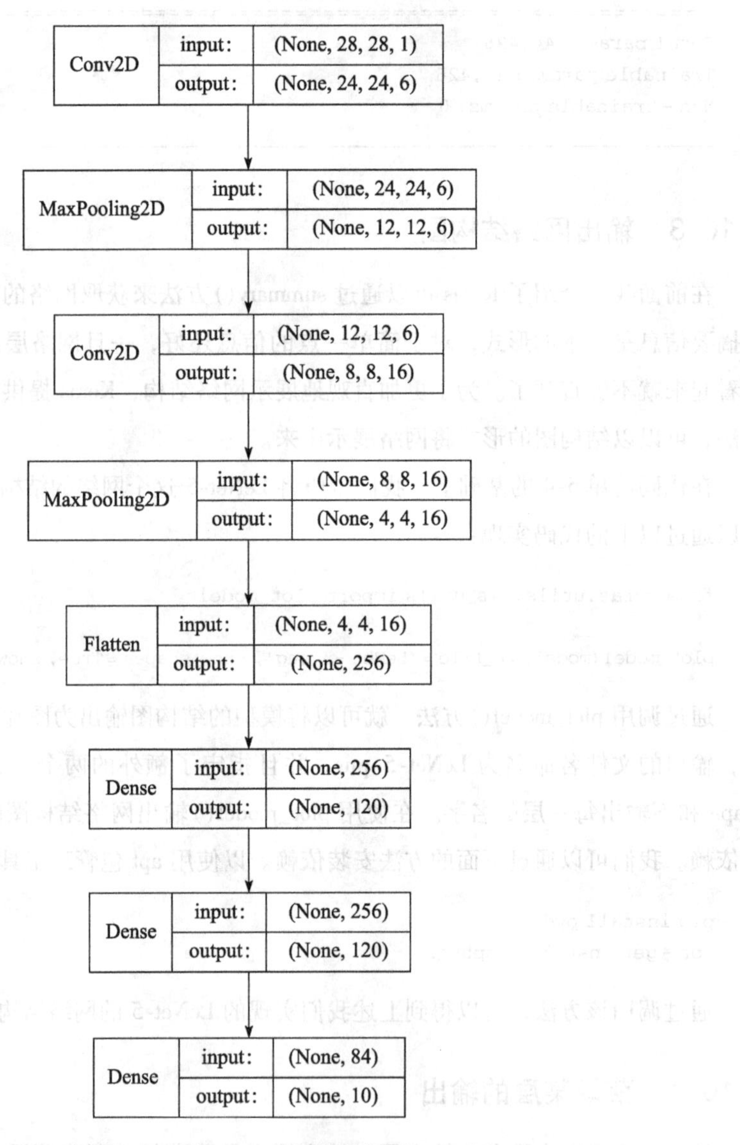

图 5-29　LeNet-5 的网络结构图

代码清单 5-5　获取某一层的输出

```
from keras import backend as K

def get_feature_function(model_path, output_layer_index):
    # 载入持久化后的模型文件到内存中
    model = keras.models.load_model(model_path)
    vector_function = K.function([model.layers[0].input],
                                 [model.layers[output_layer_index].output])

    def inner(input_data):
        vector = vector_function([input_data])[0]
        return vector.flatten()

    return inner
```

如代码清单 5-5 所示，这里使用 Python 函数式编程的方式，将 Keras 原生功能进行封装，并且返回一个经过装饰的函数。在代码清单 5-5 中，引入了 backend 模块，这代表了被 Keras 封装的底层张量计算库，如 Tensorflow 等，然后在原有模型的基础上重新定义了输入和输出。在代码中，我们重新定义了输出层为 model. layers[output_layer] 层的输出，而输入层不变。其中 model. layers 是一个数组，里面包括了 Keras 神经网络中的每一个层，output_layer_index 参数表示我们想要获取输出结果的那个层的数组下标，当然最好给每个层指定一个名字，并通过该层的名字来定位，这样既方便也便于代码阅读。

结合代码清单 5-4 和代码清单 5-5 所示的内容，获取图 5-29 所示的 LeNet-5 的全连接层输出结果，可以通过如下方式实现：

```
import cv2

path = "test.jpg"

# 载入模型文件
get_feature = get_feature_function(
                model_path="./trained_models/lenet-5.hdf5",
                output_layer=7)
# 读入图片数据
img = cv2.imread(path)
# 修改图片尺寸
img = cv2.resize(img, (28, 28))
# 转换为灰度图像
img = cv2.cvtColor(img, cv2.COLOR_BGR2GRAY)
# 此时 img 的 shape 为(28,28)
# 为 img 增加两个维度,使其格式与训练时候的输入 shape (None,1,28,28)一致
```

```
img = np.expand_dims(img, -1)
img = np.expand_dims(img, 0)
#获取特征向量
feature = get_feature(img)
#打印特征向量
print(feature)
```

通过上述代码，我们就可以得到图片 test.jpg 的特征向量了，并且将其打印到屏幕上。

5.11 本章小结

我们在本章中介绍了一款优秀的开源深度学习框架 Keras，该框架对使用者很友好。其底层依赖于其他张量计算库，例如业内经常使用的 Tensorflow。与此同时，Keras 也已经整合到 Tensorflow 的源代码中，这也印证了 Keras 简便、友好的使用特性。

我们在介绍 Keras 的同时，也介绍了深度学习的基本原理，以及一些常用网络层的原理、使用场景与使用方法。在本章的后面部分，我们介绍了使用 Keras 进行工程开发的一些方法。我们将在第 7 章中利用 Keras 实现一个人脸识别项目，在实践过程中，将会用到本章中介绍的知识。

CHAPTER6

第6章 常用人脸识别算法

我们已经在前面介绍了基本的数学知识、计算机视觉知识以及深度学习知识等，接下来我们将对常用的人脸识别算法做简要的介绍。这些人脸识别算法包括传统的方法和基于深度学习的方法。

传统的人脸识别方法已经得到沉淀，本章将要介绍的都是一些经典的方法。随着近些年深度学习不断地快速发展，很多新的人脸识别算法不断诞生，囿于本章篇幅有限，不可能将其全部详细地阐述出来，故本章中挑选其中具有代表性的深度学习算法进行介绍。关于这些算法的进一步推导与论证，将标明引用来源，列于参考文献中，感兴趣的读者，特别是希望在学术层面上加深理解的读者可以阅读原始文献。

6.1 特征脸法

特征脸法是一种相对“古老”的人脸识别算法，该算法进行人脸识别的依据是特征脸(eigenface)。使用特征脸进行人脸识别首先是由 Sirovich and Kirby 提出的（见参考文献[23]），比较成熟的人脸识别方法随后由 Matthew Turk 和 Alex Pentland 提出（见参考文献[24]），该方法通常被认为是第1种有效的人脸识别方法。

特征脸法的核心算法是 PCA 算法，我们在第2章曾经介绍过该算法，这是一种线性降维算法。我们知道，图片数据、文本数据等非结构化数据其实是具有很高维度的数据，以 64×64 像素大小的 RGB 图像为例，该图像的维度可以达到 $64\times64\times3=12288$ 维，而实际上该图片的大小已经很小了。如果直接对高维度数据进行操作，这本质上就是很困难的，另外，也不能作为具有典型意义的特征。

特征脸法的主要思想是将图片数据集进行降维，通过降低图片的维度来抽取图像的特征。这个过程的大体思路如下：

1）对图片进行预处理：将图片灰度化，调整到统一的尺寸，进行光照归一化等。

2）将图片转换为一个向量：经过灰度化处理的图片是一个矩阵，将这个矩阵中的每一行连到一起，则可以变为一个向量，将该向量转换为列向量。

3）将数据集中的所有图片都转换为向量后，这些数据可以组成一个矩阵，在此基础上进行零均值化处理，就是将所有人脸在对应的维度求平均，得到一个平均脸（average face）向量 $\boldsymbol{\Psi}$，每一个人脸向量减去该向量，从而完成零均值化处理。

4）将经过零均值化处理的图像向量组合在一起，可以得到一个矩阵。通过该矩阵可以得到 PCA 算法中的协方差矩阵。

5）计算协方差矩阵的特征值和特征向量，每一个特征向量的维度与原始图像向量的维度是一致的，因此这些特征向量可以看作一个图像，这些特征向量就是所谓的特征脸。

上面的执行过程是按照 PCA 算法的正常流程来执行的。前面我们介绍过，这些图像向量的维度很大，这就造成执行 PCA 算法对协方差矩阵求特征向量时会很耗时。因此，在求特征向量时，特征脸法在 PCA 算法的基础上进行修改，不去对协方差矩阵求特征向量。在绝大多数情况下，图片的数量 n 远远小于图片的维度 m，故在 PCA 算法执行过程中，起作用的只有（$n-1$）个，这个过程简要描述如下：

设协方差矩阵如下：

$$\boldsymbol{C} = \boldsymbol{X}\boldsymbol{X}^{\mathrm{T}}$$

其中，$\boldsymbol{X}$ 矩阵为经过零均值化处理后的由 n 张图片组成的矩阵，设原始图片向量的维度为 m，则该矩阵为 m 行 n 列。

显然，PCA 算法是对协方差矩阵 $\boldsymbol{C}$ 求特征向量，这个协方差矩阵是 m 行 m 列的方阵，m 表示图像的像素点数量。这个维度是非常高的。而实际上特征脸法是对下述矩阵求特征向量。

$$\boldsymbol{C}' = \boldsymbol{X}^{\mathrm{T}}\boldsymbol{X}$$

这个 $\boldsymbol{C}'$ 矩阵是 n 行 n 列的方阵，n 代表图片数据的数量，由于这个数值远远小于 m，故对该矩阵求特征向量的计算速度相比较是快很多的。

通过上述求解过程，我们可以得到特征向量，也就是特征脸，这个特征脸的维度和人脸图片的维度是一样的，因此可以将其以图片的形式展示。图 6-1 是用作训练的人脸图片，图 6-2 所示是经过计算后得到的前 8 个特征脸进行可视化后的结果。

图 6-1 用作训练的 50 张人脸图片数据

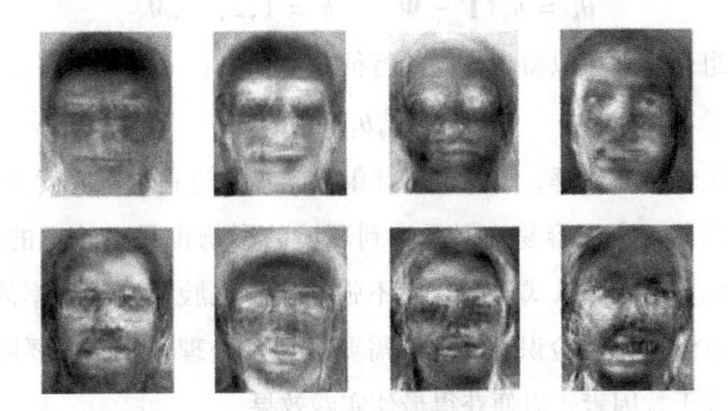

图 6-2 经过计算得到的前 8 个特征脸

经过上述算法获得的特征脸不只这 8 个，但实际上并不需要全部保留特征脸，只需选择其中的若干个就可以了，在这里选择其中的前 8 个特征脸用作人脸识别。那么，对于任意一个人脸图片来说，都可以是这 8 个特征脸的线性组合，如图 6-3 所示。换句话说，这个识别的过程是把一幅新的人脸图像投影到特征脸子空间，该特征空间捕捉到已知面部图像之间的显著变化。

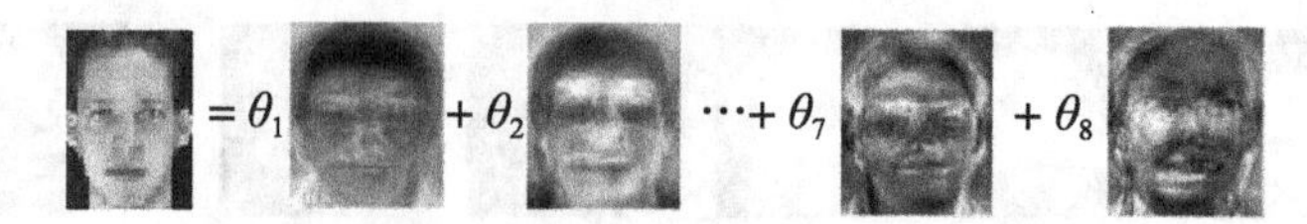

图 6-3 通过特征脸的权重来表示人脸图片的特征

那么这个人脸特征向量就可以表示如下：

$$\boldsymbol{\theta}^{\mathrm{T}} = [\theta_1, \theta_2, \cdots, \theta_8]$$

通过特征脸将输入图片向量化，可以得到一个特征向量，通过对比这个特征向量与现有数据集中人脸特征向量之间的距离，从而判断是否属于同一个人。距离度量的方法可以采用欧氏距离或者余弦距离等。当然也可以利用该人脸的特征向量训练分类器，以增强人脸识别效果。

获得人脸特征向量的数学计算过程如下：

设第 k 个特征脸为 u_k，该向量是一个列向量，Γ 表示人脸向量数据，Ψ 表示 PCA 算法计算初期时，由人脸向量的每个维度的均值构成的向量，也就是平均脸向量。故（$\boldsymbol{\Gamma} - \boldsymbol{\Psi}$）表示经过零均值化处理后的人脸向量数据，该向量数据是图片中所有像素点“压扁”的结果，是一个列向量。那么则有

$$\theta_k = u_k^{\mathrm{T}}(\boldsymbol{\Gamma} - \boldsymbol{\Psi}), \quad k = 1, 2, \cdots, M$$

将这些权重值组合起来可以得到人脸的特征向量如下：

$$\boldsymbol{\theta}^{\mathrm{T}} = [\theta_1, \theta_2, \cdots, \theta_M]$$

特征脸法相对比较容易理解，该算法的详细数学推导过程可以阅读参考文献［24］。该人脸识别算法计算简单，实现容易，但是受到环境的影响也是比较大的，如人脸的角度、环境的光照等。因此，诸如嵌入式设备或者不强制要求人脸识别准确率的场合可以选用本方法。如果选用本方法作为人脸识别算法，需要进行预处理，同时需要限制人脸图像的采集角度和环境光照等干扰因素，以便获得最佳实践效果。

6.2 OpenCV 的方法

我们在前面曾经介绍过 OpenCV 库，这是一个非常强大的计算机视觉库。作为计算机视觉领域的标杆作品，OpenCV 自然是理所当然地集成了人脸识别相关功能。新版本的 OpenCV 已经具备神经网络算法的实现，有关神经网络的内容将在后面介绍，这里仅简述一下 OpenCV 中集成的经典算法的基本原理。

6.2.1 人脸检测方法

我们反复强调过，图片本身是高维数据，对图片中的人脸进行检测和识别是需要提取图片特征的。我们曾在第3章介绍过一些图片的特征抽取方法，例如Haar特征、LBP特征等。

OpenCV自带了对图片人脸检测的方法——Haar级联分类器，该方法的思路如下：

1）使用一个检测窗口在图片上滑动，提取该窗口内图片的特征。

2）通过分类器判断该窗口中是否存在人脸。

3）如果该窗口中存在人脸则返回该窗口坐标，如果不存在人脸则重复步骤1)。

4）当图片全部区域被扫描完毕，结束检测。

OpenCV的人脸检测方法思路是一种通用的思路：待检测的输入数据是一整张图片，该方法是对图片进行多区域、多尺度的检测。所谓多区域，就是将图片划分为多块，对每个块进行检测，也就是上述所说的检测窗口。细心的读者可能会问：每个图片的尺寸是不一样的，使用固定大小的检测窗口去检测人脸能行得通吗？如果一个检测窗口内包含了两个人脸该如何处理？检测窗口不可能恰好每次只包含一个人脸图像吧，会不会一个人脸被多个检测窗口同时包含呢？

上述问题，其实大多可以归结为一个问题，就是多尺度检测机制。该机制一般有以下两种基本的策略：

- 不改变检测窗口的大小，而改变图片的大小。通常是不断缩放图片，这种方法需要对每个缩放后的图片进行区域特征值的计算，总体效率不高。
- 不断扩大检测窗口，相对第1种方法此法效率要高一些。

在人脸检测的过程中，出现同一个人脸被多次检测时，需要进行区域的合并，以防止人脸区域被多次检出的问题。该过程使用*非极大值抑制*（Non-Maximum Suppression，NMS）便可以实现（见参考文献[29]）。

上述我们介绍的是OpenCV进行人脸检测的基本流程，下面我们介绍一下检测过程中的分类器的原理。

OpenCV在进行人脸检测时，需要对检测区域的图像求特征值。这个特征的求法一般是Haar特征，当然也可以是LBP特征等。在得到该检测区域的特征值后，分类器会判断该区域内是否存在人脸，这个分类器是通过AdaBoost算法实现的。我们在第2章中介绍过该算法，这是一种用作分类的算法，是一种提升方法。AdaBoost算法通过组合若干个弱分类器，从而构成一个强分类器。

而 OpenCV 为了得到最佳的检测效果，采用了将若干个基于 AdaBoost 算法实现的强分类器串联起来的方式，从而构成了一个串联的强分类器。在进行人脸检测时，如果全部分类器都表明该检测区域存在人脸，则判定该区域存在人脸，否则标记为不存在人脸。OpenCV 的人脸检测流程如图 6-4 所示。

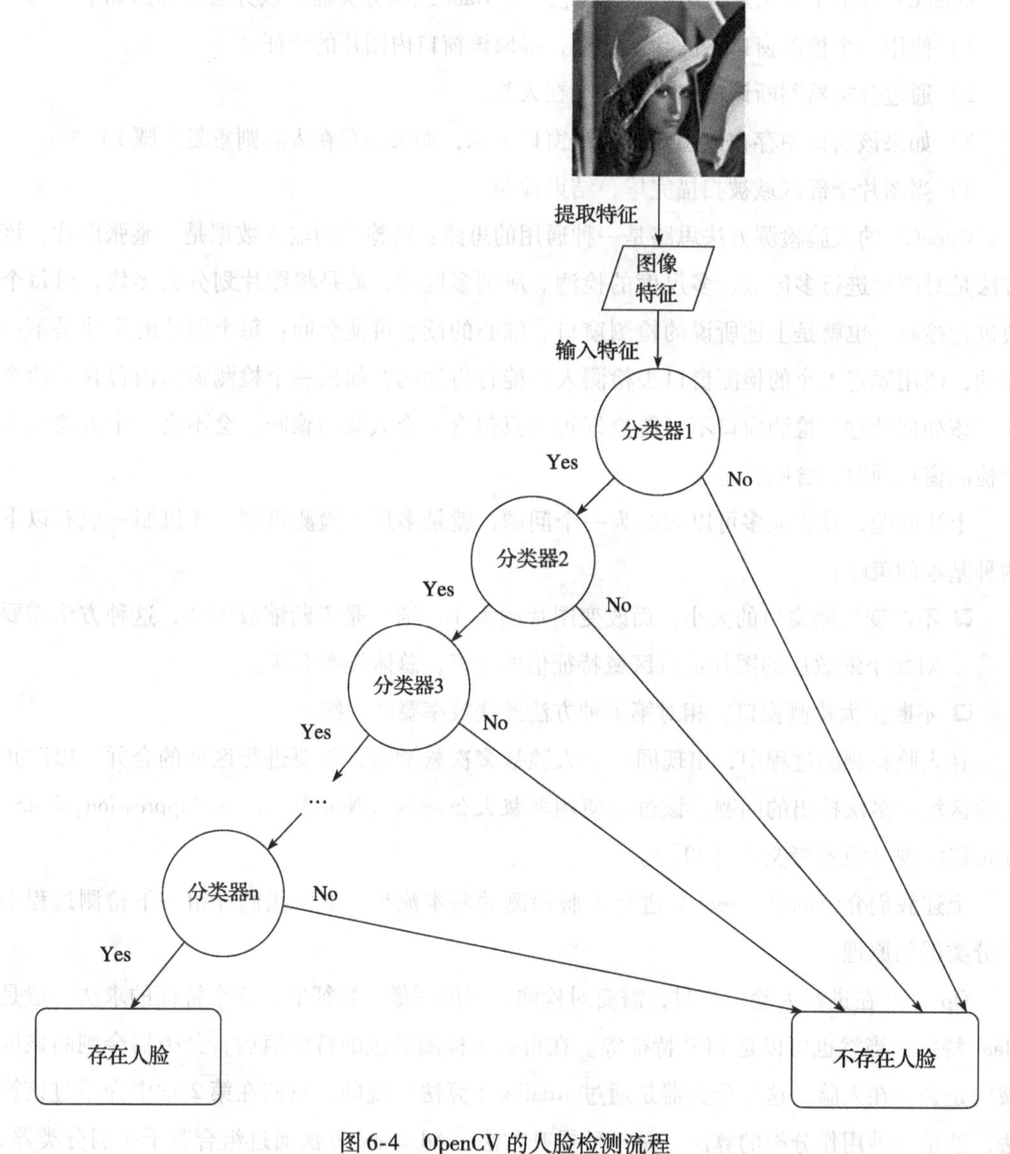

图 6-4　OpenCV 的人脸检测流程

OpenCV 的人脸检测功能是对参考文献［25］与参考文献［26］的实现，OpenCV 官方也介绍了这种 Haar 级联分类器（见参考文献［27］），感兴趣的读者可以阅读上述两个参考文献和 OpenCV 官方介绍。

6.2.2 人脸识别方法

OpenCV 除了可以进行人脸检测，还可以进行人脸识别。其自带的人脸识别算法有特征脸法、FisherFace 及 LBPH 方法。其中，特征脸法上面已经介绍过了，下面对 FisherFace（费舍尔脸法）和 LBPH 方法做一下简单介绍。

1. FisherFace

FisherFace 是基于线性判别分析（Linear Discriminant Analysis，LDA）实现的。LDA 算法思想最早由英国统计与遗传学家、现代统计科学的奠基人之一的罗纳德·费舍尔（Ronald Fisher）提出。值得一提的是，在机器学习的子领域——自然语言处理（Natural Language Processing，NLP）领域也有一种被称为 LDA 的算法，即 LDA 主题模型（Latent Dirichlet Allocation），这是一种将文档主题进行聚类的算法，本书中不涉及 LDA 主题模型，读者不要将二者弄混。LDA 算法使用统计学方法，尝试找到物体间特征的一个线性组合，在降维的同时考虑类别信息。通过该算法得到的线性组合可用来作为一个线性分类器或者实现降维。

LDA 算法的大致思路如下：

给定训练数据集，设法将样本投影在一条直线上，使得同类样本的投影点尽可能地接近，不同类别样本的投影点尽可能地远离；在对新样本分类时，将其投影到上述直线上，那么就可以根据新样本在该直线上投影点的位置来确定该样本的类别，那么也就不难理解该算法为什么既可以用作分类、又可以用来降维了。图 6-5 为上述过程的一个示意图，该过程展示了将二维特征空间上的两类不同的样本点映射到某一个直线上的过程。

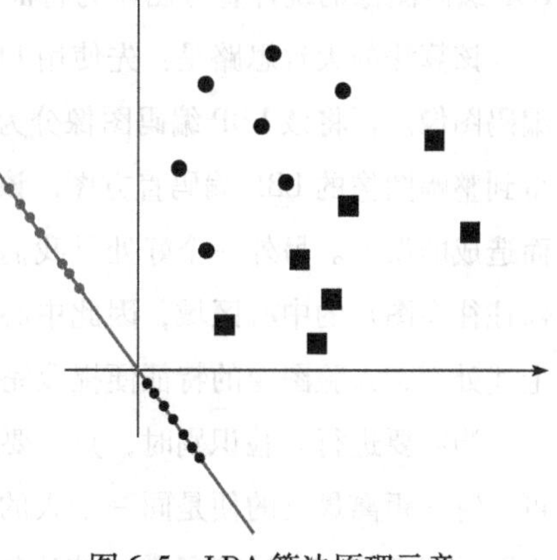
图 6-5 LDA 算法原理示意

通过对 LDA 算法的介绍，我们不难发现，该算法是在样本数据映射到另一个特征空间后，将类内距离最小化，类间距离最大化。LDA 算法可以用作降维，该算法的原理与 PCA 算法很相似，因此 LDA 算法也同样可以用在人脸识别领域。通过使用 PCA 算法来进行人脸识别的算法称为特征脸法，而使用

LDA 算法进行人脸识别的算法称为费舍尔脸法。

由于 LDA 算法与 PCA 算法很相似，我们简单对二者做一个比较。LDA 和 PCA 相同的地方如下：

- 在降维的时候，两者都使用了矩阵的特征分解思想。
- 两者都假设数据符合高斯分布。

LDA 和 PCA 的不同之处如下：

- LDA 是有监督的降维方法，而 PCA 是无监督的。
- 如果说数据是 k 维的，那么 LDA 只能降低到（$k-1$）维，而 PCA 则不受此限制。
- LDA 除了可以降维，还可以用作分类，而 PCA 只能用作降维。
- 从数学角度来看，LDA 选择分类性能最好的投影方向，而 PCA 选择样本点投影具有最大方差的方向。

通过 LDA 算法得到的这些特征向量就是 FisherFace，后续的人脸识别过程与特征脸法类似，故在此不赘述。对 FisherFace 更深入的理解可以阅读参考文献［28］，该文献表示，即使在光照和面部表情变化较大的情况下 FisherFace 也能取得良好的效果。实验结果表明，FisherFace 识别的错误率低于哈佛和耶鲁人脸数据库测试的特征脸法识别结果。

2. LBPH

OpenCV 除了提供特征脸法、FisherFace 以外，还提供了另外一种经典的人脸识别方法，即 LBPH。LBPH 是 Local Binary Patterns Histograms 的缩写，翻译过来就是局部二进制编码直方图。该算法基于我们前面介绍过的提取图像特征的 LBP 算子。如果直接使用 LBP 编码图像用于人脸识别，其实和不提取 LBP 特征区别不大，因此在实际的 LBP 应用中，一般采用 LBP 编码图像的统计直方图作为特征向量进行分类识别。

该算法的大致思路是：先使用 LBP 算子提取图片特征，这样可以获得整幅图像的 LBP 编码图像。再将该 LBP 编码图像分为若干个区域，获取每个区域的 LBP 编码直方图，从而得到整幅图像的 LBP 编码直方图。该方法能够在一定范围内减小因为没完全对准人脸区域而造成的误差。另外一个好处是我们可以根据不同的区域给予不同的权重，例如，人脸图像往往在图片的中心区域，因此中心区域的权重往往大于边缘部分的权重。通过对图片的上述处理，人脸图像的特征便提取完毕了。

当需要进行人脸识别时，只需要将待识别人脸特征与数据集中的人脸特征进行对比即可，特征距离最近的便是同一个人的人脸。在进行特征距离度量的时候，通常使用基于直方图的图像相似度计算函数，该比较方法对应于 OpenCV 中的 compareHist() 函数，该函数提供巴氏距离、相关性与基于卡方的相似度衡量方式。这几种方式我们在前面没有介绍过，它们都是统计学中的概念，感兴趣的读者可以补充学习统计学知识。

6.3 Dlib的人脸检测方法

Dlib是一款优秀的跨平台开源C++工具库，该库使用C++编写，具有优异的性能。Dlib库提供的功能十分丰富，包括线性代数、图像处理、机器学习、网络、最优化算法等众多功能。该库提供Python接口，能够在Python中直接使用Dlib提供的功能。

Dlib能够受到广泛的关注，很大一部分原因是因为其提供了基于Hog特征的人脸检测功能。我们在前面曾经介绍过Hog特征，这也是提取图片特征的一种方法，与其他特征提取算子相比，它对图像几何的和光学的形变都能保持很好的不变性。该特征与LBP特征、Haar特征共同作为3种经典的图像特征，该特征提取算子经常与支持向量机（SVM）算法搭配使用，用在物体检测场景。

Dlib实现的人脸检测方法便是基于图像的Hog特征，结合支持向量机算法实现的人脸检测功能。该算法的大致思路如下：

1）对正样本（即包含人脸的图像）数据集提取Hog特征，得到Hog特征描述子。

2）对负样本（即不包含人脸的图像）数据集提取Hog特征，得到Hog特征描述子；其中，负样本数据集中样本的数量要远远大于正样本数据集中的样本数，负样本图像可以使用不含人脸的图片进行随机裁剪获取。

3）利用支持向量机算法训练正负样本，显然这是一个二分类问题，可以得到训练后的模型。

4）利用该模型进行负样本难例检测，也就是难分样本挖掘（hard-negative mining），以便提高最终模型的分类能力。具体思路为：对训练集里的负样本不断进行缩放，直至与模板匹配为止，通过模板滑动窗口搜索匹配（该过程即多尺度检测过程），如果分类器误检出非人脸则截取该部分图像加入负样本中。

5）结合难例样本重新训练模型，反复如此得到最终分类器模型。

使用该分类器进行人脸检测的思路如下：

应用最终训练出的分类器检测人脸图片，对该图像的不同尺寸进行滑动扫描，提取Hog特征，并用分类器做分类。如果检测判定为人脸，则将其标定出来，经过一轮滑动扫描后必然会出现同一个人脸被多次标定的情况，如图所示6-6a所示。因此在图像扫描完成后应用非极大值抑制来消除重叠多余的检出人脸，如图6-6b所示。

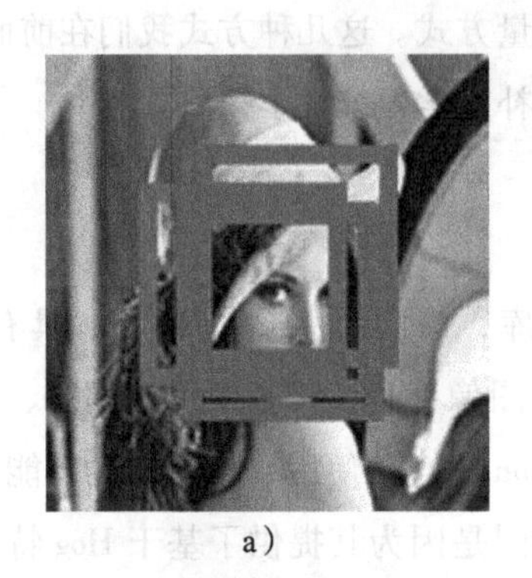
a）

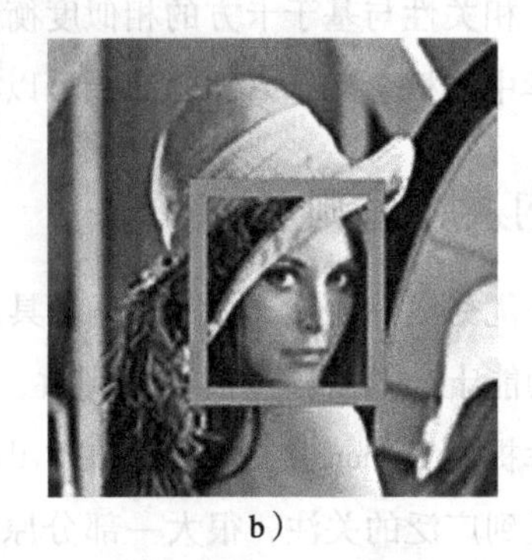
b）

图 6-6　Dlib 的 Hog-SVM 方法人脸检测示意

6.4　基于深度学习的图片特征提取

我们在第 3 章曾经介绍过几种经典的图像特征提取方法，随着深度学习的流行，当前的主流人脸识别算法都已经使用深度学习来实现了，而很少使用传统方法来实现，这主要也是因为深度学习比传统的图像特征提取方法具有更加优良的性能。

就如同哥白尼提出日心说，达尔文提出进化论一样，每一样新技术、学说刚刚诞生总会受到一些质疑，深度学习也经历过这样的低谷期。说到深度学习的崛起，就不得不提到 AlexNet 这个经典的神经网络结构，我们在第 1 章中也简单提到过这个神经网络。正是这个诞生于 2012 年的、具有里程碑意义的神经网络为深度学习开辟了一片新天地，随后越来越多的网络结构被提出，深度学习也已经俨然成为越来越多领域的研究主流。

在这一节中，我们将挑选一些经典的神经网络进行介绍。虽然随着时间的推移，这些网络已经算不上是技术发展最新水平了，但是这些网络的设计思想为后来的网络研发提供了很大的启发，非常值得我们深入学习。

6.4.1　AlexNet

AlexNet 是 Hinton 教授的学生 Alex Krizhevsky 在 2012 年设计出来的经典神经网络。该神经网络在当年的 ImageNet 大赛上取得了最好成绩，以压倒性的优势取得了此次 ImageNet 大赛的冠军。AlexNet 与传统的识别方法不同之处在于其使用深度学习思想，并使用 GPU 来实现加速计算。在网络结构的设计上，采用 8 层神经网络，其中 5 层卷积神经网络，3 层全连接网络。也是在那年之后，更多的、更深的神经网络被提出，其中比较有代表性的有 VGG-

Net、InceptionNet 等。其中，由 Kaiming He 等提出的 ResNet 及其变种已经可以实现上百层的神经网络，由此可见现在深度学习网络的规模之大，模型之复杂。如图 6-7 所示展示了 AlexNet 诞生前后 ImageNet 中 top－5 错误率与神经网络深度之间的关系。

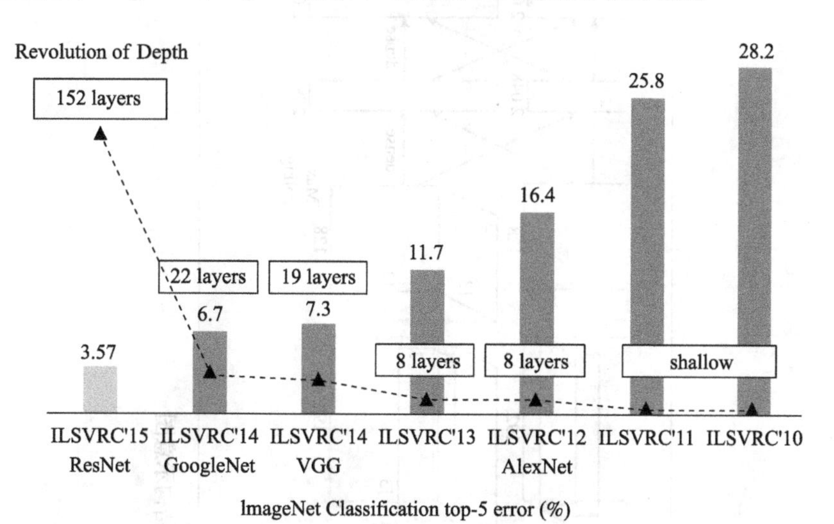

图 6-7　ImageNet top-5 错误率变化趋势

下面简单介绍一下 AlexNet 网络的原理，该网络的整体结构如图 6-8 所示。

图 6-8 是 AlexNet 神经网络的结构图，可以看到数据流分为两路，这是因为 AlexNet 在实现时是采用两块 GPU 并行计算的，毕竟当时单块 GPU 算力远不及如今。两路数据在最后全连接层中进行数据的同步与交换。AlexNet 在每一个卷积层中使用线性修正单 ReLU 函数来作为激活函数，我们曾在第 5 章介绍过 ReLU 函数，该函数由 Hinton 的学生 Alex 等提出并使用，具有仿生学的理论基础。它与传统的 Sigmoid 等非线性激活函数相比更加适合梯度下降以及反向传播过程，避免了梯度爆炸和梯度消失问题。同时，由于该函数是线性运算，相比 Sigmoid 等非线性函数具有更快的运算速度，因此特别适用于深度学习场景。AlexNet 能夺得当年的 ImageNet 冠军，与使用该激活函数密不可分。

AlexNet 的输入图片数据尺寸是 $224 \times 224 \times 3$，也就是一个长与宽均为 224 像素的 RGB 图像。第 1 个卷积层采用的是 96 个 $11 \times 11 \times 3$ 的卷积核进行卷积运算。反向传播时，每个卷积核对应一个偏差值。卷积核共分为两组，每组 48 个，分别使用两个 GPU 进行计算。图像张量经过卷积后使用 ReLU 函数进行激活，经过卷积运算后中间数据的尺寸变为 $55 \times 55 \times 96$。

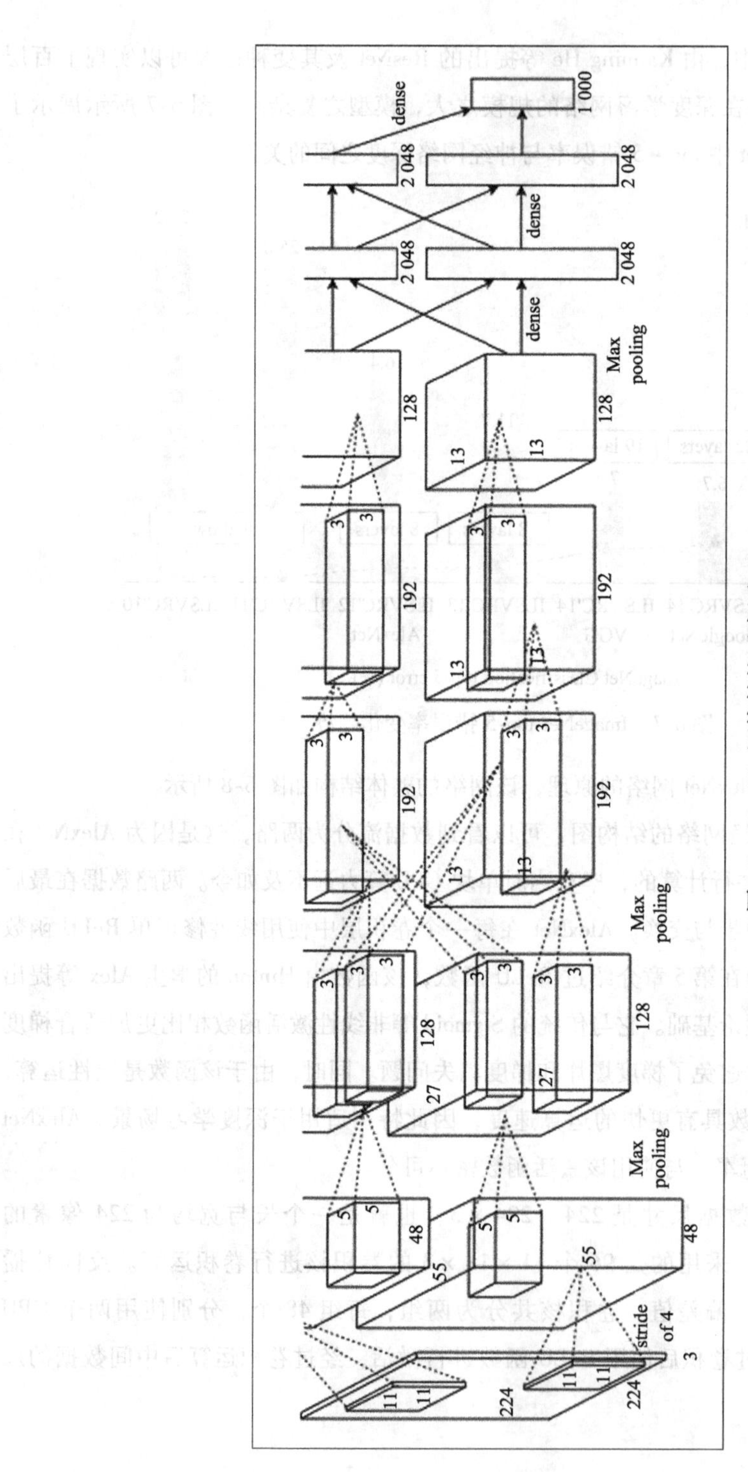

图6-8　AlexNet网络结构示意图

之后再对该数据进行池化，池化部分采用最大池化，池化范围是 3×3，池化步长是2个像素单位，池化的作用是进行降采样处理，可以进一步压缩图像的尺寸，同时可以提高识别精度，不容易产生过拟合现象。此时经过池化后的数据尺寸为 $27\times27\times96$。值得指出的是，现在一般的池化过程是不重叠的，而当时AlexNet所采用的池化过程是可重叠的。

经过池化后的数据还需要进行归一化处理，所采用的归一化处理方式被称为局部响应归一化（Local Response Normalization，LRN）。LRN也是最早在AlexNet中被提出的，采用侧抑制的仿生学原理，即被激活的神经元能够抑制相邻的神经元的神经冲动。LRN即是采用这种思想来实现局部抑制。经过Hinton研究组测试，可以使识别率提高1%～2%。但是这种结论随后受到质疑，现在的网络中一般也不用LRN了。

整个AlexNet神经网络共需要5个类似这样的卷积层，其中只有前两个卷积层需要进行LRN。同时并非所有的卷积层都会紧邻池化层，整个AlexNet的神经网络详细结构如图6-9所示，网络的输入层为图6-9最下层，输出层为图6-9最上层。

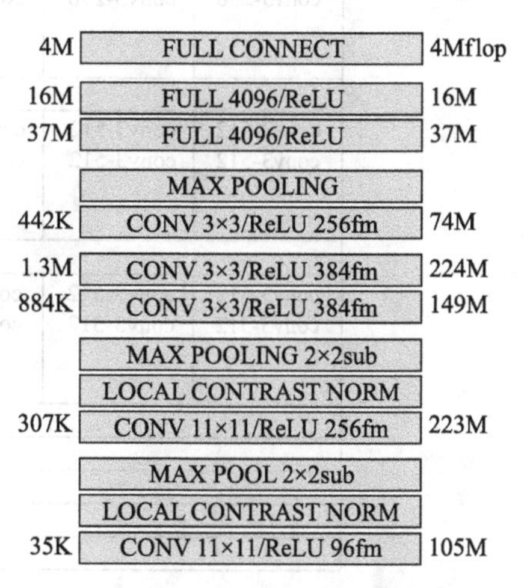

图6-9 AlexNet神经网络详细结构

通过图6-9可以看出，在最终使用softmax函数输出分类类别之前，有两层全连接网络。其中最后一层全连接神经网络输出的4096维特征向量可以作为图像的高级特征，即4096维的向量。这样的特征十分有用，与Haar特征、Hog特征等提取到的特征向量是一样的，可以用在后续的人脸检索、人脸识别、人脸聚类、人脸对比等场景中。该网络结构的原始论文为参考文献［30］，读者可以阅读该论文进一步加强理解。

6.4.2 VGGNet

VGG是牛津大学代表队在2014年参加ImageNet比赛时的队伍名Visual Geometry Group的缩写，他们当时参赛所提交的深度学习神经网络便以VGG命名，这便是接下来要介绍的神经网络VGGNet。该网络在2014年的ImageNet图像分类任务比赛中获得亚军，而冠军头衔被GoogLeNet所夺得，这两个网络对深度学习的发展都有重要影响。这里先介绍一下VGGNet。VGGNet网络的结构如图6-10所示，其中形如“conv3-64”表示卷积层卷积核的尺寸是 3×3，卷积核的数量是64。该网络使用的激活函数均是ReLU激活函数，所采用的池化层是尺寸为 2 ×2 的最大池化。

ConvNet Configuration					
A	A-LRN	B	C	D	E
11 weight layers	11 weight layers	13 weight layers	16 weight layers	16 weight layers	19 weight layers
input (224×224 RGB image)					
conv3-64	conv3-64 **LRN**	conv3-64 **conv3-64**	conv3-64 conv3-64	conv3-64 conv3-64	conv3-64 conv3-64
maxpool					
conv3-128	conv3-128	conv3-128 **conv3-128**	conv3-128 conv3-128	conv3-128 conv3-128	conv3-128 conv3-128
maxpool					
conv3-256 conv3-256	conv3-256 conv3-256	conv3-256 conv3-256	conv3-256 conv3-256 **convl-256**	conv3-256 conv3-256 **conv3-256**	conv3-256 conv3-256 conv3-256 **conv3-256**
maxpool					
conv3-512 conv3-512	conv3-512 conv3-512	conv3-512 conv3-512	conv3-512 conv3-512 **conv3-512**	conv3-512 conv3-512 **conv3-512**	conv3-512 conv3-512 conv3-512 **conv3-512**
maxpool					
conv3-512 conv3-512	conv3-512 conv3-512	conv3-512 conv3-512	conv3-512 conv3-512 **conv3-512**	conv3-512 conv3-512 **conv3-512**	conv3-512 conv3-512 conv3-512 **conv3-512**
maxpool					
FC-4096					
FC-4096					
FC-1000					
soft-max					

图 6-10　VGGNet 网络结构

图 6-10 展示了 VGGNet 网络的 6 种具体实现方式，分别用字母 A 到 E 表示其序号。VGGNet 的神经网络从 A 至 E 越来越深，参考文献［31］是该网络提出团队撰写的阐述论文，在该论文中分别测试了这 6 种具体实现网络在图片分类上的准确率，该测试结果如图 6-11 所示。

对图 6-11 所示的测试结果进行分析，我们不难发现网络深度为 19 层（图 6-11 中的 E）的那个网络的综合准确率要高于其他深度的网络，该网络即为 VGG-19。但是综合来看它与 16 层的网络结构 VGG-16（图 6-11 中的 D）差距不大，因此一般使用 VGG-16 更为普遍。

通过对 VGGNet 网络结构的观察，发现其与 AlexNet 结构整体上很类似，只不过网络层数更多了。事实也的确如此，VGGNet 是在 AlexNet 的基础上发展而来的，可以将 VGGNet

看作对 AlexNet 的一种改进。相比 AlexNet 网络，VGG-16 有以下特点：

ConvNet config.	smallest image side		top-1 val. error (%)	top-5 val. error (%)
	train (S)	test (Q)		
A	256	256	29.6	10.4
A-LRN	256	256	29.7	10.5
B	256	256	28.7	9.9
C	256	256	28.1	9.4
	384	384	28.1	9.3
	[256;512]	384	27.3	8.8
D	256	256	27.0	8.8
	384	384	26.8	8.7
	[256;512]	384	25.6	8.1
E	256	256	27.3	9.0
	384	384	26.9	8.7
	[256;512]	384	**25.5**	**8.0**

图 6-11　6 种不同深度的 VGGNet 网络的预测结果

- 舍弃了 LRN 层，该论文（见参考文献［31］）指出，LRN 层没有什么实际作用，在某些情况反而会降低性能。A 网络与 A－LRN 网络的对比结果如图 6-11 所示。
- 使用更小尺寸的卷积核来代替更大尺寸的卷积核，如 AlexNet 中的第 1 层卷积核尺寸为 11×11，而 VGG－16 的卷积核尺寸均为 3×3，用连续若干个小卷积核的卷积层来代替一个大卷积核的卷积层。
- 与 AlexNet 相比较，该网络的每个卷积层中卷积核数量单调递增，这是因为 VGG－16 是用作图像分类场景的，其网络前面的卷积层均是为了提取到图像特征，而后通过全连接层将提取到的特征向量化，最终利用这些提取到的图像特征通过 Softmax 激活函数进行分类，这样可以使得输入图像在维度上流畅地转换到分类向量。后续的神经网络大都按照此规律进行设计。
- VGG-16 网络在训练前进行了预处理操作，具体做法是每一个像素减去了图像中的像素均值。

通过对 VGGNet 网络的介绍，我们总结出来，深度学习网络正朝着卷积层中卷积核尺寸更小、网络深度更深的方向发展。但是如果一味地加深网络也会造成问题，这就是后面要介绍的 ResNet 网络重点解决的问题了。

6.4.3 GoogLeNet

GoogLeNet 是由 Google 工程师 Christian Szegedy 在发表于 CVPR2015 的论文中提出来的，该网络曾在 2014 年参加 ImageNet 比赛，并在比赛中超过 VGGNet 获得冠军。GoogLeNet 是深

度学习发展历程中的一个重要网络，不仅仅是因为其将网络层数提高到22层，也是因为提出了Inception模块思想。该模块跳出了AlexNet提出的基本网络结构，对深度卷积神经网络的发展产生了重要影响。

GoogLeNe网络在设计上采用了Inception模块，该模块的基本结构如图6-12所示。

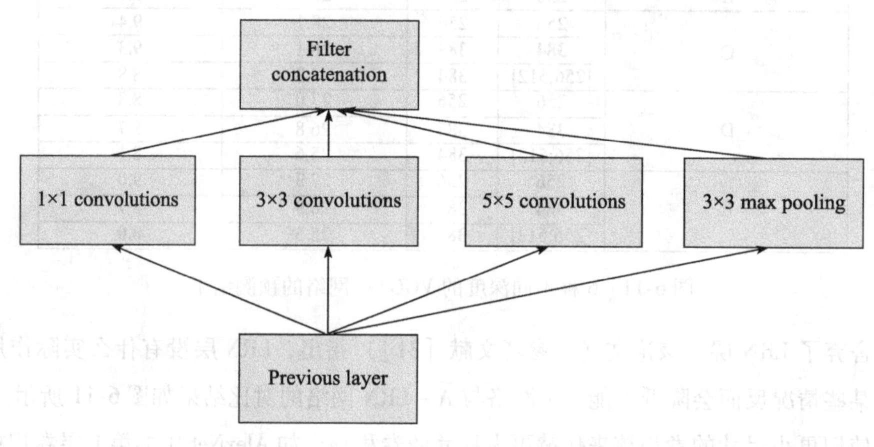

图6-12　Inception模块基本结构

图6-12中的箭头指向代表数据流向，数据从前一个网络层（previous layer）流入Inception结构中。在图6-12中数据被分成4路，分别经过卷积步长为1的不同尺寸的4个卷积层：1×1卷积、3×3卷积、5×5卷积，以及一个尺寸为3×3大小的池化层。然后通过concatenation层将这4路数据组合起来，作为Inception模块的输出。

在Inception模块中使用了3个不同尺寸的卷积核，其中1×1卷积核比较特别，给人的感觉似乎就是将特征响应图的每一个值乘以同一个系数，但是这只是对一通道数据输入而言的，对于多通道输入而言，由于卷积核是对每个位置的像素值进行同样的操作，因此1×1卷积相当于对所有的输入特征响应图做了一次线性组合。如果输出特征响应图的通道数比输入特征响应图的通道数少，那么这个过程其实就是一个降维的过程。1×1卷积核的思想在参考文献［6］中被提出，该论文由新加坡国立大学的颜水成教授团队发表，我们曾经在第5章介绍过的全局平均池化即是来源于此论文，GoogLeNet网络更是大量吸取了该论文的思想。

我们在Inception模块中看到了concatenation层，该层翻译过来就是“并置”的意思。读者可以注意到，经过卷积核尺寸不同的卷积层对同一个输入特征图进行卷积，它们的输出尺寸自然也是不同的。因此，为了保持特征响应图大小一致，在进行卷积时都使用了零填充，3×3 的卷积层与池化层填充为1，5×5 卷积层的填充为2。Inception 模块的结构也可以更复杂一些，如图6-13 所示。

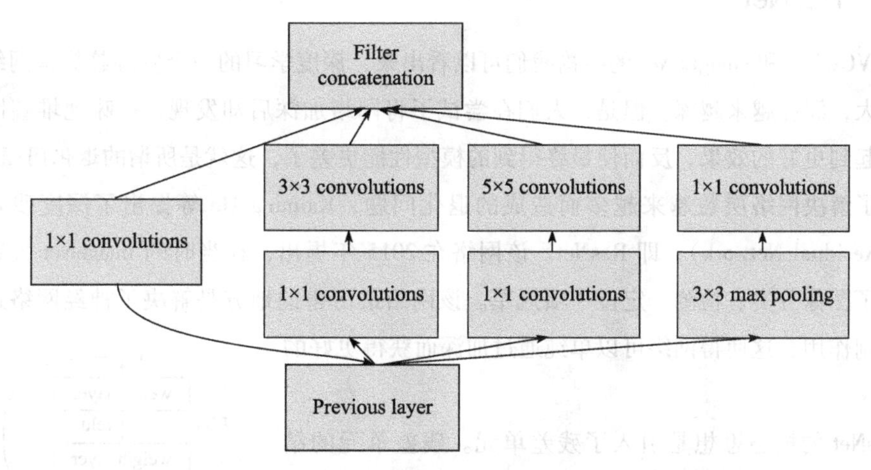

图6-13　一种更复杂 Inception 模块的结构

GoogLeNet 网络便是通过将这种 Inception 模块组合到网络中来对图片进行特征提取与降维的。该网络与 AlexNet 和 VGGNet 不同，并不是一个简单串联的网络，该网络有3个输出，其中两个输出是辅助输出，一个是主输出。这两个辅助输出层的损失函数值被乘以系数0.3，网络训练时的损失函数值由这3个输出的损失函数值加权求和得到。

同时 GoogLeNet 结合了全局平均池化层，用以减少全连接层的数量。因为我们曾经介绍过全连接层会导致网络的参数过多，例如 AlexNet 网络在最后会串联若干个全连接层，这就导致 AlexNet 网络的参数基本上都是全连接层引入的（AlexNet 的参数共有6000多万，其中全连接层引入的参数占了约94%）。GoogLeNet 网络引入了全局平均池化，从而减少了全连接层的数量，进而减少了网络的参数。通过引入全局平均池化来减少全连接层的使用，虽然 GoogLeNet 网络比 AlexNet 要深得多，但是参数总量还不到700万。由于 GoogLeNet 的网络结构层数比较多，该结构图示在此展示效果不好，推荐读者阅读参考文献［32］，在该文献中绘有网络的详细结构图。

这里需要指出的是，Inception 网络是一个非常庞大的家族，我们前面介绍的只是这个家族中最简单的一种网络结构，这个家族包括不断“进化”的 Inception v1、Inception v2、Inception v3、Inception v4，以及引入了深度可分离卷积的 Xception 结构和结合 ResNet 而诞生的 Inception-ResNet 系列网络。感兴趣的读者可以深入了解一下该家族中的其他网络，这些网络都具有其特色。

6.4.4 ResNet

从 VGGNet 和 GoogLeNet 的结构我们可以看出来，深度学习的一个发展趋势是网络规模越来越大，深度越来越深。但是，人们在尝试了将网络加深后却发现，一味地堆叠网络不但没有起到更好的效果，反而使最终得到的模型性能更差了，这就是所谓的退化问题。

为了解决网络层数越来越多而造成的退化问题，Kaiming He 等提出了深度残差网络（Deep Residual Network），即 ResNet。该网络在 2015 年提出，在当时的 ImageNet 大赛上一举斩获了图像分类、检测、定位 3 项冠军。该网络最厉害的地方是解决了神经网络过深而带来的副作用，这使得网络可以单纯通过加深而获得更好的性能。

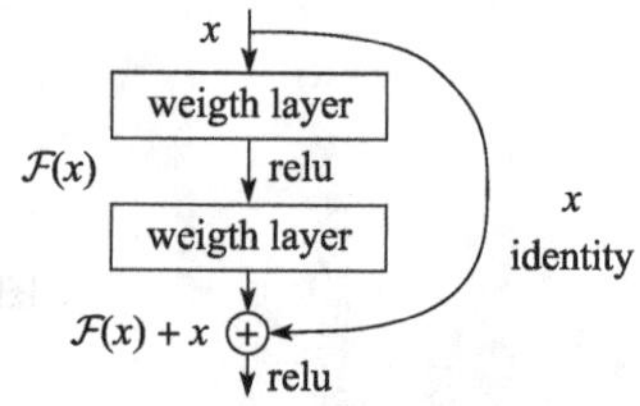

图 6-14　ResNet 的一个基本单元

ResNet 的核心思想是引入了残差单元。残差单元的结构如图 6-14 所示，图中 weight layer 代表一个卷积层。

我们可以看到，图 6-14 所示的一个残差单元中输入数据分两路汇合作为输出数据，其中一路数据是常见的经过两个卷积层运算后的结果，而另一路数据直接就是输入数据，这个路线被称为 shortcut connections。这样做的好处是在残差单元的传出信息中，能够将输入信息得到一定程度的保留。Kaiming He 在论文（见参考文献［33］）中给出了结论：经过试验证明，该模块能够很好地应对神经网络的退化问题，并且可以使得网络的深度进一步增加。

我们接下来探讨一下，为什么随着网络的加深，模型不但没有变得更好，反而变差了。如果说是因为发生了过拟合，但是通过使用 dropout 以及加大训练数据等方法并不能很好地解决这个问题，因此并不能说是过拟合导致的。同时也不能说是网络过深导致梯度传播的衰减，因为已经有很多行之有效的方法来避免这个问题了。如果说网络过深导致后面的一些网络层根本没有什么用，起作用的只是前面的一些网络层，那么这个很深的网络也就退化成了一个较浅的网络。但是仔细想一下，这样也不对，因为即便退化成了较浅的网络，这个很深的神经网络与较浅的神经网络相比预测误差应该差不多，但是从实验来看这个误差反而变大了。

综上所述，导致更深的网络预测误差反而变大了的可能原因就是：这个更深的网络后面的网络层没有学习到恒等映射（identity mapping），因此通过学习一些非恒等映射而引入了误差。所谓恒等映射是指输入和输出是一样的，即 $y=H(x)=x$，更通俗地说就是这个网络层什么都没有干。那么，我们就可以得到一个想法，假如一个足够深度的 m 层神经网络，其起作用的只是前 n 层（$n \ll m$），其后面的（$m-n$）层网络层只需要老老实实地什么都不干就可以了，那么这个神经网络理论上讲就具有拟合任何函数的能力。但是，一个令人头痛的问题就是后面的（$m-n$）层网络层并不会老老实实地什么都不干，它们学习到了非恒等变换的映射关系，就会为神经网络引入误差，从而导致模型变坏。因此，如果我们找到了一种使后面的网络层老老实实地执行恒等映射的方法，就可以实现网络结构的不断加深。残差单元恰恰就是这样的一种方法。

残差是指预测值与观测值之间的差异，误差是指观测值和真实值之间的差异，这两个概念经常容易混淆。ResNet 之所以被称为残差网络，是由于如图 6-14 所示的基本构建单元被称为*残差单元*，这是因为如果把网络中某一个部分的输入输出看作 $y=H(x)$，那么通过引入 shortcut connections，该部分的可变参数优化目标就不再是 $H(x)$，而是图 6-14 中所示的 $F(x)$，那么存在关系 $H(x)=F(x)+x$，即 $F(x)=H(x)-x$。由于在恒等映射的假设中，$y=x$ 相当于观测值而不是真实值，那么 $F(x)$ 代表了预测值 $H(x)$ 与观测值 x 之差，故称图 6-14 所示的构建单元为残差单元。

图 6-14 所示的残差单元是一种最基本的结构，在实际使用时，残差单元与 Inception 模块一样也希望能够加快计算速度，减少计算消耗。因此在这个基本结构的基础上演变出来了一些优化后的结构，例如图 6-15 所示的 BottleNect 模块，通过引入 1×1 卷积来减少计算量。再后来，基于 ResNet 思想的网络和对该网络的优化结构也逐步诞生了，例如 ResNet v2 引入了预激活残差单元（pre-activation residual unit），改进了原有 ResNet 网络中残差单元的结构，使 ResNet 的预测准确率进一步提高（见参考文献［34］）。

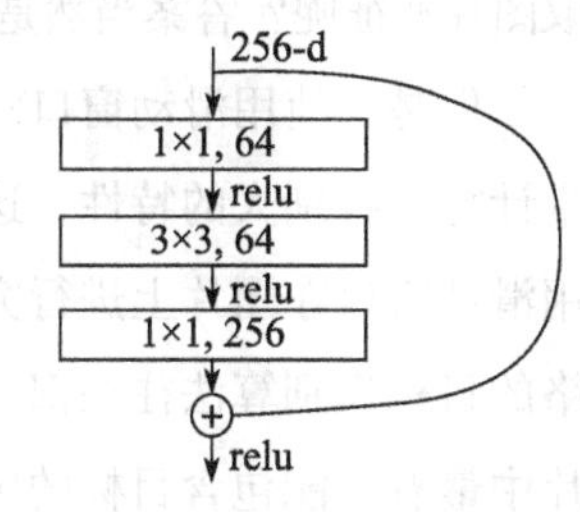

图 6-15 使用 BottleNect 模块的残差单元

ResNet 网络是通过将这些残差单元串联起来实现的，网络层数非常多，规模非常大。此处无法展示该网络的结构示意，建议读者阅读参考文献［33］及参考文献［34］，从而获得该网络的更多设计原理与细节。虽然 ResNet 的网络层可以构建到 1000 层以上，但是常用的结构一般都是 50 层、101 层和 152 层，例如 Keras 自带了具有 50 层的 ResNet50。

6.5 基于深度学习的人脸检测

近几年，随着对深度学习研究的进一步加深，深度学习在目标检测上取得了长足进步。

除相对经典的 R-CNN、Fast R-CNN、Faster R-CNN 网络以外，也不断有新的方法被提出，例如 YOLO、YOLO v2、YOLO v3 及 SSD 等。除了通用的目标检测方法能够对人脸进行检测以外，专门用于人脸检测的深度学习神经网络也被提出来了，这其中比较有代表性的是 DDFD 和 MTCNN。2015 年，雅虎的 Sachin 等人提出了一种深度人脸检测器 DDFD，该检测器使用深度卷积神经网络进行多视角人脸检测；2016 年，Kaipeng Zhang 等人提出了 MTCNN，该网络可以同时进行人脸检测和人脸特征点定位。下面我们就来简单介绍一下基于深度学习的人脸检测方法。

6.5.1　基于深度学习的目标检测

我们曾在前面介绍过传统的人脸检测方法，例如基于 Haar 特征的级联分类器和基于 Hog 特征的支持向量机分类器，这两种方法都使用滑动窗口，在图片上进行穷举式的扫描，然后通过训练后的二分类器判断该区域是否存在人脸；在使用滑动窗口对图片进行穷举之后，使用非极大值抑制算法来合并重复检测区域，这样就可以得到最终检测后的人脸。简言之，这个过程可以抽象为 3 个步骤：目标特征提取、目标识别、目标定位。

那么，我们自然而然地可以想到，既然传统方法是通过对图片提取特征，然后进行二分类的，那么我们是否可以通过深度卷积神经网络来替代传统的 Haar 或 Hog 特征提取算法来提取图片特征呢？答案当然是可以的了，毕竟诸如 AlexNet 等网络都是在对图片提取特征。

但是，使用滑动窗口对图片进行扫描的过程是一个穷举式的过程，深度学习本身就自带计算量特别大的特性，这个计算量远不是 Haar 与 Hog 特征提取过程所能比拟的，那么使用滑动窗口在图片上进行穷举式的扫描实际上有点不太经济。因此，基于深度卷积神经网络的目标识别算法往往都不会直接使用滑动窗口对图片进行穷举式的扫描，它们会选择图片中最有可能包含目标的区域进行扫描，进而提升目标检测的效率。在这种思路下一种最为人熟知的方法是 Selective Search 方法。

Selective Search 方法采用超像素合并的思路，首先使用图像分割算法在图片上产生很多小区域，这些区域可以看作一个超像素，然后根据这些区域之间的相似度进行合并，从而得到一个更大的区域。通过 Selective Search 方法就可以得到一些可能包含物体的区域，通过对这些区域进行检测就可以减少计算量了。有了 Selective Search 这种高效检测可能包含目标的方法，接下来只需要接上几个卷积层对该区域进行特征提取，然后接上一个分类器就可以实现目标检测了。这正是基于深度学习的目标检测算法 R-CNN（Region-abased Convolutional Neural Networks）的实现原理，该网络与 AlexNet 一样，都是各自细分领域内的奠基作品。不过直接通过 Selective Search 选出的待检测区域未必会很精确，这里还要引入一些提高精确度的方法，例如通过对现有数据集中目标标注边界框做回归来进一步提高检测精度。

虽然 R-CNN 相比滑动窗口法已经快很多了，但是这种网络的实际可用性还是比较差的，因为要想获得好一点的效果，识别任务就需要使用 Selective Search 产生上千个待检测框，对这些区域使用卷积神经网络提取特征还是太慢了。为了进一步提高检测速度，在 R-CNN 的思想上又提出了 fast R-CNN 以及 faster R-CNN 等。这些网络的提出，使得目标检测的速度得到了进一步的提高。这些网络可以归结为基于区域建议的目标检测算法，这类算法包含了候选区域生成及不同特征层处理的过程，这就导致这类算法有一个显著的缺点，就是其实时性难以得到保证。因此研究人员就在考虑：能否不生成目标候选区域，而直接通过回归的方式实现目标检测呢？这就催生了基于回归的目标检测算法，比较有代表性的网络是 YOLO 系列以及 SSD。

YOLO 算法简单地将图片分为多个部分，然后通过深度卷积神经网络直接判断某一个部分是否存在目标，同时预测目标的类别是什么，以及目标的边界框位置。很显然，这种方法不需要生成候选检测区域，直接对每个部分进行判断就可以了，从而节省了对图片进行处理所消耗的时间。虽然 YOLO 使得对图片检测的实时性得到提高，但是第 1 版的 YOLO 网络检测准确率较 R-CNN 系列要逊色一些。在 YOLO 的基础上，诞生了 SSD 检测算法，该网络结合了 YOLO 的回归思想及 faster R-CNN 中的一些机制，从而既保证了检测的实时性，又得到了较好的检测精度。

除了上述介绍的两类目标检测方法之外，还有基于搜索的目标检测方法，其中比较具有代表性的是 AttentionNet，这类检测方法的特点是在图片上进行自顶向下的搜索，然后识别搜索到的结果。该类识别方法相对于前两类方法算是比较新的了，感兴趣的读者可以阅读相关资料。

我们在上面介绍了 3 类目标检测方法，这 3 类目标检测方法是对所有物体通用的。但是，人脸检测场景比常规的目标检测可能还要复杂一些，例如人有年龄的变化，有佩戴物品的变化，以及是否化妆等因素的干扰。因此，工业界在直接使用通用的目标检测算法时，都会有一些优化。例如，美团网曾经在人脸检测场景中对 faster R - CNN 进行了以下方面的改进：

- 难分负例挖掘，抑制人物雕像、画像、动物头像等负例。
- 多层特征融合。
- 多尺度训练及测试。
- 上下文信息融合。

根据美团官方的描述，采用上述方法对 faster R-CNN 改进后，能够提高小脸、侧脸的检出率，同时增强了对类人脸、遮挡及复杂背景等干扰因素的抵抗能力（见参考文献［42］）。

6.5.2 MTCNN

MTCNN 是英文 Multi-task Cascaded Convolutional Neural Networks 的缩写，翻译过来就是多任务级联卷积神经网络。该网络在刚诞生的时候是表现最优的，虽然当前表现已经不是最优的了，但是该网络是一个非常有意义的作品，它能够同时将人脸检测和人脸特征点定位结合起来，而得到的人脸特征点又可以用来实现人脸校正。

该算法由 3 个阶段组成，概括来说：第 1 阶段，通过 CNN 快速产生候选窗体；第 2 阶段，通过更复杂一点的 CNN 精炼候选窗体，丢弃大量的重叠窗体；第 3 阶段，使用更加强大的 CNN，实现候选窗体去留，同时显示 5 个面部关键点定位。3 个阶段的流程如图 6-16 所示。

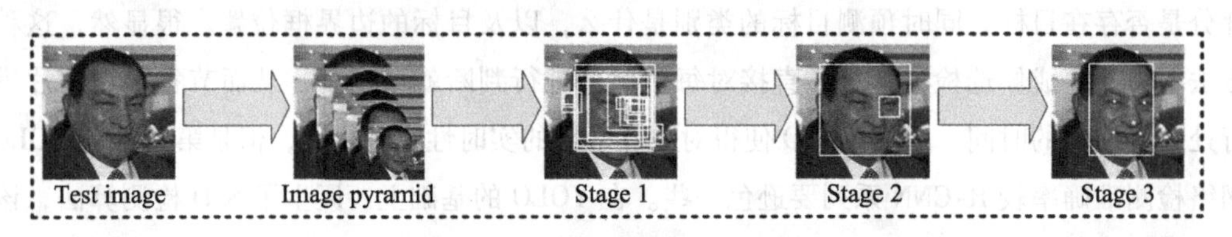

图 6-16　MTCNN 3 个阶段的流程示例

下面更加详细地介绍这 3 个级联的卷积神经网络在各自阶段所做的事情。

1）使用一种称为 P-Net（Proposal Network）的卷积神经网络，获得候选窗体和边界回归向量。同时，候选窗体根据边界框进行校准。然后，利用非极大值抑制算法去除重叠窗体。

2）使用 R-Net（Refine Network）卷积神经网络进行操作，将经过 P－Net 确定的包含候选窗体的图片在 R-Net 网络中训练，最后使用全连接网络进行分类。利用边界框向量微调候选窗体，最后还是利用非极大值抑制算法去除重叠窗体。

3）使用 O-Net（Output Network）卷积神经网络进行操作，该网络比 R－Net 多一层卷积层，功能与 R－Net 作用类似，只是在去除重叠候选窗口的同时标定 5 个人脸关键点的位置。

需要指出的是，MTCNN 网络在经过 3 个卷积阶段进行人脸检测前，先进行了多尺度变换处理，将一幅人脸图片缩放为不同尺寸的图片，这样就构成了图像金字塔。然后这些不同尺寸的图像作为3个阶段的输入数据进行训练，这样可以令MTCNN检测到不同尺寸的人脸。MTCNN三个阶段所做的事情如图6-17所示。

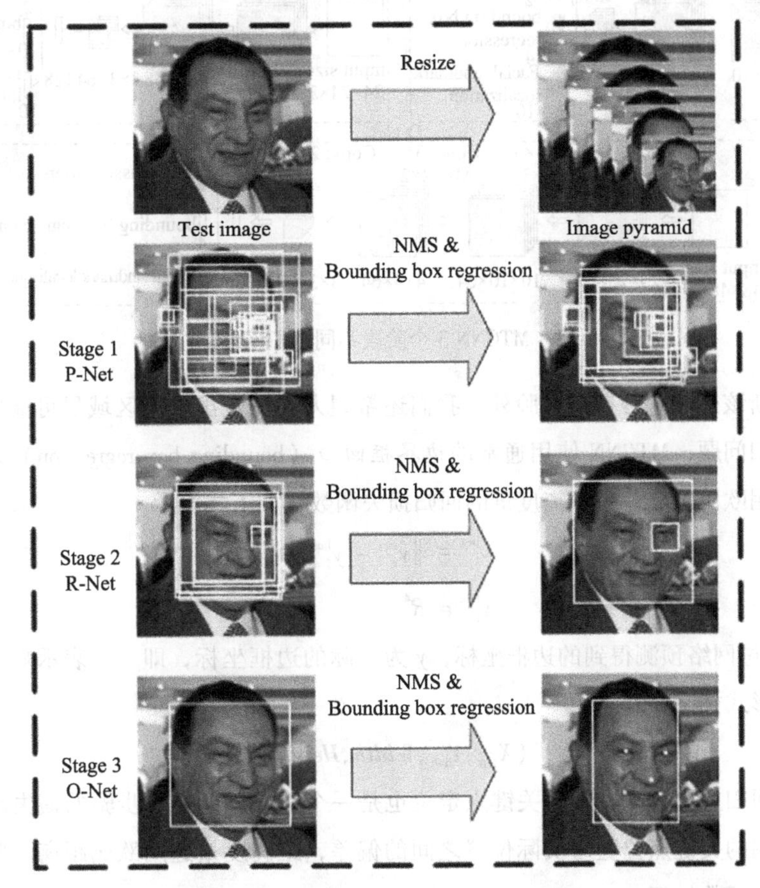

图6-17 MTCNN 3个阶段所做的事情

MTCNN三个阶段所使用的卷积神经网络的网络结构如图6-18所示。

在了解了MTCNN的总体思想后，我们接下来简单介绍一下MTCNN网络的训练原理。

MTCNN特征描述子主要包含3个部分，分别是人脸-非人脸二分类器、边界框回归及人脸特征点。下面分别介绍这3个部分的损失函数。首先要对人脸进行分类，即判断该区域是否包含人脸的二分类器。人脸分类的交叉熵损失函数如下：

$$L_i^{\det} = -\left(y_i^{\det}\log(p_i)\right) + \left(1 - y_i^{\det}\right)\left(1 - \log(p_i)\right)$$

$$\boldsymbol{y}_i^{\det} \in \{0,1\}$$

其中，p_i为人脸出现的概率，$\boldsymbol{y}_i^{\det}$为该区域的真实标签。

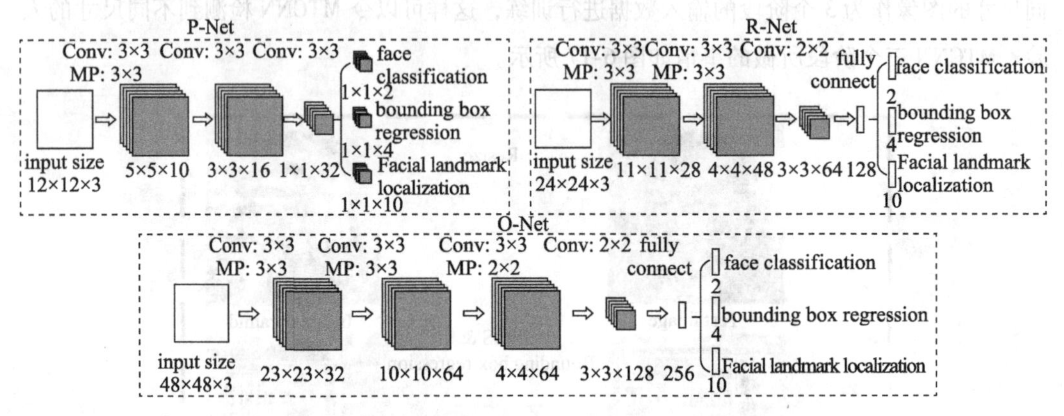

图 6-18　MTCNN 3 个阶段不同卷积网络的结构

除了判断该区域是否存在人脸外，我们还希望人脸圈定出来的区域尽可能准确，这显然是一个回归问题，MTCNN 使用通常的*边界框回归*（bounding box regression）来实现。边界框回归采用欧氏距离作为距离度量的回归损失函数，如下式所示。

$$L_i^{box} = \|\hat{y}_i^{box} - y_i^{box}\|_2^2$$

$$y_i^{box} \in R^4$$

其中，$\hat{y}$为通过网络预测得到的边框坐标，y 为实际的边框坐标，即一个表示矩形区域的四元组，具体形式如下：

$$(X_{left}, Y_{left}, Width, Height)$$

与边界回归过程相同，人脸关键点定位也是一个回归问题，该步骤的损失函数仍然是计算经过预测的关键点位置与实际位置之间的偏差，距离度量选用欧氏距离。关键点定位过程中的损失函数如下：

$$L_i^{landmark} = \|\hat{y}_i^{landmark} - y_i^{landmark}\|_2^2$$

$$y_i^{landmark} \in R^{10}$$

式中，$\hat{y}_i^{landmark}$ 为预测结果，$y_i^{landmark}$ 为实际关键点位置。由于一共需要预测 5 个人脸关键点，每个点两个坐标值，所以 y 是十元组。

在训练过程中，为了取得较好的效果，MTCNN 作者每次只反向传播前 70% 样本的梯度，用以保证传递的都是有效的数据。

虽然 MTCNN 在当时取得了最好的成绩，但是技术的发展是日新月异的，当前在人脸检测权威数据集 WIDER FACE 上，MTCNN 的前列已经有很多了。WIDER FACE 官方网站上给出了一张图示，如图6-19所示。该图示为不同人脸检测算法的P-R曲线结果。P-R曲线即Precision-Recall曲线，与ROC曲线类似，都是衡量二分类器检测性能的一种可视化指标。一个良好的二分类器应该是在recall值较低时尽可能保持precision值为1，如果有某个方法或阈值可以把正负样本完全区分开，那么P-R曲线就会把整个1×1区域圈起来。

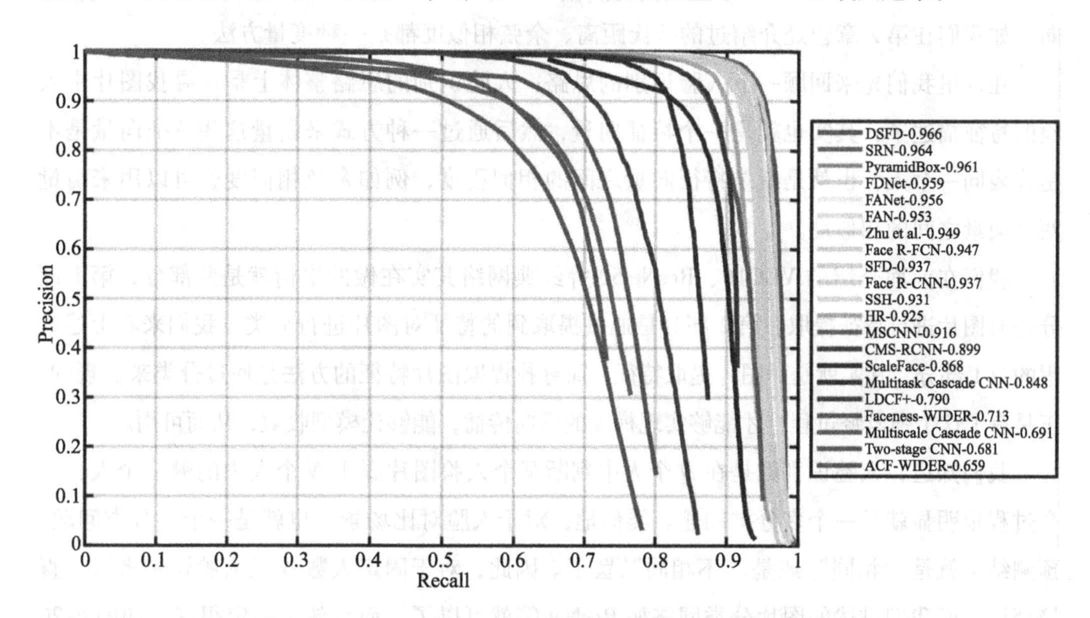

图6-19 WIDER FACE官方给出的人脸检测算法测试结果

6.6 基于深度学习的人脸识别

我们在前面介绍了基于传统方法的人脸识别，其中比较具有代表性的就是特征脸法了。传统人脸识别会有很多弊端，如侧脸、模糊图片、光照、遮挡等都会对人脸识别过程造成影响。在基于深度学习的人脸识别技术没有出现以前，传统的人脸识别方法的性能都是很差的，难以实际应用到对安全系数要求高的场景中，更不要说金融这种场景了。而自从基于深度学习的人脸识别技术一点点演进到如今，人脸识别结果已经可以和人工相比了，有的甚至还优于人工识别的结果。这就使得人脸识别能够应用到对安全系数要求较为严格的场景中，如门禁系统甚至金融场景。同时，由于人脸识别非常方便，对信息采集设备的要求不是很高，可以通过云端进行识别，这样就更推进了人脸识别技术的快速落地，比较典型的应用场景就是新开通的手机卡可以通过人脸识别来激活了。

在这一节中，我们将会根据两种不同的方法论，介绍基于深度学习的人脸识别方法，一种是比较常见的基于度量学习的方法，另外一种是实现更简单的基于边界分类的方法。

6.6.1　基于度量学习的方法

度量学习（Metric Learning）是专门研究如何让一个算法更好地学习到一种度量的方向。如我们在第2章曾经介绍过的欧氏距离、余弦相似度都是一种度量方法。

在这里我们先来回顾一下人脸识别的思路：人脸识别的思路整体上是在寻找图片中人脸的特征描述子，其实也就是一个特征向量，然后通过一种方式来衡量这些特征向量是不是代表同一个人，也就是衡量特征向量之间的相似程度，例如余弦相似度就可以用来衡量两个向量之间的相似性。

我们在前面介绍的VGG16、ResNet50等经典网络其实在做的事情就是两部分，第1部分是对图片进行特征提取，第2部分是通过提取到的特征对图片进行分类。我们来看上述过程的第1部分，其实就是对图片提取特征，而寻找提取图片特征的方法是通过分类来实现的。正是有了这个强监督过程，才能够实现梯度的反向传播，能够让模型收敛，从而可用。

我们知道，人脸识别就是在N个人中判断某个人脸图片属于N个人中的哪一个人，这个过程很明显就是一个多分类问题。类似地，对于人脸对比场景，也就是一个二分类问题，预测结果就是“相同”或是“不相同”罢了。因此，对于固定人数N的人脸识别来讲，直接套用前面我们讲述的图片分类网络如ResNet等就可以了，而且效果肯定很好。如图6-20所示，是对人脸图像进行分类的结果。但是，这种普通的图片分类方式只是限定在指定的人群中挑选结果，那么如果后期这个候选人群发生了变化，这种简单的图片分类就不起作用了，还得需要对模型进行重新训练。

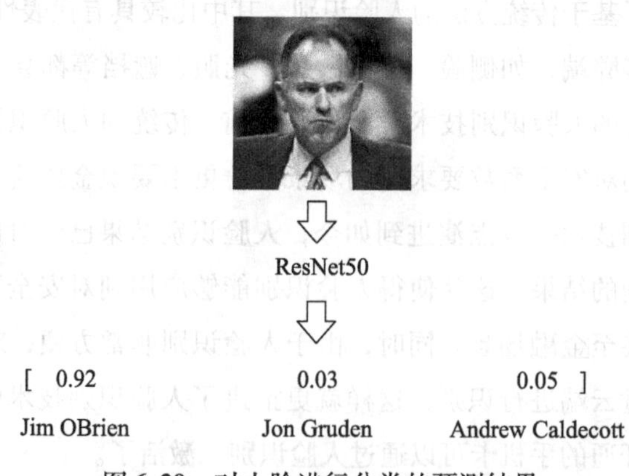

图6-20　对人脸进行分类的预测结果

我们希望能够实现一次训练（One-Shot learning）就可以获得通用的模型，即不论备选人群是什么样的，模型总是能返回给我们一个最像的结果。这时候度量学习就派上用场了。

基于深度学习的人脸识别较早使用度量学习的模型之一是 DeepID2 网络，在该网络中将人脸的特征向量称为 DeepID Vector。DeepID2 在该网络中同时训练“验证”和“分类”，也就是说 DeepID2 有两个监督信号，对应两个损失函数，这样能够同时训练人脸对比和人脸识别。其中，训练“验证”过程的损失函数引入了对比损失（contrastive loss）。该损失函数被用在著名的孪生神经网络（siamese network）中，孪生神经网络是一种用于度量学习的神经网络，由 LeCun 早年在贝尔实验室提出。2005 年的时候，LeCun 用该种结构的网络训练人脸对比模型，取得了不错的效果。该网络的相关论文为参考文献［45］，通过该网络实现人脸对比的详细过程为参考文献［46］。

孪生神经网络是一种度量学习网络，任意一种度量方式都可以表示如下：

$$d(x,y) = |f(x) - f(y)|$$

其中，$f(\cdot)$ 代表一种变换方式，它可以是线性的，也可以是非线性的变换，不过非线性变换往往可以取得更好的拟合效果。孪生神经网络既然是一种度量方式，它的结构也应该实现该函数，孪生神经网络结构示意图如图 6-21 所示。

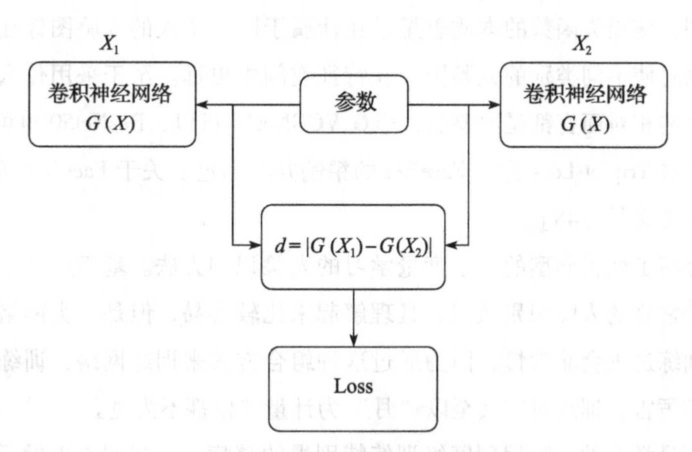

图 6-21　孪生神经网络结构示意图

孪生神经网络的损失函数是对比损失，它可以使属于同一类别的样本在特征空间的距离更近，不同类别的则足够远。既然 DeepID2 采用孪生神经网络这种结构，这就使得网络在训练的时候输入的训练样本不是单张图片，而是一对图片，毕竟这个网络训练的是一个距离。DeepID2 在人脸验证过程中，模型认为属于相同人脸则输出 1，不同人脸则输出 -1。关于该网络是如何进行训练的，以及图片特征提取的过程等详细信息可以阅读参考文献［47］，该论文是 DeepID2 的实现原理论文。

可以说，DeepID2 提供了一种非常好的深度学习人脸识别思路，这类基于度量学习的人脸识别方法将训练一个人脸分类器转换为训练一个人脸相似度的特征度量器，这样就可以实现 One-shot learning，从而获得一种通用的人脸识别模型。

与 DeepID2 类似的基于度量学习的人脸识别方法还有另外一个更为著名的网络，那就是 Google 在 2015 年提出来的 FaceNet 网络。该网络是人脸识别领域一个非常著名且经典的深度学习神经网络，它提出了一种称为 Triplet Loss 的损失函数，用以替代度量学习中的对比损失。同时它摒弃了 DeepID2 中的训练“分类”的部分，这样可以使网络更好地提取人脸特征。实际结果也表明，FaceNet 网络在当时取得了最好的成绩。该网络的本质是思想是解决“如何更好地提取到人脸特征”的问题，假如解决了这个问题，其他的人脸对比、人脸识别、人脸检索等都可以通过提取到的特征向量来处理，完全不必放到网络中去处理。

Triplet Loss 的思想也很简单，输入不再是双份的图片数据，而是 3 张图片（triplet），分别命名为 Anchor Face、Negative Face 及 Positive Face。

Anchor Face 与 Positive Face 为训练数据集中的同一人，Negative Face 则为不同人。读者或许已经联想到，该损失函数的本质思想是在让属于同一个人的人脸图像在特征空间中距离更近，与此同时使不同类别的人脸图像在特征空间中更远。至于采用什么样的卷积结构来提取人脸，这些相对而言都是次要的，毕竟 VGGNet16 可以，ResNet50 也可以，设计可以比较灵活，因此将 Triplet Loss 称为 FaceNet 的精髓并不为过。关于 FaceNet 涉及的更多数学原理可以阅读参考文献［48］。

我们上面介绍了两种典型的基于度量学习的人脸识别方法。基于度量学习的人脸识别方法能够获得非常好的人脸识别效果，且理解起来比较容易，但是该类网络也有比较大的缺点，那就是训练过程会非常慢，因为通过这种组合方式来训练网络，训练的样本数据量就会膨胀得非常厉害，训练时间甚至以“月”为计量单位都不为过。

针对基于度量学习的人脸识别网络训练特别慢的弊病，一些网络也做了改进，例如在训练时先通过 Softmax 损失函数训练人脸分类，使模型在强监督下快速收敛，然后再用 Triplet Loss 损失函数在训练后的人脸分类模型基础上做训练，这样就可以加快网络的训练速度。

6.6.2 基于边界分类的方法

与度量学习不同，基于边界分类的方法仍然是把人脸识别模型当作分类任务来训练的。我们曾反复提过，图像分类的过程就是先通过多层卷积神经网络提取图片的特征，然后通过这些提取到的特征对图片进行分类。那么，我们完全可以把临近输出层的全连接层的输出结果作为该图片的特征向量来使用，甚至直接将Softmax层输出的、由各个类别的概率值组成的向量当作特征也不是不可以的。这样，直接衡量卷积神经网络提取到的特征向量间的相似度，就可以完成人脸识别、人脸对比、人脸检索等几乎任何事情了。其实FaceNet也是如此。也就是说，把网络当作分类任务来训练只是一种手段，目的是要将网络训练为一个图片特征提取器。使用训练好的网络提取人脸特征，然后通过对比特征相似度来衡量人脸之间的相似度，这个过程如图6-22所示。

图6-22 对比两张图片之间的相似程度

但是，通过常规的Softmax层对人脸识别模型做强监督训练，最后输出的效果与基于度量学习的方法训练后的模型相比效果要差一些。说得直白一点，就是直接依赖Softmax层训练图片分类模型有些“不太专业”，直接将一种方法作为“银弹”拿来就用，是不太符合软件工程的设计理念的。

使用诸如Triplet Loss等损失函数比使用Softmax层做图片分类效果好的原因是，这类度量学习的损失函数能够对模型提取到的特征施加更加直观的限制，直接表明提取到的图像特征是为了判断人脸相似度的。而Softmax层用作分类，这些提取到的图像特征是为分类而服务的，这会使提取到的图像特征边界比较“模糊”。那么基于边界分类的方法就是在寻找一种优化Softmax层中的Softmax函数的激活函数、约束特征之间的边界，使网络最终提取到的特征更具有判别力。

比较经典的采取优化 Softmax 函数的网络便是 SphereFace，该网络的实现论文为参考文献［50］。在具体介绍 SphereFace 方法前，我们先引出该论文对度量学习与直接图片分类的关系总结，如图 6-23 所示。

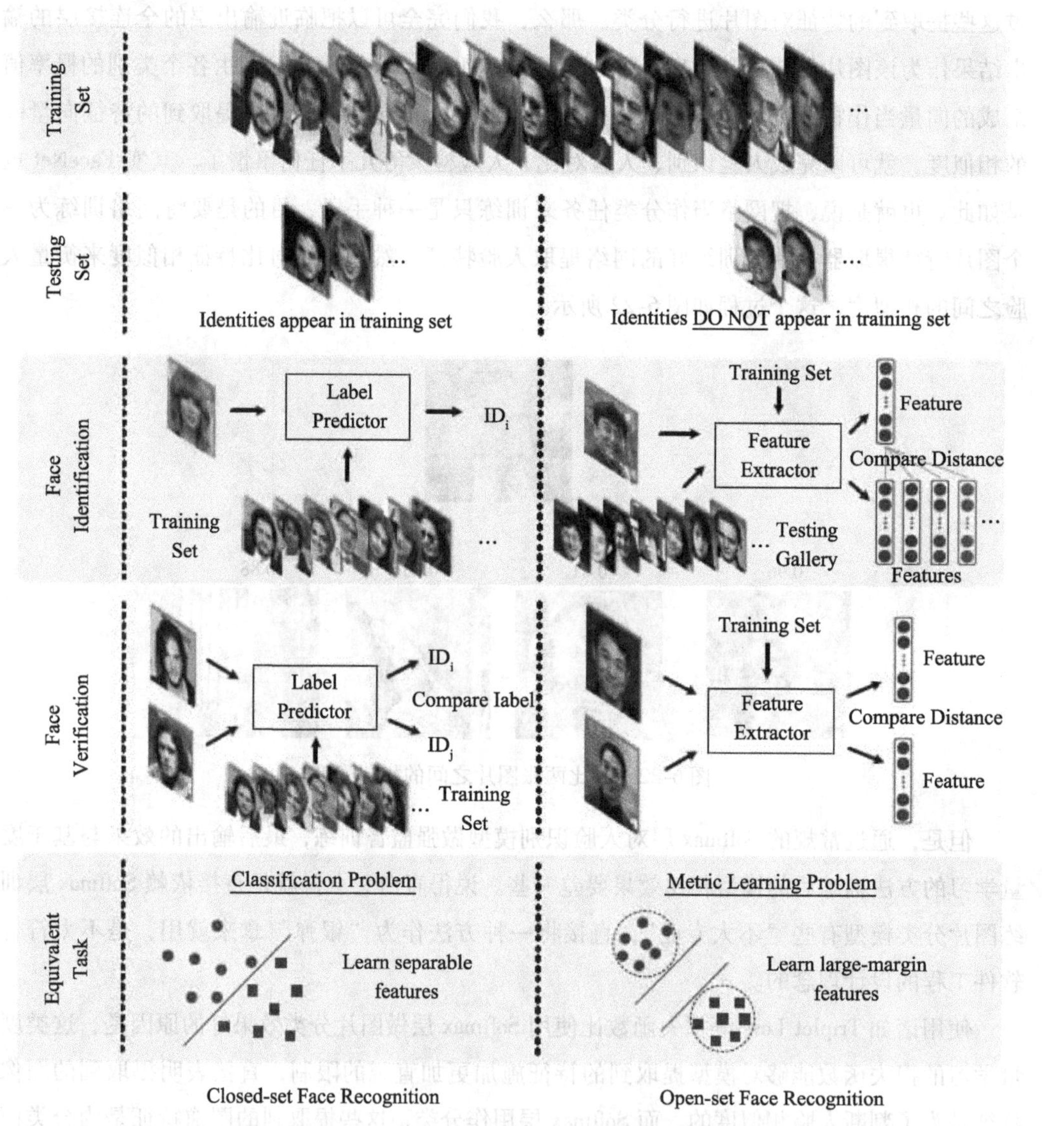

图 6-23　SphereFace 论文中对两类人脸识别方法的对比

如图 6-23 所示，左侧表示基于图像分类方法来训练人脸识别模型，一般在该类方法中，测试集中的人脸在训练集中也同样出现过，训练任务是一个分类问题，学习到的是人脸的可分特征。而右侧所示的是基于度量学习的人脸识别方法，测试集中出现的人脸最好在训练集中没有出现过，这样可以使模型专注于学习最大边界的人脸特征。这两类方法学习到的人脸特征分布如图6-23中最下面所示。通过观察该特征分布，我们发现基于图像分类方法学习到的同一个人脸的特征距离并不近，这就导致直接衡量提取到的两个特征之间的距离，效果不及基于度量学习一类。那么，也就引出来了SphereFace的改进思想，也就是希望网络学习到的是最大边界的人脸特征，而不只是学习到可分的人脸特征。

在明确我们希望做什么之后，就需要改动Softmax激活函数，进而间接地修改交叉熵损失函数。我们首先回顾一下以Softmax作为输出层激活函数的交叉熵损失函数，即Softmax Loss，它可以表示如下：

$$L=\frac{1}{N}\sum_i L_i=\frac{1}{N}\sum_i -\log(S_i)=\frac{1}{N}\sum_i -\log\left(\frac{e^{V_i}}{\sum_j e^{V_j}}\right)$$

式中S_i表示第i个类别的Softmax激活函数输出的概率值。在卷积神经网络中，V_i一般表示全连接层的计算输出，那么可以表示如下：

$$V_i=\boldsymbol{w}_{y_i}^{\mathrm{T}}x_i+b_{y_i}$$

式中x_i表示输入特征，y_i表示它的真实标签。

这类基于决策边界的人脸识别方法改进了上面那个Softmax Loss函数。SphereFace对Softmax Loss进行改进，改进后的Softmax Loss函数称为A-Softmax Loss。该式的形式如下：

$$L_{\text{A-Softmax}}=\frac{1}{N}\sum_i -\log\left(\frac{e^{\|\boldsymbol{x}_i\|\varphi(\theta_{y_i},i)}}{e^{\|\boldsymbol{x}_i\|\varphi(\theta_{y_i},i)}+\sum_{j\neq y_i}e^{\|\boldsymbol{x}_i\|\cos(\theta_j,i)}}\right)$$

其中$\varphi(\theta_{y_i},\ i)$最简单的一种形式是$\cos(m\theta_{y_i})$，$m$是一个超参数，表示边界（margin）系数。那么为了保证余弦函数的单调性，自变量的定义域为$\theta_{y_i}\in\left[0,\ \frac{\pi}{m}\right]$。超参数$m$控制了损失函数的惩罚力度，$m$越大则惩罚力度越大。

A-Softmax Loss看起来比较复杂，其实主要是对原始的Softmax函数中的V_i进行了改进，将其由

$$V_i=\boldsymbol{w}_{y_i}^{\mathrm{T}}x_i+b_{y_i}$$

修改为如下形式：

$$V_i=\|x_i\|\cos(m\theta_{y_i})$$

之所以引入了余弦函数，是因为通过Softmax训练后的模型，其不同类别的特征在空间

中的分布具有角度性质。参考文献［50］是 SphereFace 的实现论文，该论文作者做了一个很有趣的实验，通过卷积神经网络提取图片特征，卷积神经网络的最后是一个只有两个维度的全连接层，说白了就是将图片降维到二维，然后对这二维特征空间中的样本进行可视化（之所以映射到二维特征空间，是因为超过三维人就已经无法想象了，而二维更便于观察）。采用原始的 Softmax 函数训练后的样本在特征空间中的分布情况如图 6-24 所示。

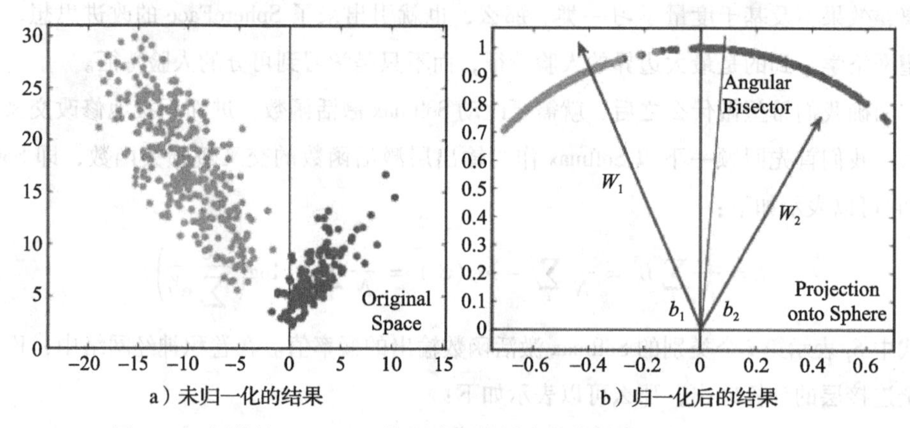

图 6-24　原始的 Softmax 函数训练后的样本在特征空间中的分布情况

在图 6-24 中，将权重向量 $\boldsymbol{w}$ 的长度归一化后，很容易观察到样本在特征空间中的分布具有角度关系，同时也说明采用余弦距离衡量样本点在特征空间的距离更合适。但是，我们也容易发现一个问题，就是训练得到的同类别的样本特征在空间中分布并不“紧凑”，我们希望其分布得更“紧凑”，也就是所谓的**最大化类间距离，最小化类内距离**。此时，A-Softmax Loss 函数的优势就更容易发现了，类似的特征分布情况如图 6-25 所示。

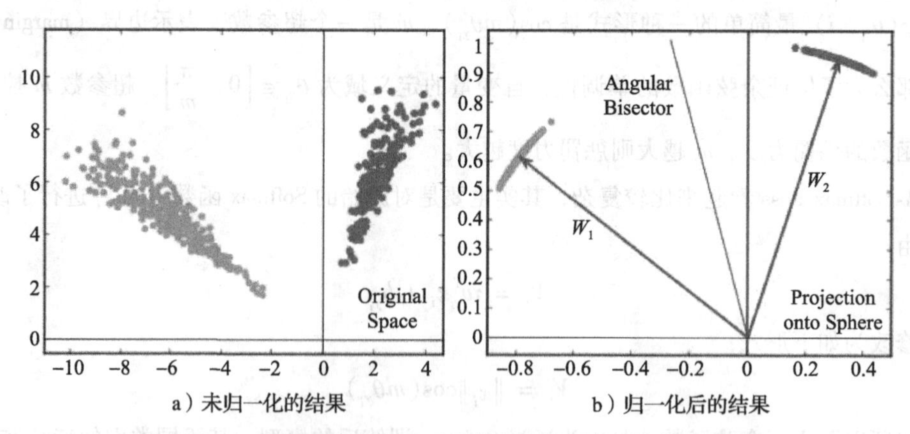

图 6-25　A-Softmax 函数训练后的样本在特征空间中的分布情况

在图6-25中，我们能明显地观察到类间距离变远了，类内距离更近了。这得益于A-Softmax Loss函数对原始Softmax Loss函数的改进，其中 $V_i = \|x_i\|\cos(m\theta_{y_i})$ 中的角度 θ 表示权重向量 $\boldsymbol{w}$ 与特征向量 $\boldsymbol{x}$ 之间的角度。通过这样的改进，新的决策边界就仅取决于角度 θ，那么A-Softmax Loss就可以只朝着向优化角度的方向学习了。学习的目标是缩小样本特征与类中心的角度 θ，也就是增大这个余弦函数值（因为在该定义域上，此函数是单调递减函数），那么损失函数值就越大，惩罚力度越大。SphereFace网络的训练和测试方法如图6-26所示。

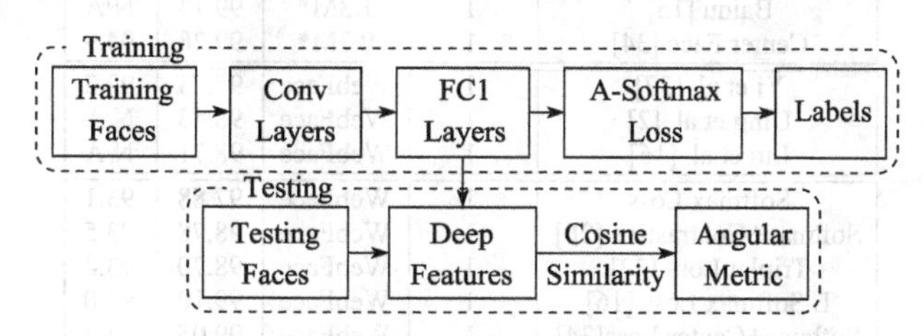

图6-26　SphereFace网络的训练和测试方法

通过图6-26可以看出，SphereFace网络是通过改进了原有的Softmax Loss函数，替换为A-Softmax Loss函数用作图片的分类。对训练好的模型做测试的方式是：将全连接层FC1的输出作为人脸的特征，对比同类别人脸的相似度（主要是余弦相似度）是否在一定阈值以内，进而可以衡量到人脸对比或识别的准确率。当然，测试集与训练集中的人最好不要一样，这样可以更客观地衡量模型的性能。

关于该改进方法的细节，此处不展开讨论，建议感兴趣的读者阅读参考文献［50］，在该论文中作者详细阐述了这样改进的原理和依据。

其实从实验结果上来看，SphereFace的效果已经很优秀了，在参考文献［50］中对该网络进行了实验，论文得出的实验结果如图6-27所示。从图中可以看出，SphereFace的人脸识别准确率已经非常优秀了，其中在IFW人脸数据集上的识别准确率在99%以上，在YouTube Face(YTF）人脸数据集上的测试结果为95%，也已经超过了绝大多数的人脸识别模型。

但是，这个A-Softmax Loss函数还是有一些地方可以进一步改进的，其中在 $V_i = \|x_i\|\cos(m\theta_{y_i})$ 表达式中我们能看到，模型优化的方向并不全都是优化角度，也包含了优化特征的长度，其实这是没有什么必要的，完全可以在训练的时候就对特征向量做归一化处理。那么，在SphereFace的基础上，又诞生了一些对原始Softmax函数做优化的方法，其中比较有典型意义的是Additive Margin Softmax，其缩写为AM-Softmax。AM-Softmax Loss函数的数学表达式如下：

$$L_{\text{AM-Softmax}} = \frac{1}{N}\sum_{i} -\log\left(\frac{e^{s\cdot(\cos_{\theta_{y_i}}-m)}}{e^{s\cdot(\cos_{\theta_{y_i}}-m)} + \sum_{j\neq y_i} e^{s\cdot\cos_{\theta_j}}}\right)$$

Method	Models	Data	LFW	YTF
DeepFace [30]	3	4M*	97.35	91.4
FaceNet [22]	1	200M*	99.65	95.1
Deep FR [20]	1	2.6M	98.95	97.3
DeepID2+ [27]	1	300K*	98.70	N/A
DeepID2+ [27]	25	300K*	99.47	93.2
Baidu [15]	1	1.3M*	99.13	N/A
Center Face [34]	1	0.7M*	99.28	94.9
Yi et al. [37]	1	WebFace	97.73	92.2
Ding et al. [2]	1	WebFace	98.43	N/A
Liu et al. [16]	1	WebFace	98.71	N/A
Softmax Loss	1	WebFace	97.88	93.1
Softmax+Contrastive [26]	1	WebFace	98.78	93.5
Triplet Loss [22]	1	WebFace	98.70	93.4
L-Softmax Loss [16]	1	WebFace	99.10	94.0
Softmax+Center Loss[34]	1	WebFace	99.05	94.4
SphereFace	1	WebFace	99.42	95.0

图 6-27　SphereFace 论文得到的模型实验结果

与 A-Softmax Loss 类似，上式同样是论文中给出的一种最简单的形式，$\cos\theta$ 表示特征向量 $\boldsymbol{x}$ 与权重向量 $\boldsymbol{w}$ 之间角度的余弦值，其计算公式如下：

$$\cos\theta = \frac{\boldsymbol{w}^{\mathrm{T}}\cdot\boldsymbol{x}}{\|\boldsymbol{w}^{\mathrm{T}}\|\cdot\|\boldsymbol{x}\|}$$

其中，s 与 m 为超参数。没有超参数 s 将导致模型不易收敛，参考文献［51］将 s 设置为30。超参数 m 则控制了惩罚的力度，m 越大则惩罚力度越强，参考文献［51］将其设置为0.35。

我们已经知道，使用 A-Softmax Loss 的 SphereFace 网络的实际效果就已经很强了，具有类似识别准确率的一些商用模型早已用在金融等高标准领域了，从工程应用角度上来看已是绰绰有余的。而基于 AM-Softmax Loss 函数的方法实际测试效果要比 A-Softmax Loss 还要好一些，如图 6-28 所示为参考文献［51］中作者使用不同的损失函数得出的 ROC 曲线。为了控制变量进行对比，所采用的卷积神经网络均为 ResNet20（论文中的表述）。

与基于度量学习的人脸识别网络相比，基于决策边界的人脸识别网络更便于工程实现，同时模型的训练速度也更快，而且实际效果也不错。但是，基于决策边界的人脸识别网络也并不是一点缺点都没有，该网络强调了最大化类间距离，最小化类内距离的思想，这往往是通过超参数 m 来调节的。虽然超参数 m 设置得越大，对负类的惩罚力度越大，决策边界也越大，可能使训练后的模型效果更好，但是这却会影响模型的泛化能力，最终模型的效果甚至可能反而会下降。因此，论文中给出了该超参数设置的建议值，感兴趣的读者也可以自己来调节该超参数，但是一定不要忽视惩罚力度对模型泛化能力的影响。

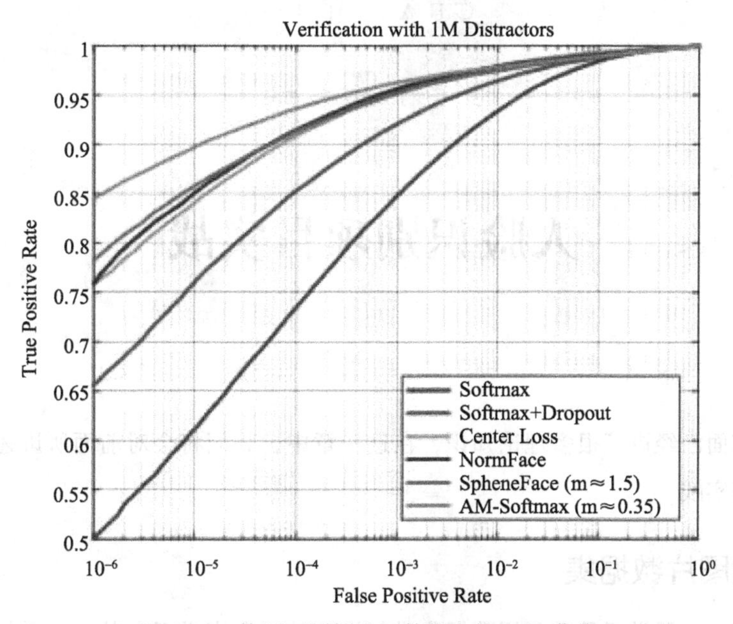

图 6-28 使用不同损失函数得出的 ROC 曲线

6.7 本章小结

本章中我们介绍了常用的人脸识别算法，其中包括已经经典到“淘汰”的特征脸算法，以及与该算法类似的 FisherFace 算法。这些“古老”的算法在 OpenCV 中早就已经被实现，但是由于识别准确率太低而难以获得良好的工程应用。

后来，随着技术的革新，深度学习已经取代传统人脸识别算法。由于深度学习算法具有非常高的识别精度，因此可以获得良好的工程实践效果，也是当前主流的人脸识别方法。本章中我们介绍了深度学习进行人脸识别的经典网络，例如以 Triplet Loss 为核心的 FaceNet 网络，以及 DeepID 系列网络，这些网络在大规模的人脸图片数据集上都取得了良好的效果，是比较经典的人脸识别网络。但是这类网络训练时间比较长，因此人们提出了诸如 SphereFace 这类网络，既能够保障识别准确率，又能够提高训练速度。这些网络都非常经典，非常值得我们阅读论文原文，以便加强对这些网络的理解。

CHAPTER7

第7章

人脸识别项目实战

我们在前面已经讲了很多理论知识，在这一章中，我们将会对前面所讲述的理论知识做一下简单的实践。

7.1 人脸图片数据集

我们知道，机器学习是需要用数据集进行训练的，深度学习尤甚。高质量的训练数据集对模型的性能影响很大，深度学习更是需要大数据进行训练，以便提高模型的泛化能力，同时减少过拟合现象的发生。由于训练模型对数据集的依赖程度很高，很多资源充足的公司、实验室往往通过人员手工标注数据，来获得高质量的数据集，进而用于训练更高质量的模型。但是，对于很多小公司和学校实验室来说，并没有充足的资源和足够的能力雇佣人员标注数据，因此，往往选择业内开源的高质量数据集。在这里，我们将介绍几种常用的人脸识别相关的开源数据集。大家可以下载这些开源数据集，用来对模型进行训练。

7.1.1 Olivetti Faces 人脸数据集

首先我们要介绍的是一种非常小的数据集，名为 Olivetti Faces 人脸数据集。Olivetti Faces 是纽约大学提供的一个非常小的人脸数据集，它由 40 个人组成，共计 400 张人脸图片。每人的人脸图片为 10 张，且图片为经过裁剪和对齐的灰度人脸图片，标准图片大小为 64×64。每个人的人脸图片包含了正脸、侧脸及不同的表情。在早期的人脸识别论文中，该人脸数据集曝光率还是很高的，后来由于数据集中的样本太少了，在深度学习时代已经基本没有人用了。该数据集如图 7-1 所示。

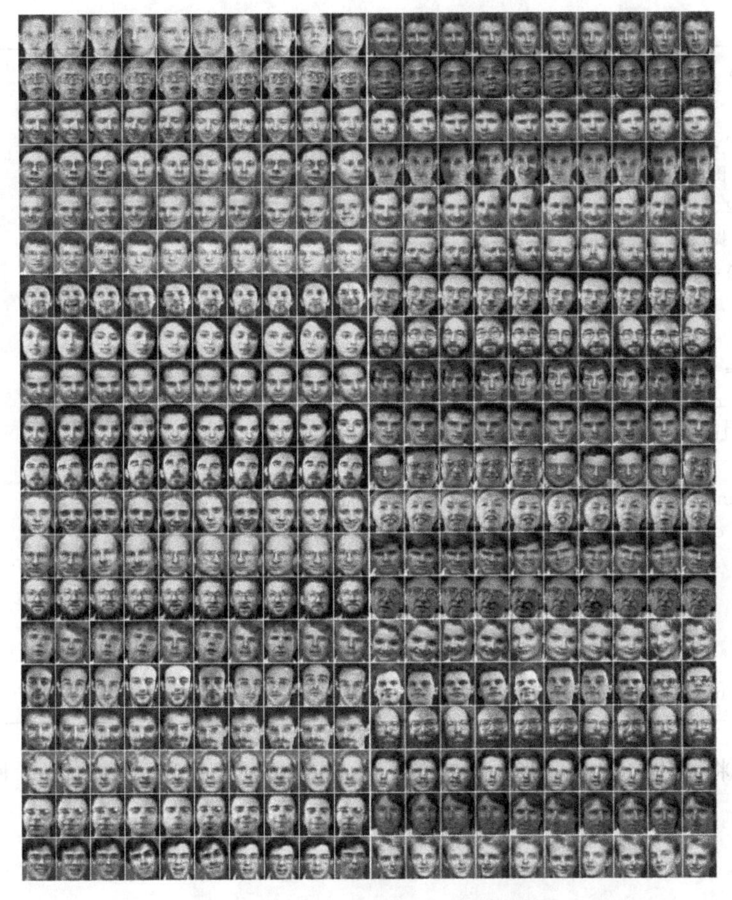

图 7-1 Olivetti Faces 人脸数据集

Olivetti Face 人脸数据集非常简单，整个数据集就是一张大的人脸图片，其下载网址如下：

https://cs.nyu.edu/~roweis/data/olivettifaces.gif

在使用这类人脸数据集时，只需要按照整张大图的大小，对每个人脸图片进行切分即可。通过上述网址下载到的人脸数据集（图片形式），该图片中的人脸图像区域并不是官方所说的 64×64 标准大小，我们实际对图 7-1 进行切分时，要根据图 7-1 的实际宽度和高度除以图片中每一行、列中的人脸数量来获得。举例说明：

通过上述网址下载到的 Olivetti Face 人脸数据集大图的尺寸是 942×1140，每一行包含人脸 20 个，每一列包含人脸 20 个，那么每一个人脸区域大小为 47×57，可以用 Python 脚本对图片进行切分。示例代码如代码清单 7-1 所示。

代码清单 7-1 图片切分演示

```
import cv2

data = cv2.imread("olivettifaces.jpg")
#转换为灰度图像
data = cv2.cvtColor(data, cv2.COLOR_BGR2GRAY)
#将人脸图片提取为 {label:list} 形式
faces = {}
label = 0
count = 1
pic_list = []
for row in range(20):
    for column in range(20):

pic_list.append(data[row*57:(row+1)*57,column*47:(column+1)*47])
        if count % 10 == 0 and count ! = 0:
            faces[label] = pic_list
            label + = 1
            #初始化一个新的列表
            pic_list = []
        count + = 1
```

类似这种将图片包含在一张大图中的人脸数据集还有一些，例如 Frey Face 或 UMist Faces 数据集，这两个数据集可以在以下网址下载到：

https://cs.nyu.edu/~roweis/data.html

7.1.2 LFW 人脸数据集

LFW 人脸数据集由马萨诸塞大学提供，是从互联网上采集的、无约束的、处于自然场景中的人脸图片数据集。该数据集由 13000 多张全球知名人士在自然场景中的人脸图片组成，共有 5000 多人。其中有 1680 人有 2 张或 2 张以上人脸图片，每张人脸图片都有其唯一的姓名 ID 和序号。

LFW 人脸数据集在学术界非常著名，经常出现在各种人脸识别相关的深度学习论文中。这个数据集被广泛应用于评价人脸对比算法的性能。我们在前面介绍过的许多论文，在对算法进行评估时，往往也都将模型在该数据集上的效果作为性能评估的指标之一。

该人脸数据集的下载网址如下：

http://vis-www.cs.umass.edu/lfw/#download

7.1.3 YouTube Faces 人脸数据集

YouTube Video Faces 数据集简称 YTF 数据集，大家在某些比较新的论文中看到的 Result on YTF 指的就是在该数据集上的测试效果，该数据集一般是用来做人脸对比的。在该数据集下，模型需要判断两段视频中是不是同一个人，该过程如图 7-2 所示。该数据集之所以被广泛用在模型的评估上，主要是因为有不少在静态的照片上很有效的方法，在视频上就未必效果一样好。

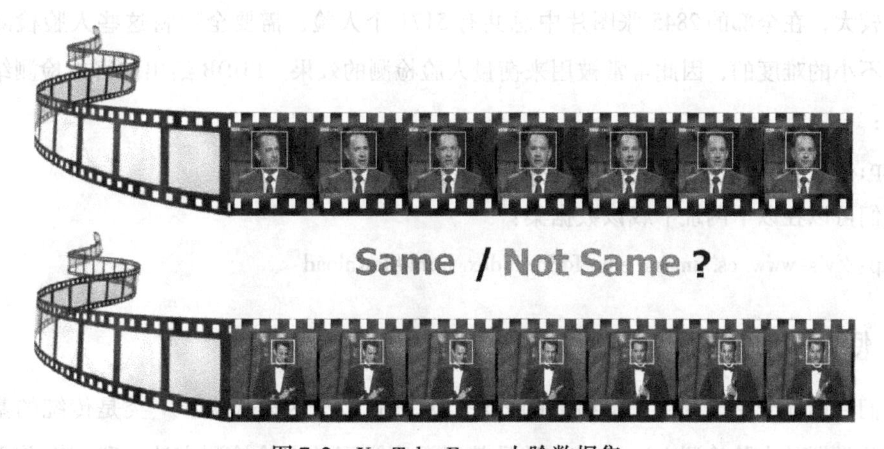

图 7-2 YouTube Faces 人脸数据集

该数据集包含 1595 个不同的人，来自于 3425 个在 YouTube 上下载的视频。该数据集的下载网址如下：

http://www.cs.tau.ac.il/~wolf/ytfaces/index.html

7.1.4 IMDB WIKI 人脸数据集

IMDB WIKI 人脸数据集是由 IMDB 数据集和 Wikipedia 数据集组成的，其中 IMDB 人脸数据集包含了 460 723 张人脸图片，而 Wikipedia 人脸数据集包含了 62 328 张人脸图片，二者总共包含 523 051 张人脸图片。

IMDB WIKI 人脸数据集中的每张图片都被标注了人的年龄与性别。因此，许多根据人脸预测性别与年龄的模型都采用该数据集进行训练和预测。该数据集在人脸年龄识别和性别识别的研究中具有重要意义。

该数据集的下载网址为：

https://data.vision.ee.ethz.ch/cvl/rrothe/imdb-wiki/

值得一提的是，该数据集的数据量是非常大的，远比 LFW 这类数据集要大很多。该数据集不仅包含了人脸的性别和年龄信息，还包含了其他一些有用的信息，例如人名、人脸区域等。对于实际项目来说，该人脸数据集还是非常有价值的。

7.1.5 FDDB 人脸数据集

FDDB 是仍然是马萨诸塞大学提供的数据集，该数据集通常被用来做人脸检测。这个数据集比较大，在全部的 2845 张图片中总共有 5171 个人脸，需要全部将这些人脸检测出来还是有不小的难度的，因此常常被用来衡量人脸检测的效果。FDDB 给出的官方检测结果排名如下：

http://vis-www.cs.umass.edu/fddb/results.html

我们可以在以下网址下载该数据集：

http://vis-www.cs.umass.edu/fddb/index.html#download

7.2 使用 OpenCV 的人脸检测

我们在前面介绍了几种人脸检测的方法，总体可以分为两大类。一类是传统的基于统计学习分类器的人脸检测方法，另一类是基于深度学习的人脸检测方法。我们在前面也介绍过 OpenCV 这款计算机视觉中著名的库，该库自带了人脸检测器。接下来，我们一起了解一下使用 OpenCV 进行人脸检测的方法。

7.2.1 Haar 级联分类器

使用 OpenCV 进行人脸检测前，需要先下载两个训练好的 xml 文件，可以在 OpenCV 项目的 Github 中下载，下载网址如下：

https://github.com/opencv/opencv/tree/master/data/haarcascades

将下载后的文件放到与运行脚本同一个目录下即可，如果不是同一个目录也可以指定相对路径或绝对路径。如果这两个 xml 文件没有正确引入，OpenCV 不会立即报错，但是在进行人脸检测时会报类似以下错误：

```
error:(-215) ! empty() in function cv::CascadeClassifier::detectMultiScale
```

在获得 OpenCV 预训练好的模型之后，我们就可以根据这个模型来进行人脸检测了。

代码清单7-2展示了OpenCV官方为我们提供的人脸检测示例。

代码清单7-2　使用OpenCV进行人脸检测

```
import cv2
# 创建人脸检测级联分类器对象实例
face_cascade = cv2.CascadeClassifier('haarcascade_frontalface_default.xml')
# 或采用 lbp 特征进行检测
# face_cascade = cv2.CascadeClassifier('lbpcascade_frontalface.xml')
# 创建人眼检测级联分类器实例
eye_cascade = cv2.CascadeClassifier('haarcascade_eye.xml')
# 载入图片
img = cv2.imread('lena.jpg')
# 图片颜色意义不大,灰度化处理即可
gray = cv2.cvtColor(img, cv2.COLOR_BGR2GRAY)
# 调用级联分类器进行多尺度检测
faces = face_cascade.detectMultiScale(gray, 1.3, 5)
# 遍历检测到的结果
for (x,y,w,h) in faces:
    # 绘制矩形框,颜色值的顺序为 BGR,即矩形框的颜色为蓝色
    cv2.rectangle(img,(x,y),(x+w,y+h),(255,0,0),2)
    # roi 即 region of interest,意思是感兴趣的区域
    roi_gray = gray[y:y+h, x:x+w]
    roi_color = img[y:y+h, x:x+w]
    # 在检测到的人脸区域内检测眼睛
    eyes = eye_cascade.detectMultiScale(roi_gray)
    for (ex,ey,ew,eh) in eyes:
        cv2.rectangle(roi_color,(ex,ey),(ex+ew,ey+eh),(0,255,0),2)
# 写出图片
cv2.imwrite('detected_face.jpg',img)
```

运行上述代码后，得到人脸检测的结果如图7-3所示。其中图7-3a表示原始图片，图7-3b表示标记到被检测区域后的写出图片文件。

a）

b）

图7-3　使用OpenCV的Haar级联分类器的人脸检测效果

我们可以看到，图7-3并没有检测到眼睛的位置，理想的检测效果应该是如图7-4所示的样子。

除了可以使用Haar特征来检测人脸以外，OpenCV还训练了基于LBP特征的人脸检测。通过对比这两个OpenCV自带的预训练人脸检测器的检测效果，发现这里基于LBP特征的检测器的检测效果比基于Haar检测器的效果要差一些，读者可以自行实践一下。

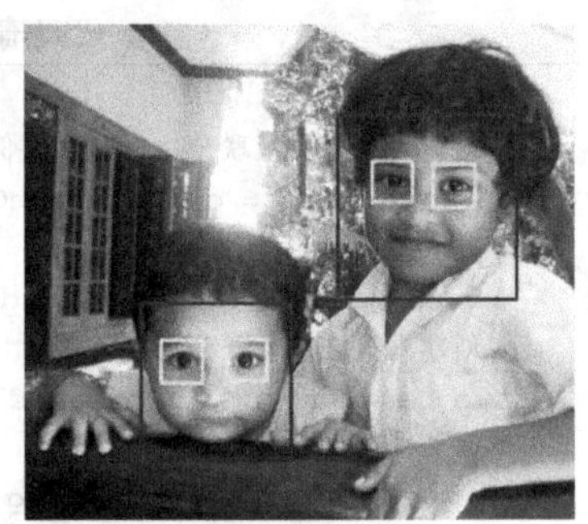

图7-4　使用OpenCV的Haar级联分类器的人脸检测理想效果

7.2.2　OpenCV的SSD人脸检测器

我们在前面介绍过SSD算法，这是一种基于深度学习的目标检测方法，当然也可以应用在人脸检测上。OpenCV在3.3版本后开始引入基于深度学习的人脸检测器，目前实现的方式是在SSD算法的基础上实现的。OpenCV实现的SSD人脸检测器的骨干网络是ResNet-10，当前它提供了两个训练好的模型，一种是基于深度学习框架Caffe训练的模型，另一种是基于Tensorflow训练的模型。

虽然OpenCV项目中包含了神经网络的结构，但是并不带有训练好的模型。读者可以从OpenCV项目中获取这两个训练好的模型，下载网址如下：

https://github.com/opencv/opencv/blob/master/samples/dnn/face_detector/weights.meta4

模型的配置文件可以从项目中的以下网址获得：

https://github.com/opencv/opencv/blob/master/samples/dnn/face_detector

下面介绍一下如何使用OpenCV自带的深度学习模块实现人脸检测。如果选择使用Caffe框架训练好的模型，则通过下面的方式导入训练后的模型文件：

```
model_file = "res10_300x300_ssd_iter_140000_fp16.caffemodel"
config_file = "deploy.prototxt" # 上文已给出下载地址
net = cv2.dnn.readNetFromCaffe(config_file, model_file)
```

如果选择使用Tensorflow框架训练好的模型，则通过下面的方式进行导入：

```
model_file = "opencv_face_detector_uint8.pb"
config_file = "opencv_face_detector.pbtxt"
net = cv2.dnn.readNetFromTensorflow(model_file, config_file)
```

使用导入后的深度学习模型对人脸进行检测，核心代码部分如下：

```
blob = cv2.dnn.blobFromImage(img, 1.0, (300, 300),
                             [104, 117, 123], False, False)

net.setInput(blob)
detections = net.forward()

for i in range(detections.shape[2]):
    detection_score = detections[0, 0, i, 2]
    if detection_score > threshold:
        x1 = int(detections[0, 0, i, 3] * frameWidth)
        y1 = int(detections[0, 0, i, 4] * frameHeight)
        x2 = int(detections[0, 0, i, 5] * frameWidth)
        y2 = int(detections[0, 0, i, 6] * frameHeight)
```

我们以 Caffe 训练后的模型文件为例，可以得到完整的人脸检测代码，如代码清单 7-3 所示。

代码清单 7-3　使用 OpenCV 自带的深度学习功能进行人脸检测

```
import cv2
#设置参数,同时载入模型
model_file = "res10_300x300_ssd_iter_140000_fp16.caffemodel"
config_file = "deploy.prototxt"
net        = cv2.dnn.readNetFromCaffe(config_file, model_file)
threshold = 0.9

#加载图片
img = cv2.imread('lena.jpg')
print(img.shape)
#(121, 121, 3)
frameHeight = img.shape[0]
frameWidth = img.shape[1]

#进行必要的预处理工作
blob = cv2.dnn.blobFromImage(img, 1.0, (300, 300),
                             [104, 117, 123], False, False)
#设置网络输入
net.setInput(blob)
detections = net.forward()

for i in range(detections.shape[2]):
    detection_score = detections[0, 0, i, 2]
    #与阈值做对比,同一个人脸该过程会进行多次
    if detection_score > threshold:
        x1 = int(detections[0, 0, i, 3] * frameWidth)
        y1 = int(detections[0, 0, i, 4] * frameHeight)
        x2 = int(detections[0, 0, i, 5] * frameWidth)
```

```
        y2 = int(detections[0, 0, i, 6] * frameHeight)
        #绘制矩形
        cv2.rectangle(img, (x1,y1), (x2,y2), (255,0,0),2)

#保存输出
cv2.imwrite('found_face.jpg', img)
# True
```

使用模型对人脸图片进行检测，被检测的人脸图片如图 7-5a 所示，加高斯噪声的人脸图片如图 7-5b 所示，检测到的人脸如图 7-5c 所示。

a）

b）

c）

图 7-5　使用 OpenCV 自带的 SSD 模型进行人脸检测的结果

经过测试发现，该模型对侧脸和有一定遮挡的人脸检测效果都很好。但是测试过程中如图 7-5b 所示的、添加较多高斯噪声的人脸图片无法检测到人脸，读者可以自行对比验证。

7.3　使用 Dlib 的人脸检测

Dlib 自带了基于 Hog 特征的人脸检测器，同时在较新版本的 Dlib 中，也自带了基于最大边界对象检测器（Maximum-Margin Object Detector，MMOD）的人脸检测方法。这种基于最大边界对象检测器的方法也是基于深度学习实现的，该检测器的实现论文为参考文献[52]，该论文的作者就是 Dlib 的作者。

7.3.1　基于 Hog-SVM 的人脸检测

下面示范一下使用 Dlib 自带的 Hog-SVM 人脸检测器的使用方法。

代码清单 7-4 使用 Dlib 自带的 Hog-SVM 进行人脸检测

```
import dlib
import cv2

img = cv2.imread('lena.jpg')

# 加载检测模型
hog_face_detector = dlib.get_frontal_face_detector()
faceRects = hog_face_detector(img, 0)
for faceRect in faceRects:
    x1 = faceRect.left()
    y1 = faceRect.top()
    x2 = faceRect.right()
    y2 = faceRect.bottom()
```

上述代码需要下载 Dlib 训练好的检测模型，下载地址为 Dlib 的官方网站：

http://dlib.net/files/data/dlib_face_detector_training_data.tar.gz

该检测模型的好处是在 CPU 上也能获得很快的检测速度，能够检测到正面和略微非正面的人脸，同时也能抵抗一定的遮挡。

7.3.2 基于最大边界的对象检测器

这是一种基于深度卷积神经网络实现的人脸检测方法，低版本的 Dlib 是不带该人脸检测功能的。读者在验证这段代码时，需要使用最新版本的 Dlib 库，以便成功验证。

需要指出的是，Dlib 库的最新版本可能在 Windows 上不支持，同时也可能受到 Python 版本的限制。而且，在 Windows 上安装 Dlib 可能需要编译，这个过程会很麻烦。读者可以通过 Anaconda 工具来实现安装，同时推荐在 Linux 操作系统上实践。

使用 Anaconda 的安装示例如下：

```
# Linux
conda create -n dlib python=3.5
source activate dlib
conda install -c menpo dlib=19.9
```

可用的 Dlib 库版本可以在此处下载或查询：

https://anaconda.org/menpo/dlib/

这种 Dlib 基于深度卷积神经网络实现的人脸检测网络的使用方法如下

代码清单7-5　使用Dlib自带的卷积神经网络实现人脸检测

```
# need dlib 19.9 or later
import dlib
import cv2

img = cv2.imread('lena.jpg')
hog_face_detector = dlib.cnn_face_detection_model_v1("./mmod_human_face_detector.dat")
face_rects = hog_face_detector(img, 0)
for faceRect in face_rects:
    x1 = faceRect.rect.left()
    y1 = faceRect.rect.top()
    x2 = faceRect.rect.right()
    y2 = faceRect.rect.bottom()
```

我们可以看到，上述代码中同样需要一个训练好的模型。该模型的下载地址如下：

https://github.com/davisking/dlib-models

除了这些人脸检测方法之外，Dlib 还提供了人脸关键点标注等实用功能，通过该功能可以方便地实现人脸校正等工作。有兴趣的读者可以进一步挖掘 Dlib 的功能。

7.4　深度学习实践

我们在前面实践了几种开源库提供的人脸检测方法，接下来我们就要自己实现基于深度学习的人脸识别系统了。在动手进行实践之前，我们先来明确一下任务。

我们想要实现的人脸识别系统应该是一次训练的，不应该在增加新的人脸时就重新训练一遍模型，也就是我们前面提到的 One-shot。这就要求我们训练的模型能够更有效地提取到人脸的高级特征。这样的话，如果直接采用 Softmax 层作为输出来训练模型的话，在既有的人脸库中表现会很好，但是随着待选人脸多起来后，效果会一点点变差。可行的方法是类似 FaceNet 这种采用 Triple Loss 的模型，但是这种模型训练起来会很慢，而且绝大多数的读者也都没有这样的设备。那么，综合考虑后我们选择实现 AM-Softmax Loss，这样比较适合我们的情景。

人脸检测部分我们直接采用前面介绍过的几种方法都可以，从检测精度上来看，OpenCV 提供的 SSD 人脸检测方法效果比较好，但是检测速度比较慢，这个需要根据业务场景来权衡。

工业界往往采用通过数据增强或增大训练样本的方法来对抗图片中人脸倾斜角度不一致等情况，或者采用一些专用的人脸校正方法（这是最好不过的了）。此处我们采用数据增强的方式来实现。

读者可以访问以下网址获取该实践部分源代码:

https://github.com/wotchin/SmooFaceEngine

7.4.1 卷积神经网络实现

我们在这里实现几种常用且经典的卷积神经网络，读者在测试代码时，可以根据自己的实际情况来选择采用哪种卷积神经网络结构。例如，ResNet-50 网络的效果非常好，但是需要的计算量也大，此时可以选择 VGG16 等网络。

下面实现的一些网络可能需要使用一些 Keras 包，为了更简练地阅读代码，把这些可能用到的库罗列到下面，后续代码中就不用重复引入这些库了。

```
from keras.layers import Activation, Convolution2D, Dropout, Conv2D,Dense
from keras.layers import AveragePooling2D, BatchNormalization
from keras.layers import GlobalAveragePooling2D
from keras.models import Sequential
from keras.layers import Flatten
from keras.models import Model
from keras.layers import Input
from keras.layers import MaxPooling2D
from keras.layers import SeparableConv2D
from keras import layers
from keras.regularizers import l2
```

在实现网络时，我们把这些网络结构封装成一个函数，这些函数具有两个形式参数，一个是 input_ shape，表示输入数据的尺寸；另一个为 num_ classes，用于表明输出分类的类别数。

1. AlexNet

AlexNet 作为一种经典的卷积神经网络，是后续许多网络的基础。这里我们看一下如何实现 AlexNet 网络。

代码清单 7-6 AlexNet 实现

```
def AlexNet(input_shape,num_classes):
    model = Sequential()
    model.add(Conv2D(filters = 96, kernel_size = (11,11),
                     strides = 4, padding = 'same',
                     activation = 'relu', input_shape = input_shape,
                     kernel_initializer = 'he_normal'))
    model.add(MaxPooling2D( pool_size = (3,3), strides = (2,2),
```

```
                        padding = 'same', data_format = None))

    model.add(Conv2D( filters = 256, kernel_size = (5,5),
                    strides = 1, padding = 'same',
                    activation = 'relu', kernel_initializer = 'he_normal'))
    model.add(MaxPooling2D( pool_size = (3,3),
                        strides = (2,2), padding = 'same',
                        data_format = None))

    model.add(Conv2D( filters = 384, kernel_size = (3,3),
                    strides = 1, padding = 'same',
                    activation = 'relu', kernel_initializer = 'he_normal'))
    model.add(Conv2D( filters = 384, kernel_size = (3,3),
                    strides = 1, padding = 'same',
                    activation = 'relu', kernel_initializer = 'he_normal'))
    model.add(Conv2D( filters = 256, kernel_size = (3,3),
                    strides = 1, padding = 'same',
                    activation = 'relu', kernel_initializer = 'he_normal'))
    model.add(MaxPooling2D( pool_size = (3,3), strides = (2,2),
                        padding = 'same', data_format = None))

    model.add(Flatten())
    model.add(Dense( units = 4096, activation = 'relu'))
    model.add(Dense( units = 4096, activation = 'relu'))
    #model.add(Dense( units = num_classes, activation = 'softmax'))
    #上面备注的语句也可以分开写：
    model.add(Dense(num_classes))
    model.add(Activation("softmax", name = "output"))
    return model
```

这里最好为后续使用到的网络层起一个名字，以便以后调用。

2. VGGNet

下面实现一下 VGGNet。

代码清单 7-7　VGGNet 实现

```
def VGGNet(input_shape,num_classes):
    # from VGG
    model = Sequential()
    #Conv1,2
    model.add(Conv2D(
        kernel_size = (3, 3),
        activation = "relu",
        filters = 64,
        strides = (1,1),
        input_shape = input_shape
```

```
))

model.add(Conv2D(
    kernel_size = (3, 3),
    activation = "relu",
    filters =64,
    strides = (1,1),
))

# pool1
model.add(MaxPooling2D((2,2), strides = (2,2), padding = 'same'))


# Conv 3,4
model.add(Conv2D(
    kernel_size = (3, 3),
    activation = "relu",
    filters =128,
    strides = (1,1),
))
#
model.add(Conv2D(
    kernel_size = (3, 3),
    activation = "relu",
    filters =128,
    strides = (1,1),
))

# pool2
model.add(MaxPooling2D((2,2), strides = (2,2), padding = 'same'))


# Conv 5 -7
model.add(Conv2D(
    kernel_size = (3, 3),
    activation = "relu",
    filters =256,
    strides = (1,1),
))
#
model.add(Conv2D(
    kernel_size = (3, 3),
    activation = "relu",
    filters =256,
    strides = (1,1),
))
```

```
model.add(Conv2D(
    kernel_size = (3, 3),
    activation = "relu",
    filters =256,
    strides = (1,1),
))

#pool3
model.add(MaxPooling2D((2,2), strides = (2,2), padding = 'same'))


#Conv 8 -10
model.add(Conv2D(
    kernel_size = (3, 3),
    activation = "relu",
    filters =512,
    strides = (1,1),
))
#
model.add(Conv2D(
    kernel_size = (3, 3),
    activation = "relu",
    filters =512,
    strides = (1,1),
))

model.add(Conv2D(
    kernel_size = (3, 3),
    activation = "relu",
    filters =512,
    strides = (1,1),
))

#pool4
model.add(MaxPooling2D((2,2), strides = (2,2), padding = 'same'))


#Conv 11 -13
model.add(Conv2D(
    kernel_size = (3, 3),
    activation = "relu",
    filters =512,
    strides = (1,1),
))

model.add(Conv2D(
    kernel_size = (3, 3),
```

```
        activation = "relu",
        filters = 512,
        strides = (1,1),
    ))

    model.add(Conv2D(
        kernel_size = (3, 3),
        activation = "relu",
        filters = 512,
        strides = (1,1),
    ))

    # pool5
    model.add(MaxPooling2D((2,2), strides = (2,2), padding = 'same'))

    # fully connected layer 1
    model.add(Flatten())
    model.add(Dense(2048, activation = 'relu'))
    model.add(Dropout(0.5))

    # fully connected layer 2
    model.add(Dense(2048, activation = 'relu'))
    model.add(Dropout(0.5))

    model.add(Dense(num_classes))
    model.add(Activation('softmax',name = 'predictions'))

    return model
```

3. Xception 结构

我们在前面介绍过 Inception 结构，它是一个系列，有 v1 到 v3 不同的升级版本。这类网络与 AlexNet 那种纯串联的网络不大一样，会有一些子结构单元，如 Inception 模块。

我们在前面介绍过 GoogLeNet 的主要结构便是 Inception 模块，Inception 模块历经不同的版本，结构略有变化。下面我们看一下 Keras 实现的 v3 版本 Inception 结构。

代码清单 7-8 Inception v3 网络实现

```
# 定义基本结构,将在 Inception 网络实现的具体代码中调用
def conv2d_bn(x,
              filters,
              num_row,
              num_col,
              padding = 'same',
              strides = (1, 1),
              name = None):
```

```
    """Utility function to apply conv + BN.

    # Arguments
        x: input tensor.
        filters: filters in'Conv2D'.
        num_row: height of the convolution kernel.
        num_col: width of the convolution kernel.
        padding: padding mode in'Conv2D'.
        strides: strides in'Conv2D'.
        name: name of the ops; will become'name + '_conv"
            for the convolution and'name + '_bn"for the
            batch norm layer.

    # Returns
        Output tensor after applying 'Conv2D' and 'BatchNormalization'.
    """
    if name is not None:
        bn_name = name + '_bn'
        conv_name = name + '_conv'
    else:
        bn_name = None
        conv_name = None
    if backend.image_data_format() == 'channels_first':
        bn_axis = 1
    else:
        bn_axis = 3
    x = layers.Conv2D(
        filters, (num_row, num_col),
        strides=strides,
        padding=padding,
        use_bias=False,
        name=conv_name)(x)
    x = layers.BatchNormalization(axis=bn_axis, scale=False, name=bn_name)(x)
    x = layers.Activation('relu', name=name)(x)
    return x

# 实现 Inception v3 结构
def InceptionV3(include_top=True,
                weights='imagenet',
                input_tensor=None,
                input_shape=None,
                pooling=None,
                classes=1000,
                **kwargs):
    global backend, layers, models, keras_utils
    backend, layers, models, keras_utils = get_submodules_from_kwargs(kwargs)
```

```
if not (weights in {'imagenet', None} or os.path.exists(weights)):
    raise ValueError('The 'weights' argument should be either '
                     "None' (random initialization), 'imagenet' '
                     '(pre-training on ImageNet), '
                     'or the path to the weights file to be loaded.')

if weights == 'imagenet' and include_top and classes != 1000:
    raise ValueError('If using 'weights' as '"imagenet"' with 'include_top"
                     ' as true, 'classes' should be 1000')

# Determine proper input shape
input_shape = _obtain_input_shape(
    input_shape,
    default_size=299,
    min_size=75,
    data_format=backend.image_data_format(),
    require_flatten=False,
    weights=weights)

if input_tensor is None:
    img_input = layers.Input(shape=input_shape)
else:
    if not backend.is_keras_tensor(input_tensor):
        img_input = layers.Input(tensor=input_tensor, shape=input_shape)
    else:
        img_input = input_tensor

if backend.image_data_format() == 'channels_first':
    channel_axis = 1
else:
    channel_axis = 3

x = conv2d_bn(img_input, 32, 3, 3, strides=(2, 2), padding='valid')
x = conv2d_bn(x, 32, 3, 3, padding='valid')
x = conv2d_bn(x, 64, 3, 3)
x = layers.MaxPooling2D((3, 3), strides=(2, 2))(x)

x = conv2d_bn(x, 80, 1, 1, padding='valid')
x = conv2d_bn(x, 192, 3, 3, padding='valid')
x = layers.MaxPooling2D((3, 3), strides=(2, 2))(x)

# mixed 0, 1, 2: 35 x 35 x 256
branch1x1 = conv2d_bn(x, 64, 1, 1)

branch5x5 = conv2d_bn(x, 48, 1, 1)
branch5x5 = conv2d_bn(branch5x5, 64, 5, 5)
```

```
branch3x3dbl = conv2d_bn(x, 64, 1, 1)
branch3x3dbl = conv2d_bn(branch3x3dbl, 96, 3, 3)
branch3x3dbl = conv2d_bn(branch3x3dbl, 96, 3, 3)

branch_pool = layers.AveragePooling2D((3, 3),
                                      strides=(1, 1),
                                      padding='same')(x)
branch_pool = conv2d_bn(branch_pool, 32, 1, 1)
x = layers.concatenate(
    [branch1x1, branch5x5, branch3x3dbl, branch_pool],
    axis=channel_axis,
    name='mixed0')

# mixed 1: 35 x 35 x 256
branch1x1 = conv2d_bn(x, 64, 1, 1)

branch5x5 = conv2d_bn(x, 48, 1, 1)
branch5x5 = conv2d_bn(branch5x5, 64, 5, 5)

branch3x3dbl = conv2d_bn(x, 64, 1, 1)
branch3x3dbl = conv2d_bn(branch3x3dbl, 96, 3, 3)
branch3x3dbl = conv2d_bn(branch3x3dbl, 96, 3, 3)

branch_pool = layers.AveragePooling2D((3, 3),
                                      strides=(1, 1),
                                      padding='same')(x)
branch_pool = conv2d_bn(branch_pool, 64, 1, 1)
x = layers.concatenate(
    [branch1x1, branch5x5, branch3x3dbl, branch_pool],
    axis=channel_axis,
    name='mixed1')

# mixed 2: 35 x 35 x 256
branch1x1 = conv2d_bn(x, 64, 1, 1)

branch5x5 = conv2d_bn(x, 48, 1, 1)
branch5x5 = conv2d_bn(branch5x5, 64, 5, 5)

branch3x3dbl = conv2d_bn(x, 64, 1, 1)
branch3x3dbl = conv2d_bn(branch3x3dbl, 96, 3, 3)
branch3x3dbl = conv2d_bn(branch3x3dbl, 96, 3, 3)

branch_pool = layers.AveragePooling2D((3, 3),
                                      strides=(1, 1),
                                      padding='same')(x)
branch_pool = conv2d_bn(branch_pool, 64, 1, 1)
x = layers.concatenate(
```

```
    [branch1x1, branch5x5, branch3x3dbl, branch_pool],
    axis=channel_axis,
    name='mixed2')

# mixed 3: 17 x 17 x 768
branch3x3 = conv2d_bn(x, 384, 3, 3, strides=(2, 2), padding='valid')

branch3x3dbl = conv2d_bn(x, 64, 1, 1)
branch3x3dbl = conv2d_bn(branch3x3dbl, 96, 3, 3)
branch3x3dbl = conv2d_bn(
    branch3x3dbl, 96, 3, 3, strides=(2, 2), padding='valid')

branch_pool = layers.MaxPooling2D((3, 3), strides=(2, 2))(x)
x = layers.concatenate(
    [branch3x3, branch3x3dbl, branch_pool],
    axis=channel_axis,
    name='mixed3')

# mixed 4: 17 x 17 x 768
branch1x1 = conv2d_bn(x, 192, 1, 1)

branch7x7 = conv2d_bn(x, 128, 1, 1)
branch7x7 = conv2d_bn(branch7x7, 128, 1, 7)
branch7x7 = conv2d_bn(branch7x7, 192, 7, 1)

branch7x7dbl = conv2d_bn(x, 128, 1, 1)
branch7x7dbl = conv2d_bn(branch7x7dbl, 128, 7, 1)
branch7x7dbl = conv2d_bn(branch7x7dbl, 128, 1, 7)
branch7x7dbl = conv2d_bn(branch7x7dbl, 128, 7, 1)
branch7x7dbl = conv2d_bn(branch7x7dbl, 192, 1, 7)

branch_pool = layers.AveragePooling2D((3, 3),
                                      strides=(1, 1),
                                      padding='same')(x)
branch_pool = conv2d_bn(branch_pool, 192, 1, 1)
x = layers.concatenate(
    [branch1x1, branch7x7, branch7x7dbl, branch_pool],
    axis=channel_axis,
    name='mixed4')

# mixed 5, 6: 17 x 17 x 768
for i in range(2):
    branch1x1 = conv2d_bn(x, 192, 1, 1)

    branch7x7 = conv2d_bn(x, 160, 1, 1)
    branch7x7 = conv2d_bn(branch7x7, 160, 1, 7)
    branch7x7 = conv2d_bn(branch7x7, 192, 7, 1)
```

```
    branch7x7dbl = conv2d_bn(x, 160, 1, 1)
    branch7x7dbl = conv2d_bn(branch7x7dbl, 160, 7, 1)
    branch7x7dbl = conv2d_bn(branch7x7dbl, 160, 1, 7)
    branch7x7dbl = conv2d_bn(branch7x7dbl, 160, 7, 1)
    branch7x7dbl = conv2d_bn(branch7x7dbl, 192, 1, 7)

    branch_pool = layers.AveragePooling2D(
        (3, 3), strides=(1, 1), padding='same')(x)
    branch_pool = conv2d_bn(branch_pool, 192, 1, 1)
    x = layers.concatenate(
        [branch1x1, branch7x7, branch7x7dbl, branch_pool],
        axis=channel_axis,
        name='mixed' + str(5 + i))

# mixed 7: 17 x 17 x 768
branch1x1 = conv2d_bn(x, 192, 1, 1)

branch7x7 = conv2d_bn(x, 192, 1, 1)
branch7x7 = conv2d_bn(branch7x7, 192, 1, 7)
branch7x7 = conv2d_bn(branch7x7, 192, 7, 1)

branch7x7dbl = conv2d_bn(x, 192, 1, 1)
branch7x7dbl = conv2d_bn(branch7x7dbl, 192, 7, 1)
branch7x7dbl = conv2d_bn(branch7x7dbl, 192, 1, 7)
branch7x7dbl = conv2d_bn(branch7x7dbl, 192, 7, 1)
branch7x7dbl = conv2d_bn(branch7x7dbl, 192, 1, 7)

branch_pool = layers.AveragePooling2D((3, 3),
                                      strides=(1, 1),
                                      padding='same')(x)
branch_pool = conv2d_bn(branch_pool, 192, 1, 1)
x = layers.concatenate(
    [branch1x1, branch7x7, branch7x7dbl, branch_pool],
    axis=channel_axis,
    name='mixed7')

# mixed 8: 8 x 8 x 1280
branch3x3 = conv2d_bn(x, 192, 1, 1)
branch3x3 = conv2d_bn(branch3x3, 320, 3, 3,
                      strides=(2, 2), padding='valid')

branch7x7x3 = conv2d_bn(x, 192, 1, 1)
branch7x7x3 = conv2d_bn(branch7x7x3, 192, 1, 7)
branch7x7x3 = conv2d_bn(branch7x7x3, 192, 7, 1)
branch7x7x3 = conv2d_bn(
    branch7x7x3, 192, 3, 3, strides=(2, 2), padding='valid')
```

```
branch_pool = layers.MaxPooling2D((3, 3), strides=(2, 2))(x)
x = layers.concatenate(
    [branch3x3, branch7x7x3, branch_pool],
    axis=channel_axis,
    name='mixed8')

# mixed 9: 8 x 8 x 2048
for i in range(2):
    branch1x1 = conv2d_bn(x, 320, 1, 1)

    branch3x3 = conv2d_bn(x, 384, 1, 1)
    branch3x3_1 = conv2d_bn(branch3x3, 384, 1, 3)
    branch3x3_2 = conv2d_bn(branch3x3, 384, 3, 1)
    branch3x3 = layers.concatenate(
        [branch3x3_1, branch3x3_2],
        axis=channel_axis,
        name='mixed9_' + str(i))

    branch3x3dbl = conv2d_bn(x, 448, 1, 1)
    branch3x3dbl = conv2d_bn(branch3x3dbl, 384, 3, 3)
    branch3x3dbl_1 = conv2d_bn(branch3x3dbl, 384, 1, 3)
    branch3x3dbl_2 = conv2d_bn(branch3x3dbl, 384, 3, 1)
    branch3x3dbl = layers.concatenate(
        [branch3x3dbl_1, branch3x3dbl_2], axis=channel_axis)

    branch_pool = layers.AveragePooling2D(
        (3, 3), strides=(1, 1), padding='same')(x)
    branch_pool = conv2d_bn(branch_pool, 192, 1, 1)
    x = layers.concatenate(
        [branch1x1, branch3x3, branch3x3dbl, branch_pool],
        axis=channel_axis,
        name='mixed' + str(9 + i))
if include_top:
    # Classification block
    x = layers.GlobalAveragePooling2D(name='avg_pool')(x)
    x = layers.Dense(classes, activation='softmax', name='predictions')(x)
else:
    if pooling == 'avg':
        x = layers.GlobalAveragePooling2D()(x)
    elif pooling == 'max':
        x = layers.GlobalMaxPooling2D()(x)

# Ensure that the model takes into account
# any potential predecessors of 'input_tensor'.
if input_tensor is not None:
    inputs = keras_utils.get_source_inputs(input_tensor)
```

```
    else:
        inputs = img_input
    # Create model.
    model = models.Model(inputs, x, name='inception_v3')

    # Load weights.
    if weights == 'imagenet':
        if include_top:
            weights_path = keras_utils.get_file(
                'inception_v3_weights_tf_dim_ordering_tf_kernels.h5',
                WEIGHTS_PATH,
                cache_subdir='models',
                file_hash='9a0d58056eeedaa3f26cb7ebd46da564')
        else:
            weights_path = keras_utils.get_file(
                'inception_v3_weights_tf_dim_ordering_tf_kernels_notop.h5',
                WEIGHTS_PATH_NO_TOP,
                cache_subdir='models',
                file_hash='bcbd6486424b2319ff4ef7d526e38f63')
        model.load_weights(weights_path)
    elif weights is not None:
        model.load_weights(weights)

    return model


def preprocess_input(x, **kwargs):
    """Preprocesses a numpy array encoding a batch of images.

    # Arguments
        x: a 4D numpy array consists of RGB values within [0, 255].

    # Returns
        Preprocessed array.
    """
    return imagenet_utils.preprocess_input(x, mode='tf', **kwargs)
```

这里我们再实现一种在 Inception 结构之上提出来的一种改进结构——Xception 结构。该结构与 Inception 结构的不同之处是，提出了一种称为深度可分离卷积结构（depthwise separable convolution）。关于 Xception 在 Inception 结构上的改进，读者可以阅读参考文献［54］。我们在这里实现基于此类结构的一种小规模的网络，代码如代码清单 7-9 所示。

代码清单 7-9 Xception 网络实现

```
def tiny_XCEPTION(input_shape, num_classes, l2_regularization=0.01):
    regularization = l2(l2_regularization)

    # base
    img_input = Input(input_shape)
    x = Conv2D(5, (3, 3), strides=(1, 1),
               kernel_regularizer=regularization,
               use_bias=False)(img_input)
    x = BatchNormalization()(x)
    x = Activation('relu')(x)
    x = Conv2D(5, (3, 3), strides=(1, 1),
               kernel_regularizer=regularization,
               use_bias=False)(x)
    x = BatchNormalization()(x)
    x = Activation('relu')(x)

    # module 1
    residual = Conv2D(8, (1, 1), strides=(2, 2),
                      padding='same', use_bias=False)(x)
    residual = BatchNormalization()(residual)

    x = SeparableConv2D(8, (3, 3), padding='same',
                        kernel_regularizer=regularization,
                        use_bias=False)(x)
    x = BatchNormalization()(x)
    x = Activation('relu')(x)
    x = SeparableConv2D(8, (3, 3), padding='same',
                        kernel_regularizer=regularization,
                        use_bias=False)(x)
    x = BatchNormalization()(x)

    x = MaxPooling2D((3, 3), strides=(2, 2), padding='same')(x)
    x = layers.add([x, residual])

    # module 2
    residual = Conv2D(16, (1, 1), strides=(2, 2),
                      padding='same', use_bias=False)(x)
    residual = BatchNormalization()(residual)

    x = SeparableConv2D(16, (3, 3), padding='same',
                        kernel_regularizer=regularization,
                        use_bias=False)(x)
    x = BatchNormalization()(x)
    x = Activation('relu')(x)
    x = SeparableConv2D(16, (3, 3), padding='same',
```

```
                        kernel_regularizer = regularization,
                        use_bias = False)(x)
x = BatchNormalization()(x)

x = MaxPooling2D((3, 3), strides = (2, 2), padding = 'same')(x)
x = layers.add([x, residual])

# module 3
residual = Conv2D(32, (1, 1), strides = (2, 2),
                  padding = 'same', use_bias = False)(x)
residual = BatchNormalization()(residual)

x = SeparableConv2D(32, (3, 3), padding = 'same',
                        kernel_regularizer = regularization,
                        use_bias = False)(x)
x = BatchNormalization()(x)
x = Activation('relu')(x)
x = SeparableConv2D(32, (3, 3), padding = 'same',
                        kernel_regularizer = regularization,
                        use_bias = False)(x)
x = BatchNormalization()(x)

x = MaxPooling2D((3, 3), strides = (2, 2), padding = 'same')(x)
x = layers.add([x, residual])

# module 4
residual = Conv2D(64, (1, 1), strides = (2, 2),
                  padding = 'same', use_bias = False)(x)
residual = BatchNormalization()(residual)

x = SeparableConv2D(64, (3, 3), padding = 'same',
                        kernel_regularizer = regularization,
                        use_bias = False)(x)
x = BatchNormalization()(x)
x = Activation('relu')(x)
x = SeparableConv2D(64, (3, 3), padding = 'same',
                        kernel_regularizer = regularization,
                        use_bias = False)(x)
x = BatchNormalization()(x)

x = MaxPooling2D((3, 3), strides = (2, 2), padding = 'same')(x)
x = layers.add([x, residual])

x = Conv2D(num_classes, (3, 3),
           #kernel_regularizer = regularization,
           padding = 'same')(x)
x = GlobalAveragePooling2D()(x)
```

```
    output = Activation('softmax',name='predictions')(x)

    model = Model(img_input, output)
    return model
```

上述代码我们同样可以根据论文对照着来实现。相对于前面实现的两种网络，更重要的是，我们应该熟悉如何通过函数式编程的方式来构建一个神经网络。

4. ResNet

ResNet 同样也不是一个简单的串联式的网络，它同样需要采用函数式编程的方法来实现。Keras 为我们提供了 ResNet-50 网络的实现，方便起见可以直接调用。Keras 实现的 ResNet-50 网络的源代码如下所示。

代码清单 7-10 ResNet50 网络实现

```
#定义一个 block 结构
def identity_block(input_tensor, kernel_size, filters, stage, block):

    filters1, filters2, filters3 = filters
    if backend.image_data_format() == 'channels_last':
        bn_axis = 3
    else:
        bn_axis = 1
    conv_name_base = 'res' + str(stage) + block + '_branch'
    bn_name_base = 'bn' + str(stage) + block + '_branch'

    x = layers.Conv2D(filters1, (1, 1),
                      kernel_initializer='he_normal',
                      name=conv_name_base + '2a')(input_tensor)
    x = layers.BatchNormalization(axis=bn_axis, name=bn_name_base + '2a')(x)
    x = layers.Activation('relu')(x)

    x = layers.Conv2D(filters2, kernel_size,
                      padding='same',
                      kernel_initializer='he_normal',
                      name=conv_name_base + '2b')(x)
    x = layers.BatchNormalization(axis=bn_axis, name=bn_name_base + '2b')(x)
    x = layers.Activation('relu')(x)

    x = layers.Conv2D(filters3, (1, 1),
                      kernel_initializer='he_normal',
                      name=conv_name_base + '2c')(x)
    x = layers.BatchNormalization(axis=bn_axis, name=bn_name_base + '2c')(x)

    x = layers.add([x, input_tensor])
```

```
    x = layers.Activation('relu')(x)
    return x

#定义一个 block,该结构在 identity_block 之前使用
def conv_block(input_tensor,
               kernel_size,
               filters,
               stage,
               block,
               strides=(2, 2)):
    filters1, filters2, filters3 = filters
    if backend.image_data_format() == 'channels_last':
        bn_axis = 3
    else:
        bn_axis = 1
    conv_name_base = 'res' + str(stage) + block + '_branch'
    bn_name_base = 'bn' + str(stage) + block + '_branch'

    x = layers.Conv2D(filters1, (1, 1), strides=strides,
                      kernel_initializer='he_normal',
                      name=conv_name_base + '2a')(input_tensor)
    x = layers.BatchNormalization(axis=bn_axis, name=bn_name_base + '2a')(x)
    x = layers.Activation('relu')(x)

    x = layers.Conv2D(filters2, kernel_size, padding='same',
                      kernel_initializer='he_normal',
                      name=conv_name_base + '2b')(x)
    x = layers.BatchNormalization(axis=bn_axis, name=bn_name_base + '2b')(x)
    x = layers.Activation('relu')(x)

    x = layers.Conv2D(filters3, (1, 1),
                      kernel_initializer='he_normal',
                      name=conv_name_base + '2c')(x)
    x = layers.BatchNormalization(axis=bn_axis, name=bn_name_base + '2c')(x)

    shortcut = layers.Conv2D(filters3, (1, 1), strides=strides,
                             kernel_initializer='he_normal',
                             name=conv_name_base + '1')(input_tensor)
    shortcut = layers.BatchNormalization(
        axis=bn_axis, name=bn_name_base + '1')(shortcut)

    x = layers.add([x, shortcut])
    x = layers.Activation('relu')(x)
    return x

#ResNet-50 网络的具体实现
def ResNet50(include_top=True,
```

```
            weights = 'imagenet',
            input_tensor = None,
            input_shape = None,
            pooling = None,
            classes = 1000,
            **kwargs):
    global backend, layers, models, keras_utils
    backend, layers, models, keras_utils = get_submodules_from_kwargs(kwargs)

    if not (weights in {'imagenet', None} or os.path.exists(weights)):
        raise ValueError('The 'weights' argument should be either '
                         "None' (random initialization), 'imagenet"
                         '(pre-training on ImageNet), '
                         'or the path to the weights file to be loaded.')

    if weights == 'imagenet' and include_top and classes ! = 1000:
        raise ValueError('If using 'weights' as '"imagenet"' with 'include_top"
                         ' as true, 'classes' should be 1000')

    # Determine proper input shape
    input_shape = _obtain_input_shape(input_shape,
                                      default_size = 224,
                                      min_size = 32,
                                      data_format = backend.image_data_format(),
                                      require_flatten = include_top,
                                      weights = weights)

    if input_tensor is None:
        img_input = layers.Input(shape = input_shape)
    else:
        if not backend.is_keras_tensor(input_tensor):
            img_input = layers.Input(tensor = input_tensor, shape = input_shape)
        else:
            img_input = input_tensor
    if backend.image_data_format() == 'channels_last':
        bn_axis = 3
    else:
        bn_axis = 1
    # 第1个卷积层,7×7尺寸
    x = layers.ZeroPadding2D(padding = (3, 3), name = 'conv1_pad')(img_input)
    x = layers.Conv2D(64, (7, 7),
                      strides = (2, 2),
                      padding = 'valid',
                      kernel_initializer = 'he_normal',
                      name = 'conv1')(x)
    x = layers.BatchNormalization(axis = bn_axis, name = 'bn_conv1')(x)
    x = layers.Activation('relu')(x)
```

```
x = layers.ZeroPadding2D(padding = (1, 1), name = 'pool1_pad')(x)
x = layers.MaxPooling2D((3, 3), strides = (2, 2))(x)
# 第2个卷积组合,开始使用 block 结构
x = conv_block(x, 3, [64, 64, 256], stage =2, block = 'a', strides = (1, 1))
x = identity_block(x, 3, [64, 64, 256], stage =2, block = 'b')
x = identity_block(x, 3, [64, 64, 256], stage =2, block = 'c')
# 第3个卷积组合
x = conv_block(x, 3, [128, 128, 512], stage =3, block = 'a')
x = identity_block(x, 3, [128, 128, 512], stage =3, block = 'b')
x = identity_block(x, 3, [128, 128, 512], stage =3, block = 'c')
x = identity_block(x, 3, [128, 128, 512], stage =3, block = 'd')
# 第4个卷积组合
x = conv_block(x, 3, [256, 256, 1024], stage =4, block = 'a')
x = identity_block(x, 3, [256, 256, 1024], stage =4, block = 'b')
x = identity_block(x, 3, [256, 256, 1024], stage =4, block = 'c')
x = identity_block(x, 3, [256, 256, 1024], stage =4, block = 'd')
x = identity_block(x, 3, [256, 256, 1024], stage =4, block = 'e')
x = identity_block(x, 3, [256, 256, 1024], stage =4, block = 'f')
# 第5个卷积组合
x = conv_block(x, 3, [512, 512, 2048], stage =5, block = 'a')
x = identity_block(x, 3, [512, 512, 2048], stage =5, block = 'b')
x = identity_block(x, 3, [512, 512, 2048], stage =5, block = 'c')
# 定义输出结构,如果 include_top 为真的话,表示使用全连接层输出
if include_top:
    x = layers.GlobalAveragePooling2D(name = 'avg_pool')(x)
    x = layers.Dense(classes, activation = 'softmax', name = 'fc1000')(x)
else:
    if pooling == 'avg':
        x = layers.GlobalAveragePooling2D()(x)
    elif pooling == 'max':
        x = layers.GlobalMaxPooling2D()(x)
    else:
        warnings.warn('The output shape of 'ResNet50(include_top = False)' '
                      'has been changed since Keras 2.2.0.')

# Ensure that the model takes into account
# any potential predecessors of 'input_tensor'.
if input_tensor is not None:
    inputs = keras_utils.get_source_inputs(input_tensor)
else:
    inputs = img_input
# Create model.
model = models.Model(inputs, x, name = 'resnet50')

# 加载已经训练过的权重
if weights == 'imagenet':
    if include_top:
```

```
            weights_path = keras_utils.get_file(
                'resnet50_weights_tf_dim_ordering_tf_kernels.h5',
                WEIGHTS_PATH,
                cache_subdir='models',
                md5_hash='a7b3fe01876f51b976af0dea6bc144eb')
        else:
            weights_path = keras_utils.get_file(
                'resnet50_weights_tf_dim_ordering_tf_kernels_notop.h5',
                WEIGHTS_PATH_NO_TOP,
                cache_subdir='models',
                md5_hash='a268eb855778b3df3c7506639542a6af')
        model.load_weights(weights_path)
        if backend.backend() == 'theano':
            keras_utils.convert_all_kernels_in_model(model)
    elif weights is not None:
        model.load_weights(weights)

    return model
```

我们在上面看到了 Keras 为我们实现的 ResNet-50 的网络结构，这个实现过程还是比较清晰的。我们注意到，整个 ResNet 结构包括 5 个卷积组合，第 1 个卷积组合主要用于降维，后续的卷积组合中，都是由一个 conv_block 结构跟着若干个 identity_block 结构来实现的。其他深度的 ResNet 结构也都是类似的，主要区别在于 identity_block 结构使用的多少，以及其中卷积核的尺寸。

7.4.2 数据增强

我们在前面介绍过数据增强的作用，以及一般的实现手段。同时，我们在前面也给出过数据增强的示例代码，网上也有很多开源的数据增强工具，而且 Keras 也自带数据增强的功能。在项目中，我们在代码清单 5-4 的基础上稍加修改即可实现简单的数据增强。

代码清单 7-11 自定义数据增强类

```
import os
import time
from keras.utils import to_categorical
from keras.preprocessing.image import ImageDataGenerator
import cv2
import numpy as np
import random
import scipy.ndimage as ndi
```

```
from utils.preprocess import preprocess_image


# for training model
class DataGenerator(object):
    def __init__(self,
                 path,
                 batch_size,
                 input_size,
                 dataset,
                 is_shuffle=True,
                 data_augmentation=0,
                 translation_factor=0.3,
                 zoom_range=None,
                 validation_split=0):

        if zoom_range is None:
            zoom_range = [0.75, 1.25]
        data = []
        #[(x0,y0),(x1,y1),(x2,y2)...]
        keys = []
        #[y0,y1,y2...]
        if dataset == "lfw":
            g = os.walk(path)
            for item in g:
                name = item[0]
                keys.append(name)
                photo_list = item[2]
                for photo in photo_list:
                    img = cv2.imread(name + "/" + photo)
                    data.append((img, name))
        elif dataset == "olivettifaces":
            olive = cv2.imread(path)
            if olive is None:
                raise Exception("can not open the olivettifaces dataset file")
            label = 0
            count = 1
            keys = list(range(0, 40))
            for row in range(20):
                for column in range(20):
                    img = olive[row *57:(row + 1) *57, column *47:(column + 1) *47]
                    data.append((img, label))
                    if count %10 == 0 and count != 0:
                        label += 1
                    count += 1
        else:
            raise Exception("can not recognize this dataset")
```

```
        if data_augmentation > 0:
            self.zoom_range = zoom_range
            self.translation_factor = translation_factor
            data_size = len(data)
            expand_size = int(data_augmentation * data_size)
            expand_list = []
            for i in range(0, expand_size):
                index = i % data_size
                # 确保不会超过 data_size 的大小,然后在 data List 中循环遍历
                crop_img = self._do_random_crop(data[index][0])
                expand_list.append((crop_img, data[index][1]))
                rotate_img = self._do_random_rotation(data[index][0])
                expand_list.append((rotate_img, data[index][1]))
            data.extend(expand_list)
        if is_shuffle:
            random.shuffle(data)

        training_set_size = int(len(data) * (1 - validation_split))
        self.training_set = data[:training_set_size]
        self.validation_set = data[training_set_size:]
        self.keys = keys
        self.batch_size = batch_size
        self.f = open("./dataGenerator.log", "w+")
        self.input_size = input_size
        self.number = (len(keys), len(data), training_set_size, len(data) -
            training_set_size)

    def get_number(self):
        return self.number

    def __del__(self):
        self.f.close()

    def _write_line(self, line):
        self.f.write("[{0}] {1} \n".format(time.time(), line))
        self.f.flush()

    def flow(self, mode='train'):
        training_set = self.training_set
        validation_set = self.validation_set

        keys = self.keys
        self._write_line(str(keys))
        k = [i for i in range(0, len(keys))]
        one_hot = to_categorical(k, num_classes=len(keys))

        image_array = []
```

```
        targets = []

        while True:
            if mode == 'train':
                for x, y in training_set:
                    if x is None:
                        continue
                    img = preprocess_image(input_shape = self.input_size, image = x)
                    image_array.append(img)
                    targets.append(one_hot[keys.index(y)])

                    if len(targets) == self.batch_size:
                        image_array = np.asarray(image_array)
                        targets = np.asarray(targets)
                        yield self._wrap(image_array, targets)
                        image_array = []
                        targets = []

            elif mode == 'validate':
                for x, y in validation_set:
                    if x is None:
                        continue
                    img = preprocess_image(input_shape = self.input_size, image = x)
                    image_array.append(img)
                    targets.append(one_hot[keys.index(y)])

                    if len(targets) == self.batch_size:
                        image_array = np.asarray(image_array)
                        targets = np.asarray(targets)
                        yield self._wrap(image_array, targets)
                        image_array = []
                        targets = []

            else:
                raise Exception("unknown mode")
            # 如果还有剩余,即总数无法整除 batch_size
            if len(targets) > 0:
                image_array = np.asarray(image_array)
                targets = np.asarray(targets)
                yield self._wrap(image_array, targets)
                image_array = []
                targets = []

    def _do_random_crop(self, image_array):
        height = image_array.shape[0]
        width = image_array.shape[1]
        x_offset = np.random.uniform(0, self.translation_factor * width)
```

```
        y_offset = np.random.uniform(0, self.translation_factor * height)
        offset = np.array([x_offset, y_offset])
        scale_factor = np.random.uniform(self.zoom_range[0],
                                         self.zoom_range[1])
        crop_matrix = np.array([[scale_factor, 0],
                                [0, scale_factor]])

        image_array = np.rollaxis(image_array, axis=-1, start=0)
        image_channel = [ndi.interpolation.affine_transform(image_channel,
                                                            crop_matrix,
            offset=offset, order=0, mode='nearest',
                                                            cval=0.0) for
            image_channel in image_array]

        image_array = np.stack(image_channel, axis=0)
        image_array = np.rollaxis(image_array, 0, 3)
        return image_array

    def _do_random_rotation(self, image_array):
        height = image_array.shape[0]
        width = image_array.shape[1]
        x_offset = np.random.uniform(0, self.translation_factor * width)
        y_offset = np.random.uniform(0, self.translation_factor * height)
        offset = np.array([x_offset, y_offset])
        scale_factor = np.random.uniform(self.zoom_range[0],
                                         self.zoom_range[1])
        crop_matrix = np.array([[scale_factor, 0],
                                [0, scale_factor]])

        image_array = np.rollaxis(image_array, axis=-1, start=0)
        image_channel = [ndi.interpolation.affine_transform(image_channel,
                                                            crop_matrix,
            offset=offset, order=0, mode='nearest',
                                                            cval=0.0) for
            image_channel in image_array]

        image_array = np.stack(image_channel, axis=0)
        image_array = np.rollaxis(image_array, 0, 3)
        return image_array

    def _wrap(self, image_array, targets):
        return [{'input': image_array},
                {'predictions': targets}]
```

7.4.3　自定义损失函数

我们在前面进行技术选型后，得出了实现 AM-Softmax Loss 更适合我们这个项目的结论。我们可以通过 Keras 自带的功能，来实现 AM-Softmax Loss。这部分的代码如下。

代码清单 7-12　自定义 AM – Softmax 损失函数和 AM-Softmax 网络层

```
import tensorflow as tf
from keras import backend as K
from keras.layers import Dropout
from keras.engine.topology import Layer
from keras.models import Model


class AMSoftmax(Layer):
    def __init__(self, units, **kwargs):
        self.units = units
        self.kernel = None
        super(AMSoftmax, self).__init__(**kwargs)

    def build(self, input_shape):
        assert len(input_shape) >= 2

        self.kernel = self.add_weight(name = 'kernel',
                                      shape = (input_shape[1], self.units),
                                      initializer = 'uniform',
                                      trainable = True)
        super(AMSoftmax, self).build(input_shape)

    def call(self, inputs, **kwargs):
        # get cosine similarity
        # cosine = x *w / ( ‖x‖ * ‖w‖)
        inputs = K.l2_normalize(inputs, axis =1)
        kernel = K.l2_normalize(self.kernel, axis =0)
        cosine = K.dot(inputs, kernel)
        return cosine

    def compute_output_shape(self, input_shape):
        return input_shape[0], self.units

    @ property
    def get_config(self):
        config = {
            'units': self.units}
        base_config = super(AMSoftmax, self).get_config()

        return dict(list(base_config.items())
                    + list(config.items()))


# reference:
```

```
# https://github.com/hao-qiang/AM-Softmax/blob/master/AM-Softmax.ipynb
def amsoftmax_loss(y_true, y_pred, scale=30.0, margin=0.35):
    # make two constant tensors.
    m = K.constant(margin, name='m')
    s = K.constant(scale, name='s')
    # reshape the label
    label = K.reshape(K.argmax(y_true, axis=-1), shape=(-1, 1))
    label = K.cast(label, dtype=tf.int32)

    pred_batch = K.reshape(tf.range(K.shape(y_pred)[0]), shape=(-1, 1))
    # concat the two column vectors, one is the pred_batch, the other is label.
    ground_truth_indices = tf.concat([pred_batch,
                                      K.reshape(label, shape=(-1, 1))], axis=1)
    # get ground truth scores by indices
    ground_truth_scores = tf.gather_nd(y_pred, ground_truth_indices)

    # if ground_truth_score > m, group_truth_score = group_truth_score - m
    added_margin = K.cast(K.greater(ground_truth_scores, m),
                          dtype=tf.float32) * m
    added_margin = K.reshape(added_margin, shape=(-1, 1))
    added_embedding_feature = tf.subtract(y_pred, y_true * added_margin) * s

    cross_entropy = tf.nn.softmax_cross_entropy_with_logits_v2(labels=y_true,
        logits=added_embedding_feature)
    loss = tf.reduce_mean(cross_entropy)
    return loss
```

我们可以在某一个网络模型的基础上添加 AM-Softmax 损失，实现的示例代码如下。

代码清单 7-13　将网络模型与 AM-Softmax 损失结合

```
def wrap_cnn(model, feature_layer, input_shape, num_classes):
    cnn = model(input_shape, num_classes)
    assert isinstance(cnn, Model)
    x = cnn.get_layer(name=feature_layer).output
    x = Dropout(.5)(x)
    output_layer = AMSoftmax(num_classes, name="predictions")(x)
    return Model(inputs=cnn.input, outputs=output_layer)
```

这里我们通过网络层的名称来定位具体的网络，因此我们需要将模型的输入层命名为"input"，将特征向量的输出层命名为"predictions"。

7.4.4 数据预处理

在使用模型对图片进行训练前，最好做一下数据预处理工作。通常的数据预处理包括图片灰度化处理、图像数据归一化处理及变换图像的尺寸等。我们通过下面的代码实现图片数据的预处理。

代码清单 7-14 图片数据预处理

```
import cv2
import numpy as np

def preprocess_image(input_shape, image):
    assert len(input_shape) == 3

    if input_shape[-1] == 1:
        # 要求灰度图像
        image = cv2.cvtColor(image, cv2.COLOR_BGR2GRAY)
    input_shape = input_shape[:2]
    image = cv2.resize(image, input_shape)
    image = np.asarray(image, dtype='float64') / 256
    # 归一化
    if len(image.shape) < 3:
        image = np.expand_dims(image, -1)
    return image
```

上述代码其实做了图片数据归一化，将［0，255］的整数区间变换到［0，1］的浮点数区间，以及将图片数据变换到指定的尺寸和通道数。

7.4.5 模型训练

在经过模型的搭建和图片预处理后，我们就应该对模型进行训练了。结合前面的代码，可以得到对模型进行训练部分的代码如下。

代码清单 7-15 模型训练代码

```
#!/usr/bin env python

from keras.callbacks import EarlyStopping, ReduceLROnPlateau, CSVLogger,
    ModelCheckpoint
# DO NOT REMOVE THIS:
from model.cnn_models import *
from utils.data_generator import DataGenerator
from model.amsoftmax import wrap_cnn, amsoftmax_loss

input_shape = (224, 224, 1)
batch_size = 64
num_epochs = 1000
patience = 100
```

```
log_file_path = "./log.csv"
cnn = "ResNet18"
trained_models_path = "./trained_models/" + cnn
generator = DataGenerator(dataset = "olivettifaces",
                          path = "./data/olivetti_faces/olivettifaces.jpg",
                          batch_size = batch_size,
                          input_size = input_shape,
                          is_shuffle = True,
                          data_augmentation = 10,
                          validation_split = .2)
num_classes, num_images, training_set_size, validation_set_size =
    generator.get_number()
print(num_classes, num_images, training_set_size, validation_set_size)

model = wrap_cnn(model = eval(cnn),
                 feature_layer = "feature",
                 input_shape = input_shape,
                 num_classes = num_classes)
model.compile(optimizer = 'adam',
              loss = amsoftmax_loss,
              metrics = ['accuracy'])
model.summary()
# callbacks
early_stop = EarlyStopping('loss', 0.1, patience = patience)
reduce_lr = ReduceLROnPlateau('loss', factor = 0.1,
                              patience = int(patience / 2), verbose = 1)
csv_logger = CSVLogger(log_file_path, append = False)
model_names = trained_models_path + '.{epoch:02d} - {acc:2f}.hdf5'
model_checkpoint = ModelCheckpoint(model_names,
                                   monitor = 'loss',
                                   verbose = 1,
                                   save_best_only = True,
                                   save_weights_only = False)
callbacks = [model_checkpoint, csv_logger, early_stop, reduce_lr]

# train model by generator
model.fit_generator(generator = generator.flow('train'),
                    steps_per_epoch = int(training_set_size / batch_size),
                    epochs = num_epochs,
                    verbose = 1,
                    callbacks = callbacks,
                    validation_data = generator.flow('validate'),
                    validation_steps = int(validation_set_size) / batch_size)
```

上述代码中，我们通过回调的方式来产生每一个迭代轮次训练好的模型，其命名中指定了该迭代轮次信息，模型的训练采用生成器方式，读者可以参考代码清单 7-11 中数据增强中关于生成器部分的实现。

该训练代码所选择的模型为 ResNet18，在该模型的基础上增加了 AM-Softmax 层和 AM-Softmax 损失函数，以便得到通用人脸识别模型。

7.4.6 实现 Web 接口

经过前面的训练，我们最终可以优选出效果最好的模型。假如我们需要使用这个训练好的模型来进行人脸识别，我们就要提供一种外部可以访问的接口，同时该模型应该是常驻内存（memory-resident）的。Keras 是一种 Python 框架，那么在提供 Web 接口时，我们也应该选择用 Python 实现。Python 的 Web 框架有很多，例如 Django、Tornado 及 Flask 等。由于我们只是提供一个可以被外部访问的 Web 接口，并不涉及其他业务，那么最好选择一种比较轻量化的 Web 框架，而 Flask 恰恰就是首选。

通过 Flask 实现的 Web 接口如下。

代码清单 7-16 为模型增加 Web 调用接口

```
import cv2
from tempfile import SpooledTemporaryFile
import numpy as np
from flask import Flask
from flask import request
from utils.feature import get_feature_function
from utils.measure import cosine_similarity

model_path = "./trained_models/tiny_XCEPTION.hdf5"
get_feature = get_feature_function(model=model_path)

app = Flask(__name__, static_folder="web_static")
# if we save file to disk, we must use the following configuration.
# upload_folder = './web_static/uploads/'
# app.config['UPLOAD_FOLDER'] = upload_folder
app.config['ALLOWED_EXTENSIONS'] = {'png', 'jpg', 'jpeg', 'gif', 'bmp'}

@app.route("/")
def hello():
    return "Hello, SmooFaceEngine!"


@app.route("/test")
def test():
```

```
    html = '''
        <!DOCTYPE html>
        <html lang="en">
        <head>
            <meta charset="UTF-8">
            <title>Uploading</title>
        </head>
        <body>
            <form action="/data" method="post" enctype="multipart/form-data">
                <input type="file" name="pic1" value="Pic1" /><br>
                <input type="file" name="pic2" value="Pic2" /><br>
                <input type="submit" value="upload">
            </form>
        </body>
        </html>
    '''
    return html


def get_feature_from_client(request_filename):
    # If we want to save this file to disk, we can use the
    # following code. But if we should save the binary file from client to disk,
    # the program would run slowly.
    """
    import random
    def get_random_string(length):
        string = ""
        for i in range(0, length):
            code = random.randint(97, 122)
            string += chr(code)
        return string
    pic = request.files[request_filename]
    img_type = pic.filename.split('.')[1]
    filename = get_random_string(10) + "." + img_type
    filepath = os.path.join(app.root_path,
                            app.config['UPLOAD_FOLDER'],
                            filename)
    pic.save(filepath)
    vector = get_feature(filepath)
    os.unlink(filepath)
    return vector
    """

    # the following codes:
    # We will save the file from client to memory, then
    # the program run much faster than saving it to disk.
    file = request.files[request_filename]
```

```
        stream = file.stream
        if isinstance(stream, SpooledTemporaryFile):
            stream = stream.file
        value = bytearray(stream.read())
        value = np.asarray(value, dtype='uint8')
        img = cv2.imdecode(value, 1)
        vector = get_feature(img)
        return vector


    @app.route("/data", methods=["POST"])
    def predict():
        vector1 = get_feature_from_client('pic1')
        vector2 = get_feature_from_client('pic2')
        similarity = cosine_similarity(vector1, vector2)
        return str(similarity)


    if __name__ == "__main__":
        app.run(host='0.0.0.0', port=8080, debug=True)
```

在代码中我们能够看到，在代码实现的时候，并没有从客户端哪里将数据存储到磁盘上然后再读入内存，而是直接将从客户端读过来的数据流用于人脸识别，这样可以提高效率。这里也实现了缓存到硬盘上的操作，在代码中以注释的形式保留，读者可以在本地环境部署，并通过以下方式访问：

http://127.0.0.1：8080/test

7.4.7 模型调优与总结

上面的项目只是我们的一个演示项目，要想将一个模型用在工业界还需要有很多步骤。其中一个最关键的要素就是要保障模型的鲁棒性，即模型应能够稳定地输出判断结果。

要想达到这个效果，我们通常还应该做以下事情。

1. 增大训练数据

这个因素毫无疑问非常重要，一方面可以避免模型发生过拟合，另一方面可以增加模型对某些因素的鲁棒性。训练的数据也不需要一味地增多，而要尽可能地保证训练数据的质量。试想，如果老师和教材教的就是错误的内容，学生如何能学到正确的内容呢？

同时，要注意训练数据的分布情况，即我们前面介绍过的独立同分布假设。举一个可能不是很恰当的例子，如果训练数据集的人脸都是黑种人或白种人，只有很少的黄种人，那么将这种数据集训练出来的模型用于对黄种人进行人脸识别，可能训练后的模型效果会打折扣。

2. 增加难例挖掘

我们在前面介绍过难例挖掘，就是在模型训练过程中预测结果错误的样本，我们重新训练它们。也就是要求我们维护一个错误分类结果的样本池，把每一个批次预测结果错误的样本放入该样本池中，当样本积累到一定数量时，将这些样本放回网络重新训练。当然了，也可以通过一些其他的实现方法来训练困难样本，网络上关于难例挖掘的介绍有很多，读者可以参考介绍的技巧来训练自己的模型。

3. 注意超参数的调优

我们在模型的训练过程中，其实是有一些超参数的。例如，AM-Softmax Loss 中存在的超参数、优化器的超参数，以及用于人脸相似度对比中的阈值等。

这些超参数通常需要反复地调试才能得出选择哪一个更好的结论，所以也有人戏称某些算法工程师为“调包侠”与“调参侠”，可见超参数调试在日常开发中所占的比重不小。

4. 注意人脸校正

虽然我们在这里并没有讲到人脸校正的内容，因为很多深度卷积神经网络通常都是通过增大训练数据来取胜的。但是，要想取得更进一步的性能提升，或许需要考虑人脸校正，即便拥有大量的训练样本也是如此。

可以说，人脸校正是人脸识别领域中一个单独的子领域。一般的人脸校正方法可以通过人脸关键点检测来实现，可以利用这些检测到的关键点来实现人脸图片的校正，如一种名为普氏分析（Procrustes Analysis）的方法。还有就是最近发表的关于人脸对齐的论文，如Face++在2018年提出的GridFace人脸校正方法，这是一种通过学习局部单应性（Homography）变换从而实现人脸校正的方法。还有更深入的就是结合三维立体来实现，这个就属于很前沿的技术了，当前的资料也不是很充足，感兴趣的读者可以查找相关文献来获悉最新的进展。

7.5 人脸识别的拓展应用

我们在前面已经介绍过实现人脸识别的基本方法了。可能一些读者会想，人脸识别技术并不仅仅应用在门禁、身份识别、身份证验证这些场景中，甚至在互联网领域人脸性别识别、表情检测等更为常用。那么，有了前面的基础，其实这些场景也可以看作人脸识别的一种变化吧。

举个例子来说，人脸性别判断可以看作一个二分类场景，当然，你也可以将其分为 3 类，分别是男性、女性判别不出来的性别。这个模型仍然选择一种卷积神经网络作为骨干网络，然后使用 Softmax 层等进行分类即可，整个流程相比人脸识别过程更简单一些。类似地，还可以进行人脸表情识别、人脸年龄估计、笑脸检测等。

同时我们要介绍一个概念，叫作“活体检测”。也就是说需要检测到这个人脸是来自一个真实人的，而不是某一个静态图片。该方法通常用在一些身份验证场景中，用来确定对象真实的生理特征。通常采用的手段有眨眼、张嘴、摇头、点头等一些动作的组合，这在生活中已经很常见了，想必大家并不陌生。

活体检测可以通过人脸检测和人脸关键点检测技术来实现。我们在前面介绍过的 MTC-NN 能够获取到 5 个人脸关键点，这些关键点在一些场景中可能不太够用。Dlib 提供了 68 个人脸关键点的标定，网上已经有很多介绍基于 Dlib 检测到的关键点进行眨眼检测的教程，感兴趣的读者可以阅读并实践一下。

7.6 本章小结

本章中我们通过 Keras 实现了一个人脸识别引擎。由于只是一个 demo 级别的项目，为了便于快速验证算法的可行性，训练数据选择了比较小的人脸数据集，通过数据增强的方法来人为地扩充数据。在模型的设计上，我们的骨干网络选择 ResNet 网络等，损失函数选择为 AM-Softmax 损失，这样可以获得“一次训练”的通用模型，与 FaceNet 等基于度量学习的网络相比，能够明显加快训练速度。

由于我们这里只是设计了一个人脸识别原型，如果需要将该项目应用到生产环境，除了需要加大训练之外，还需要引入一些其他的技巧，诸如考虑难例挖掘、模型调优等。我们在本章中还介绍了一种简单的 Web API 实现方式，通过 Flask 框架可以很方便地将模型提供给用户，便于部署在生产环境中。

CHAPTER 8

第 8 章

人脸识别工程化

随着全社会对人工智能关注度的增加，人们普遍对人工智能为现实生活带来的改变抱有巨大的期望，人工智能也慢慢从实验室走向工业界，落地为产品。机器学习作为人工智能的重要领域之一，其有很多子领域已经十分成熟，并已在工业界得到广泛应用，比较典型的如个性化推荐系统。机器学习在计算机视觉领域也日趋成熟，技术上也很难产生像几年前一样的巨大突破，这也意味着人脸识别领域的重心慢慢由学术界向工业界转移。

人脸识别是一项技术，是一种对图片在特定应用场景中的处理方法。要想将技术转化为生产力，就需要将技术工程化，使其能够落地成为产品。任何一种技术，其生命力由商业化的程度决定，只有将技术转化为产品，形成解决方案，才能形成技术和价值的良性循环。在本章中，我们将会探讨将人脸识别算法进行工程化的若干问题。

8.1 云平台实践

要让人脸识别模型对外提供服务，我们只需要提供 API 接口，让服务的使用者来调用这个接口即可。我们将人脸识别部分抽取出来，单独通过一个集群去实现这个服务，那么就可以为许许多多的应用提供人脸识别功能。这是将人脸识别作为一种基础服务对外提供的，服务的使用者只需要结合自己的业务按需调用接口即可，这个过程其实是一种简单的 SaaS 形式的云服务。在本节中我们将探讨如何把人脸识别算法封装成云服务。

8.1.1 云计算介绍

对互联网、电信网、IT 系统的底层基础设施的一种比喻便是“云”，云计算（cloud

computing）则是基于这类资源进行计算的一种形式。本质上讲，“云计算”是一种很复杂的虚拟化技术。如图 8-1 所示展示了云计算的一些具体应用场景。对于用户来说，由云服务提供者所提供的服务都是透明的，云服务使用者对云系统内部的实现是不感知的，它是一个黑盒，仿佛被云掩盖一般。

图 8-1　云计算的一些具体应用场景

“云计算”这个概念本身就不是一个很学术的定义，关于该概念的说法也是五花八门，其中一种比较权威的说法便是美国国家标准与技术研究院（National Institute of Standards and Technology，NIST）给出的定义：

Cloud computing is a model for enabling ubiquitous, convenient, on - demand networkaccess to a shared pool of configurable computing resources (e. g. , networks, servers, storage, applications, and services) that can be rapidly provisioned and released with minimal management effort or service provider interaction.（云计算是一种模式，这种模式提供可用的、便捷的、按需的网络访问方式接入可配置的共享计算资源池（例如网络、服务器、存储资源、应用软件、服务等资源），这些资源能够被快速提供，同时使用者只需投入很少的管理工作或与服务供应商进行很少的交互。）

超级计算机本身是一个大规模的分布式计算集群，诸如此类大规模的计算机集群所提供的计算能力是非常巨大的，而如此强大的计算能力，我们每个人其实只需要分得其中很少的一部分就已经足够满足日常需求。云计算技术正是通过这种虚拟化技术来为我们每个人提供一部分的计算能力，这也是云计算领域中“多租户”的概念。这部分的计算能力可以根据我们每个人的需求进行个性化定制、弹性伸缩，而且可以按量付费，改变了传统的必须先购买服务器的模式，从而节省了很多不必要的生产成本，同时也更便于运行维护。

8.1.2 云服务的形式

云计算一般包括以下几个层次的服务类型：

- ❑ 基础设施即服务（IaaS）
- ❑ 平台即服务（PaaS）
- ❑ 软件即服务（SaaS）

这些服务类型的关系如图 8-2 所示。

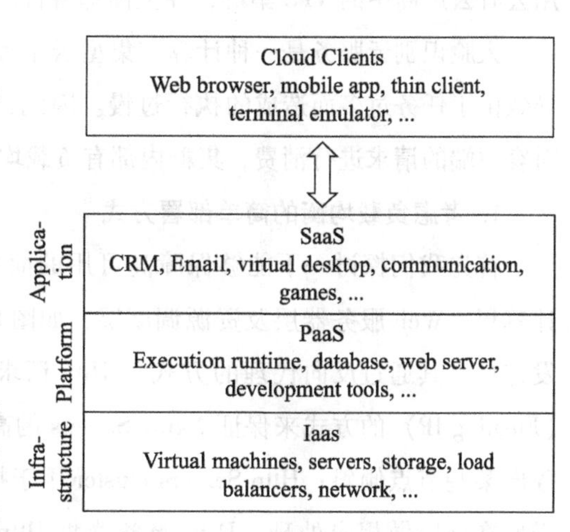

图 8-2 云服务的一些基本形式

1. 基础设施即服务

消费者通过网络可以从服务商处获得计算机的基础设施服务，例如服务器租用、GPU 计算节点租用等。我们租用的、用于部署服务程序的 VPS 便属于该种服务类型。

2. 平台即服务

PaaS 是指将研发过程中的某个平台作为一种服务，提供给用户使用。比较常见的如租用云关系型数据库服务（Relational Database Service，RDS），这种服务方式与传统的数据库服务部署相比，提供了一种开箱即用、稳定可靠、弹性伸缩的在线数据库服务。

3. 软件即服务

这是一种通过网络提供软件服务的模式，用户无须购买正版软件，而是向提供商租用基于 Web 的软件，进行各种生产实践。例如在线人脸识别云服务、在线语音识别、语音合成、智能客服等。

从实现形式上来看，如果我们只是提供比较简单的 API，供使用者通过网络来调用，这算是一种非常简陋的 SaaS 云服务。而现在的一些商业人脸识别云服务商，能够提供更好的解决方案，例如通过 Html5 接入等，或者提供一套完整的数据化服务等。

8.1.3 云平台架构设计

公有云是对所有用户都开放的，大家都可以出钱来租用云服务。而私有云则是为一个客户单独构建的，例如企业自己实现的、只为自己公司内部提供云服务。与公有云相比，私有云更容易自主可控，能够自行掌握数据、安全性和服务质量。但是与此同时，私有云比共有云的开销相对也更多。一般人脸识别应用所存储的敏感数据有限，大多数情况下租用公有云厂商中的 VPS 集群，在上面部署自己的应用即可。

人脸识别云服务是一种计算密集型云服务，如果请求全都集中在一台服务器上，将会导致由于任务过多而造成的执行过慢。因此，在实际工程实践上，一般都采用集群的方式对客户端的请求进行消费，集群内部有负载均衡机制，以保障集群的高可用。

1. 考虑负载均衡的简单部署方式

首先我们探讨一下能够保障高可用的简单架构。通常情况下，云平台可以分为弹性计算层、Web 服务器层及资源调度层，如图 8-3 所示。其中，Nginx Servers 用于接受高并发连接，其通过反向代理的方式将 Http 请求转发到不同的 Http 服务器上，通过浮动 IP（Floating IP）的方式来保证 Nginx Servers 的高可用；Nginx Servers 进行负载均衡，防止业务向某些节点倾斜；Http Servers cluster 用于接受客户端的 Http 请求，“多租户”特性也需要在该层做相应处理。Http 服务器将 Http 请求解析出来，并执行相应的人脸识别程序，计算节点可以单独抽取出来，并在 Http 服务器处通过 RPC 来调用。不过由于使用 RPC 调用计算节点来执行人脸识别会伴随着较多的数据传输，因此一般将 Http 服务器与计算节点部署在一起即可。这里需要注意的是，如果考虑高并发场景，这些业务产生的计算量将特别大，应该保证先请求的客户先得到结果，即 FIFO，这样需要在业务执行时进行排队处理。

该种部署方式的好处是架构思想简单，能够保障一般并发场景中的高可用。高可用保障主要是通过增加 Nginx 的冗余节点来实现的，在该种架构方式中通过浮动 IP 技术来实现 Nginx 节点的双机热备。一旦 Nginx 反向代理服务器主节点发生异常，IP 向从节点切换，这样就可以保证该层 Nginx 反向代理服务的高可用。同时，对服务器集群的这种设计，也可以实现蓝绿发布，保证了云服务的延续性。

Nginx 节点可以将请求反向代理到不同的 Web 服务节点上去消费。在 Nginx 的反向代理中采用了负载均衡技术，Nginx 支持以下 3 种负载均衡机制。

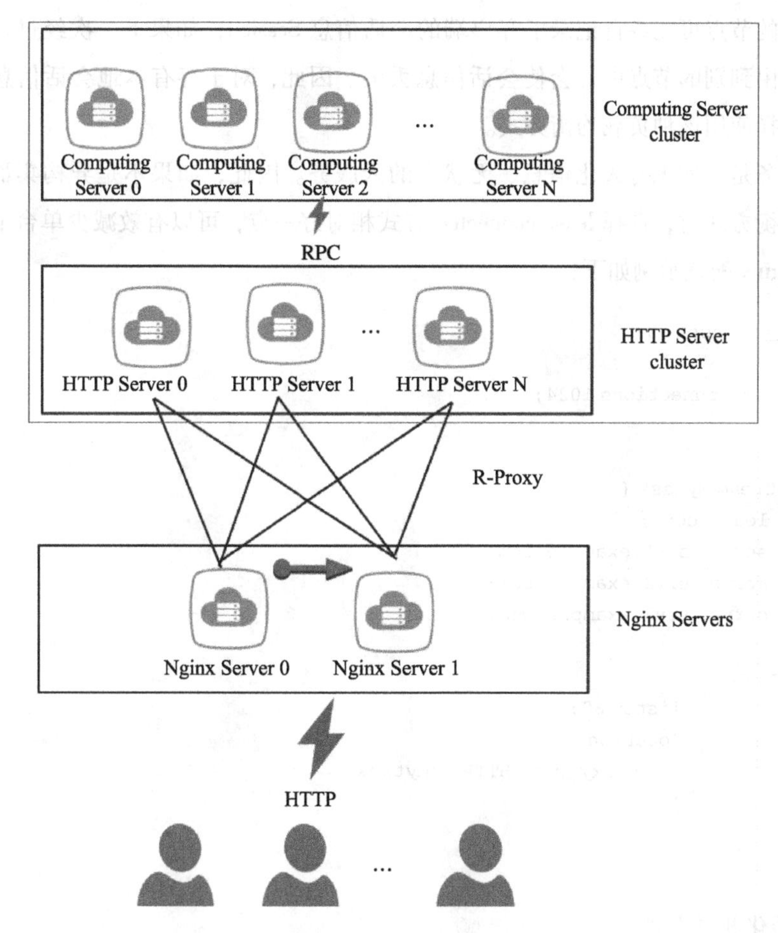

图 8-3 一种人脸识别云平台的架构示意图

(1) round-robin

以轮询的方式将请求分配到不同服务器上，这是一种最简单的负载均衡方法，通过周期性的轮换使每一个来自客户端的连接被服务器集群中的不同节点消费。

(2) least-connected

最少连接数方法，即将下一个请求分配到当前连接数最少的那台服务器上。这是一种比轮换方式更高级的负载均衡方式。但是由于每台服务器的实际情况可能会存在差异，对计算任务的处理能力也不尽相同，如果采用轮讯的方式依然可能会造成某个节点上计算压力过大。

(3) ip-hash

Hash 散列函数根据客户端的 IP 地址，判断将下一个连接请求分配到哪台服务器上。服务器集群中的节点可能各自记录了客户端的会话信息 Session，如果下一次经过负载均衡后的连接被路由到别的节点中，会使会话信息丢失。因此，对于存有本地会话信息的业务场景，可以选择使用该种负载均衡方式。

该云服务是一种无持久化信息、无状态的云服务。因此，如果不是异构集群的话，在选择负载均衡方式时，选择 least-connected 方式相对好一点，可以有效减少单台节点的计算压力。其 Nginx 配置示例如下：

```
worker_processes 2;
events {
    worker_connections 1024;
}
HTTP{
    upstream mytask {
        least_conn;
        server srv1.example.com;
        server srv2.example.com;
        server srv3.example.com;
    }
    server{
            listen 80;
            location / {
                proxy_pass HTTP://mytask;
            }
        }
}
```

2. 容器化部署方式

我们可以发现，通过 Nginx 来做负载均衡的这种简单部署方式，在异构集群上效果并不会太好，因为这种方式过于“简单粗暴”，并不能提高集群整体的资源利用率。

为了提高资源的利用率，其实一种比较好的方式是使用资源管理器，例如 Hadoop 集成的 YARN（Yet Another Resource Negotiator）组件，以及布式资源管理框架 Mesos 等。但是此类资源调度与管理器主要用在分布式计算中，与我们这种需要常驻在内存中的服务还不完全一样。经过权衡考量之后，其实采用当前比较流行的 Docker 和 K8s 还是相对比较合适的。

Docker 是 2013 年开源的应用容器引擎，它以容器为资源分割和调度的基本单位，开发者可以将应用及依赖包放到一个可移植的容器中，然后发布到一定 Linux 内核版本以上的操作系统中，以实现轻量级别的虚拟化。Docker 使用沙箱机制，通过镜像来保证运行环境的一致性。它的启动速度为秒级左右，可以更好地满足云计算的自动化及弹性扩容等场景。

从宏观上来看，Docker与虚拟机实现的功能类似，都能够对CPU、内存、磁盘等资源进行隔离。但是，Docker的实现机制与虚拟机是完全不一样的。虚拟机采用的是基于hypervisor的虚拟化技术，如图8-4所示是虚拟机的结构示意。

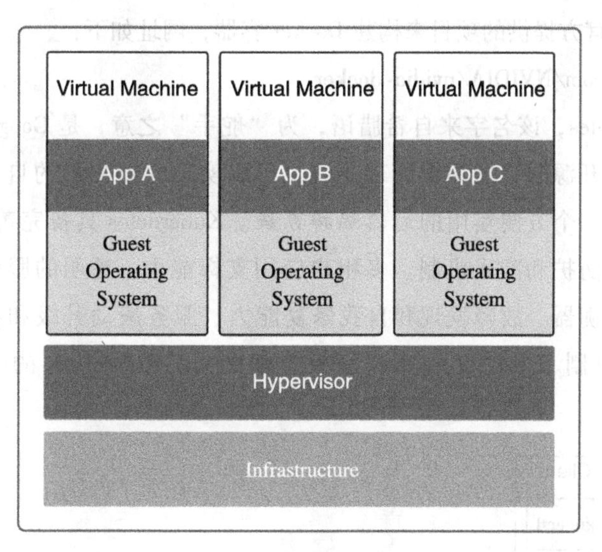

图8-4 虚拟机的结构

而Docker主要采用LXC技术实现，LXC即Linux container。它采用Linux内核提供的控制组（control group，Cgroup）技术来实现资源隔离，同时采用了Linux的其他特性，如namespace、chroot来控制可见性等。Docker的结构如图8-5所示。

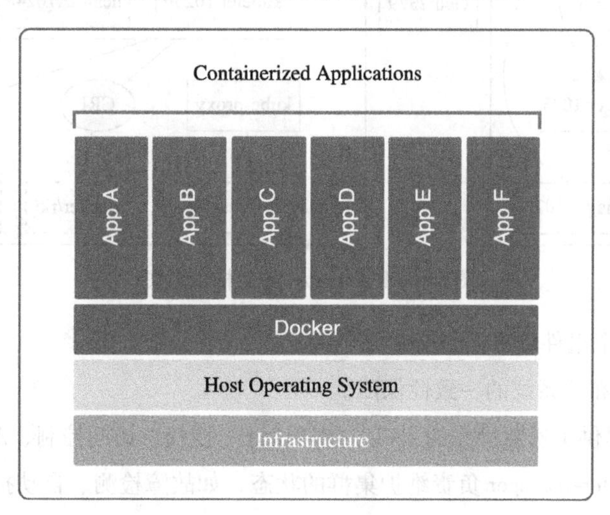

图8-5 Docker的结构

通过对比图 8-4 与图 8-5，我们可以发现 Docker 的架构要比虚拟机更轻量化，Docker 不需要再增加一层很重的 Guest Operating System 层，从而减少了额外的资源开销。

如果集群中的计算节点使用了 GPU 进行加速，希望通过 Docker 对 GPU 进行隔离，那么可以采用英伟达官方提供的项目来构建 Docker 容器，网址如下：

https://github.com/NVIDIA/nvidia-docker

K8s 即 Kubernetes，该名字来自希腊语，为“舵手”之意，是 Google 于 2014 年创建、管理的。它是一个开源的容器集群管理系统，可以实现容器集群的自动化部署、自动扩缩容、维护等，是一个方便实用的容器编排系统。Kubernetes 具备完善的集群管理能力，包括多层次的安全防护和准入机制、多租户应用支撑能力、透明的服务注册和服务发现机制、内建负载均衡器、故障发现和自我修复能力、服务滚动升级和在线扩容、可扩展的资源自动调度机制、多粒度的资源配额管理能力。Kubernetes 的整体架构如图 8-6 所示。

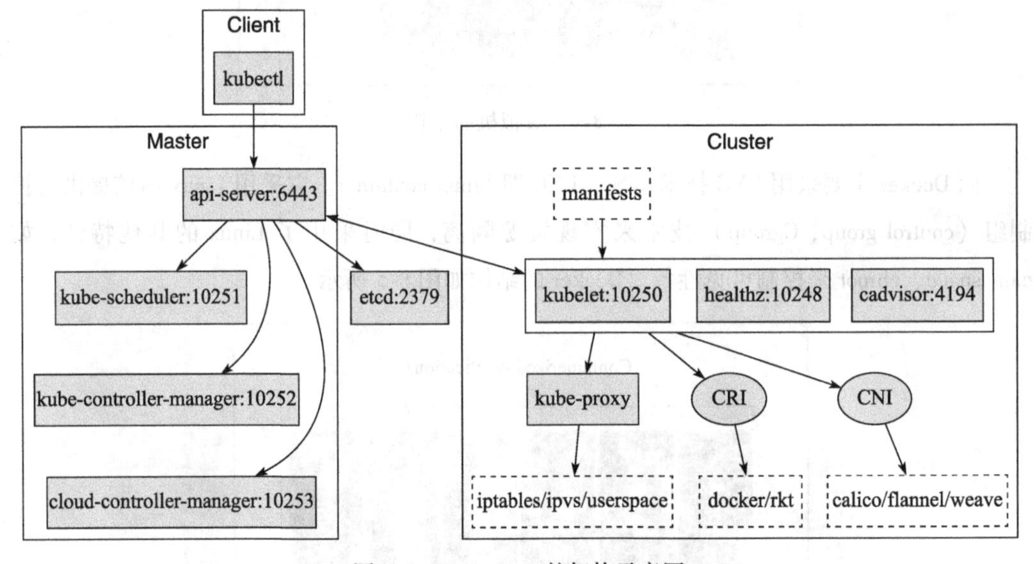

图 8-6　Kubernetes 的架构示意图

图 8-6 中的各个组件负责的功能主要包括：

- etcd 负责分布式系统的一致性保障。
- api-server 提供了资源操作的入口，包括认证、授权、访问控制、API 注册和发现等。
- kube-controller-manager 负责维护集群的状态，如故障检测、自动扩展、滚动更新等。
- kube-scheduler 负责资源的调度，按照预定的调度策略将 Pod 调度到对应的节点上。

- kubelet 负责维持容器的生命周期，同时也负责 Volume（CVI）和网络（CNI）的管理。
- CRI 即为容器运行时，负责镜像管理等，默认的容器 runtime 为 Docker。
- kube-proxy 负责为 Service 提供 cluster 内部的服务发现和负载均衡。

使用 Kubernetes 的服务部署方法网络上的教程非常多，读者可以参考网络中的相关教程，此处重点探讨部署过程中的几个关键点。我们希望部署的人脸识别服务能够保证服务的高可用和负载均衡，Kubernetes 通过对 pod 运行状态的监控，可以自动根据主机或容器的失效状态，在新的节点上创建 pod，从而实现了部署应用的高可用。

而对部署的人脸识别服务的负载均衡，一般有下面几种方案。

- LoadBlancer Service：该方案是通过向底层的云平台申请创建一个负载均衡器，从而实现对外暴露服务。该种方案需要云平台的支持，国内外的主流公有云平台都已经支持了。
- NodePort Service：该方案是通过在集群的每个节点上开放一个端口，然后通过端口映射的方式来映射到具体的服务上。该种方法弊端较多，不是主流方法。
- Ingress：该方案与我们前面介绍的简单部署方式实际上是类似的，都是通过自己定义的负载均衡器来实现负载均衡，通常也是采用 Nginx 做反向代理来实现的。Ingress 包括 3 个组件，分别是负载均衡器、Ingress Controller 及 Ingress，其中 Ingress 是规则配置；Ingress Controller 负责与 Kubernetes API 通信，从而实时感知 service、pod 等的变化；Ingress Controller 结合 Ingress 生成配置，然后用新的配置更新负载均衡器，从而实现动态服务发现与配置更新。Kubernetes 官方给出了详细的操作方法，其网址如下：https://kubernetes.io/docs/concepts/services-networking/ingress

8.2 服务 API 设计

人脸识别服务最终还是需要以 Http 形式的 API 作为接口，提供给外部应用调用。良好的 API 不仅便于理解，也便于使用，更方便集成到应用中。人脸识别 API 最好遵循 Restful 风格，需要保证每个 URI 都对应一个特定的资源，提交数据采用表单的形式即可，返回数据推荐使用 JSON 格式。

这里综合了几种商用人脸识别云服务 API 的设计，下面对其进行简单的介绍与分析。

8.2.1 人脸检测

我们前面曾经介绍过，在进行人脸识别或验证之前，需要先对其进行人脸检测，因此人脸检测一般都是单独的一个 API。Face ++ 等的人脸检测 API 在提交数据时采用表单的形式进行提交，返回数据以 JSON 的形式返回，而阿里云、华为云、腾讯云等采用 JSON 的形式提交请求数据。这里以其中一种比较具有代表性的云平台为例进行介绍，它在图片提交时采用了多种方法，这里的 API 形式如下：

```
POST/v1/{project_id}/face-detect
```

其中 project_id 代表工程 ID，由用户指定。我们首先来看一下不同请求方式的 Http 请求报文。

方式一：使用图片的 BASE64 编码。

```
POST
    https://face.cn-north-1.myhuaweicloud.com/v1/d3f8e6476fbf416689f209e168ef4d31/
    face-detect
Request Header:
Content-Type: application/json
X-Auth-Token: MIINRwYJKoZIhvcNAQcCoIINODCCDTQCAQExDT...

Request Body:
{
    "image_base64": "/9j/4AAQSkZJRgABAgEASABIAAD",
    "attributes": "0,1,2,3,4,5"
}
```

方式二：使用图片文件。

```
POST
    https://face.cn-north-1.myhuaweicloud.com/v1/d3f8e6476fbf416689f209e168ef4d31/
    face-detect
Request Header:
X-Auth-Token: MIINRwYJKoZIhvcNAQcCoIINODCCDTQCAQExDT...
Request Body:
    image_file: File(图片文件)
    attributes: 0,1,2,3,4,5
```

方式三：使用图片 url。

```
POST
    https://face.cn-north-1.myhuaweicloud.com/v1/d3f8e6476fbf416689f209e168ef4d31/
    face-detect
Request Header:
Content-Type: application/json
X-Auth-Token: MIINRwYJKoZIhvcNAQcCoIINODCCDTQCAQExDT...
Request Body:
```

```
{
    "image_url": "/BucketName/ObjectName",
    "attributes": "0,1,2,3,4,5"
}
```

主要参数为图片源和属性值。

- 图片源：image_url、image_file、image_base64 三选一。
- 属性值：attributes 字段，表明是否返回人脸属性，希望获取的属性列表，多个属性间使用逗号间隔。

该云平台提供了两种认证方式进行鉴权。

- Token 认证：通过 Token 认证调用请求，需要获取用户 Token，并在调用接口时增加"X-Auth-Token"到业务接口的请求消息头中，上面的 3 种调用演示均采用此种方式。
- AK/SK 认证：通过 API 网关向下层服务发送请求时，必须使用 AK、SK 对请求进行签名，AK/SK 认证安全性更高。

我们前面介绍了，与此种采用的数据提交方式不同，Face ++ 采用表单的形式提交请求数据，鉴权信息也是以表单的形式提交的，通过 api_key 和 api_secret 字段来判断是否有权限使用 API。对于 Face ++ 的这种以表单形式的请求，我们可以很方便地用 curl 工具来模拟。

```
curl "https://api.faceid.com/faceid/v1/detect" -F api_key=<api_key>
  -F api_secret=<api_secret> -F image=@customer.jpg
```

判断返回结果是否正确可以通过 Http 返回页面的状态码来判断，一般是 200 代表返回结果正确，非该值则表明发生了某些异常。不同的云平台对这些错误码的定义也不同，其返回的 JSON 信息中一般包含了发生异常的具体原因。例如：

```
{
    "error_code": "FRS.0019",
    "error_msg": "The service has not been subscribed."
}
```

执行成功则返回检测到的人脸矩形边界的 4 个坐标值。对于包含多个人脸的图片，则返回由多个检测结果组成的列表即可。例如，检测到多个人脸的返回结果如下：

```
{
    "faces": [
        {
            "bounding_box": {
```

```
        "width": 174,
        "top_left_y": 37,
        "top_left_x": 22,
        "height": 174
    },
    "attributes": {
        "age": 35,
        "smile": "yes",
        "gender": "male",
        "dress": {
            "glass": "none",
            "hat": "none"
        },
        "headpose": {
            "pitch_angle": -3.8639126,
            "roll_angle": -3.988193,
            "yaw_angle": -1.0292832
        }
    },
    "landmark": {
    "eyebrow_contour": {
        "point": [
            {
                "x": 158.78517,
                "y": 90.02418
            },
            {
                "x": 150.86162,
                "y": 82.432076
            },
            {
                "x": 131.3591,
                "y": 80.78191
            },
            {
                "x": 121.39423,
                "y": 87.62841
            },
            {
                "x": 132.25839,
                "y": 88.44499
            },
            {
                "x": 149.63844,
                "y": 89.3718
            },
```

```
            {
                "x": 59.65225,
                "y": 99.64757
            },
            {
                "x": 65.96038,
                "y": 88.92635
            },
            {
                "x": 85.72037,
                "y": 85.07116
            },
            {
                "x": 97.09234,
                "y": 89.34221
            },
            {
                "x": 86.07851,
                "y": 92.297516
            },
            {
                "x": 67.51544,
                "y": 95.58905
            }
        ]
    },
    "eyes_contour": {
        "point": [
            {
                "x": 69.22003,
                "y": 105.52183
            },
            {
                "x": 81.599174,
                "y": 98.70017
            },
            {
                "x": 94.22879,
                "y": 103.18641
            },
            {
                "x": 82.32345,
                "y": 107.02255
            },
            {
                "x": 150.97876,
```

```
            "y": 99.29232
        },
        {
            "x": 137.91818,
            "y": 93.49849
        },
        {
            "x": 125.78866,
            "y": 100.8499
        },
        {
            "x": 138.81555,
            "y": 102.29028
        },
        {
            "x": 75.16096,
            "y": 100.01521
        },
        {
            "x": 75.6541,
            "y": 107.08471
        },
        {
            "x": 89.18221,
            "y": 106.11414
        },
        {
            "x": 88.87559,
            "y": 98.87617
        },
        {
            "x": 130.7761,
            "y": 95.49036
        },
        {
            "x": 131.64914,
            "y": 102.47154
        },
        {
            "x": 145.64833,
            "y": 101.04822
        },
        {
            "x": 145.52222,
            "y": 94.39164
        }
    ]
```

```
    },
    "face_contour": {
        "point": [
            {
                "x": 50.049454,
                "y": 104.4499
            },
            {
                "x": 52.502007,
                "y": 123.68245
            },
            {
                "x": 55.028637,
                "y": 143.12273
            },
            {
                "x": 59.972454,
                "y": 163.16571
            },
            {
                "x": 69.73235,
                "y": 180.53296
            },
            {
                "x": 81.76993,
                "y": 195.74933
            },
            {
                "x": 96.15602,
                "y": 210.08699
            },
            {
                "x": 115.32445,
                "y": 215.14973
            },
            {
                "x": 134.04883,
                "y": 209.08778
            },
            {
                "x": 147.96034,
                "y": 194.2003
            },
            {
                "x": 158.3112,
                "y": 178.27126
            },
```

```
            {
                "x": 165.62479,
                "y": 159.71454
            },
            {
                "x": 168.95554,
                "y": 139.12373
            },
            {
                "x": 169.59795,
                "y": 119.938416
            },
            {
                "x": 169.9221,
                "y": 99.658844
            }
        ]
    },
    "mouth_contour": {
        "point": [
            {
                "x": 82.56091,
                "y": 160.6078
            },
            {
                "x": 91.546906,
                "y": 154.97893
            },
            {
                "x": 101.45366,
                "y": 152.51962
            },
            {
                "x": 111.45223,
                "y": 153.75433
            },
            {
                "x": 122.52581,
                "y": 152.07089
            },
            {
                "x": 133.3687,
                "y": 152.31891
            },
            {
                "x": 142.48122,
                "y": 154.72552
```

```
},
{
    "x":136.62144,
    "y":167.81747
},
{
    "x":126.79148,
    "y":175.79927
},
{
    "x":113.959526,
    "y":179.32193
},
{
    "x":99.90567,
    "y":178.14986
},
{
    "x":88.95302,
    "y":172.11215
},
{
    "x":95.30528,
    "y":168.83522
},
{
    "x":112.094025,
    "y":170.73698
},
{
    "x":129.00156,
    "y":166.50134
},
{
    "x":128.46986,
    "y":156.3436
},
{
    "x":111.70824,
    "y":158.2964
},
{
    "x":96.44703,
    "y":158.49106
},
{
    "x":111.8587,
```

```
                "y":164.61029
            }
        ]
    },
    "nose_contour":{
        "point":[
            {
                "x":100.12734,
                "y":103.06376
            },
            {
                "x":99.64418,
                "y":121.0322
            },
            {
                "x":92.39153,
                "y":134.87288
            },
            {
                "x":95.70406,
                "y":140.70796
            },
            {
                "x":113.04284,
                "y":143.04053
            },
            {
                "x":129.63658,
                "y":138.64207
            },
            {
                "x":131.6913,
                "y":131.54257
            },
            {
                "x":122.73644,
                "y":119.520386
            },
            {
                "x":119.106,
                "y":102.450005
            },
            {
                "x":102.1847,
                "y":138.2676
            },
```

```
                        {
                            "x":122.21693,
                            "y":137.64107
                        },
                        {
                            "x":112.65759,
                            "y":131.8112
                        }
                    ]
                }
            }
        }
    ]
}
```

8.2.2 人脸对比

人脸对比即人脸验证，需要同时传递两张人脸图片，然后判断这两张人脸图片是否属于同一个人。有的 API 还会返回这两张图片属于同一个人的概率量化值（例如人脸相似度）。仍然以公有云平台提供的云服务为例，人脸对比的接口定义如下：

```
POST /v1/{project_id}/face-compare
```

请求样例如下。

方式一：使用图片的 BASE64 编码。

```
POST
    https://face.cn-north-1.myhuaweicloud.com/v1/d3f8e6476fbf416689f209e168ef4d31/
    face-compare

Request Header:
Content-Type:application/json
X-Auth-Token:MIINRwYJKoZIhvcNAQcCoIINODCCDTQCAQExDT...

Request Body:
{
    "image1_base64":"/9j/4AAQSkZJRgABAgEASABIAAD",
    "image2_base64":"/9j/4AAQSkZJRgABAgEASABIAAD"
}
```

方式二：使用图片文件。

```
POST
    https://face.cn-north-1.myhuaweicloud.com/v1/d3f8e6476fbf416689f209e168ef4d31/
    face-compare
```

```
Request Header:
X-Auth-Token: MIINRwYJKoZIhvcNAQcCoIINODCCDTQCAQExDT...

Request Body:
image1_file: File(图片文件)
image2_file: File(图片文件)
```

方式三：使用图片 url。

```
POST
    https://face.cn-north-1.myhuaweicloud.com/v1/d3f8e6476fbf416689f209e168ef4d31/
    face-compare

Request Header:
Content-Type: application/json
X-Auth-Token: MIINRwYJKoZIhvcNAQcCoIINODCCDTQCAQExDT...

Request Body:
{
    "image1_url":"/BucketName/ObjectName",
    "image2_url":"/BucketName/ObjectName"
}
```

在一张图片中存在多个人脸的情况下，该云服务的规则是以该图片中人脸区域最大的为主。成功的响应样例如下：

```
{
    "image1_face": {
        "bounding_box": {
            "width": 174,
            "top_left_y": 37,
            "top_left_x": 22,
            "height": 174
        }
    },
    "similarity": 0.4078676104545593,
    "image2_face": {
        "bounding_box": {
            "width": 118,
            "top_left_y": 28,
            "top_left_x": 94,
            "height": 118
        }
    }
}
```

失败的响应样例如下：

```
{
    "error_code": "FRS.0501",
    "error_msg": "Detect no face, check out your picture."
}
```

此处介绍的是人脸对比场景，人脸识别场景也是类似的API设计，只不过人脸识别场景是对提交的人脸图片进行多分类的场景。在该场景中，需要用户自己在云平台中维护一个人脸库，云平台通过对比提交的人脸图片与人脸库中哪张图片比较相似，进而返回给用户一个人脸类别的标签。

8.3 人脸图片存储

人脸图片是静态文件，少量的人脸图片直接存储在服务器中即可。当用户需要获取某个图片时，直接通过Nginx这种高性能的Web服务器返回给用户数据流就可以。但是，人脸图片往往都是小文件，海量的小文件直接存储在磁盘上会影响系统性能。同时，Linux下同一级目录中的文件和目录数会受到客观限制，这些限制主要来自Linux采用的文件系统和索引节点inode数等。因此，无论从哪个角度来考虑，直接将海量的人脸图片存储在磁盘上不是一种好的方式。一般都是将其存储在分布式文件存储系统中，这样不但能够提高业务系统的高性能，还能获得更高的可靠性，保证业务的连续性。

海量人脸图片存储是一种海量小文件存储场景，该类型场景是一个比较典型的业务场景，业内的解决方案一般也比较成熟。例如，可以采用开源的分布式文件存储系统fastDFS，以及淘宝开源的TFS等，不过这两个项目都长时间没有维护了。除此之外，还可以采用当前比较热门的分布式文件存储系统Ceph，或者Hadoop提供的海量小文件存储方案（Hadoop默认的存储方案不适合存储海量小文件）。你也可以直接将这些海量小文件存储在云上，如亚马逊AWS提供的S3服务。云上的对象存储服务（OBS）性价比也是很不错的，通常采用按流量计费的方式，而且文件存储安全不易丢失，服务不易间断，存储空间扩展性好。

我们前面介绍了人脸图片提取特征的方法，那么一种非常有必要的操作就是将这些提取到的特征向量持久化，便于以后使用。一个真实的业务场景就是：一个人有很多张人脸图片，我们既要将这些人脸图片的特征持久化，又要标明这些人脸图片是属于哪个人的，同时还要能够根据某一个图片的信息获取到这张图片。上述关系如表8-1和表8-2所示。

表 8-1 人脸组信息表

id	group_name	count
1	Alice	8
2	Bob	2
……	……	……

表 8-2 人脸图片信息表

face_id	group_id	feature
b3496d8b4da05	1	[2.5, 25.6, 45.4, 19.23, ...]
f1ef4b3496d8	1	[55, 26, 44, 18.6, ...]
496d8b4da050cab	2	[45.5, 56.3, 55.2, 47...]
b4da050cab0e	3	[23.5, 33.6, 75.8, 23.9, ...]
……	……	……

我们可以看到，表 8-1 与表 8-2 之间存在关联，表 8-2 中的 group_id 列是一个外键，由表 8-1 中的主键 id 进行约束。该表信息可以存储在关系型数据库中，这样，我们就可以将人脸图片信息进行类别标定。由于关系型数据库存储这种海量的非结构化数据效果很差，因此人脸图片数据存储在云端的对象存储服务中，可以通过 face_id 列中的信息来获取人脸图片数据。

但是，这样做有一个弊端，就是在需要获取某一个人的全部人脸图片时，需要先从关系型数据库中获取人脸图片的 face_id 信息，然后根据这个 face_id 信息去对象存储服务中获取人脸图片。这个过程明显比较麻烦。

一种更好的方法是使用基于 HBase 的存储方式，这样能够很方便地一次获取到某个组中全部的人脸图片数据，简化了图片数据获取步骤，从而提高了性能。这是通过将人脸图片这种非结构化数据与人脸信息结构化数据一起存储在 HBase 中来实现的，采用 HBase 2.0 引入的 MOB 特性来存储海量小文件（一般小于 10M）。HBase 的设计结构如表 8-3 所示。

表 8-3 HBase 表结构

RowKey	C：人脸 1 id	C：人脸 2 id	……	C：人脸 N id
group_id	人脸 1	人脸 2	……	人脸 N
group_id_feature	人脸 1 特征	人脸 2 特征	……	人脸 N 特征

在 HBase 的设计中，我们可以在创建表时为表指定开启 MOB 特性，用以存储小文件。将人脸组 id 即 group_id 名作为获取人脸图片数据的 RowKey，将 group_id_feature（即以 feature 作为后缀混合 group_id 名的字符串）作为获取人脸特征的 RowKey。将人脸的列簇命名为"C"，每个人脸 id 作为列名。这样就可通过 RowKey 来直接获取属于某一个人的全部人脸图片或特征了。

8.4 人脸图片检索

我们通过机器学习算法可以对人脸图片实现降维，如某张图片的尺寸是 64×64 的 RGB 图像，则这个图片的维度是 64×64×3 = 12288 维。直接将这个维度用于图片识别显然是不合适的，这是图片的原始维度，不是图片的特征。

提取图片特征的过程是一个降维过程，深度学习所采用的手段就是深度卷积神经网络。有了提取到的图片特征，我们就可以对比两张图片的相似度（即人脸对比），或者对比该张图片与多张图片中人脸的相似度（即人脸识别），这些我们在前面都详细介绍过。那么，读者有没有考虑过这样一个场景：以图搜图功能，即用户上传某一张图片，系统会给其返回一些类似的图片。

这个过程怎么实现呢？最简单的方法就是暴力扫描，也就是线性扫描。假如图片数据库中有 n 张图片，那么这个线性扫描的时间复杂度就是 $O(n)$，如果这个 n 值很大，也就是海量数据的时候，采用暴力的线性扫描是根本不可取的。试想，在淘宝网拍照识别商品时，整个过程等上若干个小时，你还会去等待吗？

因此，对于海量数据场景，高效的图像检索技术尤其重要。例如，一个典型的应用场景就是"平安城市"，公安人员可以利用该技术对嫌疑犯进行追踪，或者在公安内部系统检索一些与嫌疑犯人脸相近之人的信息。

通常用的图像检索方法包括线性扫描、hierarchical kd 树、hierarchical kmeans、基于局部敏感哈希（LSH）的图像检索，以及基于图的图像检索等。这里的很多算法是十分复杂的，需要仔细研读相关论文。这里简单介绍一种理解简单且相对常用的图像检索方法，即基于 k-means 算法的一种图像检索方法。

hierarchical kmeans 算法是在图片特征空间进行聚类，共聚成 k 类，这样我们就将图片数据分成了 k 个类别，在每一个得到的类别的基础上再使用 kmeans 算法进行聚类，以此类推，就可以得到一个树。在图像检索的时候，如果希望得到与某个图片类似的图片，就可以通过这个树来快速地获取结果。但是，这个方法也存在问题：数据样本可能会分得不均匀，有些结果会返回得比较快，有些结果会由于树太高而返回相对较慢；另外，如果是大量的人脸数据，这个树的规模肯定会更大，在 k 一定的情况下，树也会更高，因此，在海量数据的时候，这个算法就不太实用了。因此，人们在这基础上提出了一些改进的算法，乘积量化算法（product quantization）就是一种比较主流的图像检索算法。

我们可以看到，图像检索技术实际上相当于对现有的图片数据建立了索引，这是一种向量检索。通过这类方法，能够快速找到与某一张人脸图片中的人脸类似的人脸图片，这是对提取到人脸特征的一种利用。业内当前还缺少专门用于图像检索领域的成套开源系统，用于特定场景的图片检索系统往往都需要业务线自行实现。但是图像检索算法和某些算法的实现是有开源资料可供使用的，例如开源的大数据计算引擎 Spark 就提供了对局部敏感哈希算法和层次聚类算法的支持。同时，需要指出的是，对这些人脸数据建立索引的过程可能是很漫长的，因为这是一个机器学习的迭代过程。

8.5 本章小结

本章中我们介绍了人脸识别工程化的一些知识，也介绍了当前非常热门的容器技术。容器技术是基于 Linux 的一些特性实现的，诸如 cgroup、chroot、namespace 等。通过容器可以很方便地将任务隔离开，从而提高系统的资源使用率。在本章中我们介绍了传统的高可用负载均衡集群，以及采用 K8s 进行容器编排的部署方式。

同时我们还介绍了 Web 服务的 API 设计，并给出了已经用于商业场景中的 Web API 范例。在本章的最后，我们还谈到了图片存储的问题，海量小文件存储可以说是一个比较经典的场景，现有的解决方案也比较多。我们在提取到图片的特征向量之后，如果想实现“以图搜图”功能，那么就需要为这些图片建立索引。建立索引的过程实际上也是一个机器学习过程，主要采用聚类方法。通常可以采用 hierarchical kmeans 以及 product quantization 等算法来实现。

APPENDIX

附录

参考文献

[1] 李航．统计学习方法[M]．清华大学出版社，2012.

[2] Stephen Boyd,Lieven Vandenberghe. 凸优化[M]．清华大学出版社，2013.

[3] Ian Goodfellow，Yoshua Bengio，Aaron Courville. 深度学习[M]．人民邮电出版社，2017.

[4] 叶韵．深度学习与计算机视觉[M]．机械工业出版社，2017.

[5] 方保镕．矩阵论[M]．清华大学出版社出版图书，2004.

[6] Lin M，Chen Q，Yan S. Network In Network[J]. Computer Science，2013.

[7] Ioffe S，Szegedy C. Batch Normalization：Accelerating Deep Network Training by Reducing Internal Covariate Shift[J]. 2015.

[8] Srivastava N，Hinton G，Krizhevsky A 等．Dropout：A Simple Way to Prevent Neural Networks from Overfitting[J]. Journal of Machine Learning Research，2014，15(1)：1929-1958.

[9] Dropout as data augmentation. http://arxiv.org/abs/1506.08700.

[10] Clevert，Djork-Arné，Unterthiner T，Hochreiter S. Fast and Accurate Deep Network Learning by Exponential Linear Units (ELUs)[J]. Computer Science，2015.

[11] Klambauer，Günter，Unterthiner T，Mayr A 等．Self-Normalizing Neural Networks[J]. 2017.

[12] Andrew L. Maas，Awni Y. Hannun，and Andrew Y. Ng. (2013). Rectifier Nonlinearities Improve Neural Network Acoustic Models. ICML Workshop on Deep Learning for Audio，Speech，and Language Processing (WDLASL 2013).

[13] He K，Zhang X，Ren S 等．Delving Deep into Rectifiers：Surpassing Human-Level Performance on ImageNet Classification[J]. 2015.

[14] Tieleman，T. and Hinton，G. rmsprop：Divide the gradient by a running average of its recent magni-

tude. 2012.

[15] Duchi J, Hazan E, Singer Y. Adaptive Subgradient Methods for Online Learning and Stochastic Optimization[J]. Journal of Machine Learning Research, 2011, 12(7): 257-269.

[16] Adadelta-an adaptive learning rate method. https://arxiv.org/abs/1212.5701v1.

[17] Kingma D, Ba J. Adam: A Method for Stochastic Optimization[J]. Computer Science, 2014.

[18] On the Convergence of Adam and Beyond. http://www.satyenkale.com/papers/amsgrad.pdf.

[19] Ruder S. An overview of gradient descent optimization algorithms[J]. 2016.

[20] Nadam report.

[21] Sutskever I, Martens J, Dahl G等. On the importance of initialization and momentum in deep learning [C]// International Conference on International Conference on Machine Learning. JMLR.org, 2013.

[22] Yang Y. Elements of Information Theory[J]. Publications of the American Statistical Association, 2008, 103(481): 1.

[23] Sirovich L, Kirby M. Low-dimensional procedure for the characterization of human faces[J]. J. opt. am. a, 1987, 4(3): 519.

[24] Turk M, Pentland A. Eigenfaces for recognition. [J]. J Cogn Neurosci, 1991, 3(1): 71-86.

[25] Viola P, Jones M. Rapid Object Detection using a Boosted Cascade of Simple Features[C]// null. IEEE Computer Society, 2001.

[26] Viola P, Jones M J. Robust Real-Time Face Detection[J]. International Journal of Computer Vision, 2004, 57(2): 137-154.

[27] https://docs.opencv.org/trunk/d7/d8b/tutorial_py_face_detection.html.

[28] Belhumeur P N, João P. Hespanha, Kriegman D J. Eigenfaces vs. Fisherfaces: Recognition using class specific linear projection[J]. 1996.

[29] Neubeck A, Gool L V. Efficient Non-Maximum Suppression[C]// International Conference on Pattern Recognition. 2006.

[30] Krizhevsky A, Sutskever I, Hinton G E. ImageNet Classification with Deep Convolutional Neural Networks[C]// International Conference on Neural Information Processing Systems. Curran Associates Inc. 2012.

[31] Very Deep Convolutional Networks for Large-Scale Image Recognition.

[32] Szegedy C, Liu W, Jia Y等. Going Deeper with Convolutions[C]// 2015 IEEE Conference on Computer Vision and Pattern Recognition (CVPR). IEEE, 2015.

[33] He K, Zhang X, Ren S等. Deep Residual Learning for Image Recognition[J]. 2015.

[34] He K, Zhang X, Ren S等. Identity Mappings in Deep Residual Networks[J]. 2016.

[35] 焦李成. 深度学习优化与识别[M]. 清华大学出版社, 2017.

[36] Girshick R, Donahue J, Darrell T 等. Rich Feature Hierarchies for Accurate Object Detection and Semantic Segmentation [C]// 2014 IEEE Conference on Computer Vision and Pattern Recognition (CVPR). IEEE Computer Society, 2014.

[37] Girshick R. Fast R-CNN[J]. Computer Science, 2015.

[38] Ren S, He K, Girshick R 等. Faster R-CNN: towards real-time object detection with region proposal networks[J]. 2015.

[39] Redmon J, Divvala S, Girshick R 等. You Only Look Once: Unified, Real-Time Object Detection [J]. 2015.

[40] Liu W, Anguelov D, Erhan D 等. SSD: Single Shot MultiBox Detector[J]. 2015.

[41] Yoo D, Park S, Lee J Y 等. AttentionNet: Aggregating Weak Directions for Accurate Object Detection [C]// IEEE International Conference on Computer Vision. 2015.

[42] 美团算法团队. 美团机器学习实践. 人民邮电出版社, 2018.

[43] Zhang K, Zhang Z, Li Z 等. Joint Face Detection and Alignment Using Multitask Cascaded Convolutional Networks[J]. IEEE Signal Processing Letters, 2016, 23(10): 1499-1503.

[44] http://mmlab.ie.cuhk.edu.hk/projects/WIDERFace/.

[45] Bromley J, Bentz J W, Bottou, Léon 等. Signature Verification Using A "Siamese" Time Delay Neural Network. [C]// International Conference on Neural Information Processing Systems. Morgan Kaufmann Publishers Inc. 1993.

[46] Learning a similarity metric discriminatively, with application to face verification.

[47] Sun Y, Wang X, Tang X. Deep Learning Face Representation by Joint Identification-Verification[J]. 2014.

[48] Schroff F, Kalenichenko D, Philbin J. FaceNet: A Unified Embedding for Face Recognition and Clustering[J]. 2015.

[49] Taigman Y, Yang M, Ranzato M A 等. Deepface: Closing the gap to human-level performance in face verification[C]//Computer Vision and Pattern Recognition (CVPR), 2014 IEEE Conference on. IEEE, 2014: 1701-1708.

[50] Liu W, Wen Y, Yu Z 等. SphereFace: Deep Hypersphere Embedding for Face Recognition [J]. 2017.

[51] Wang F, Cheng J, Liu W 等. Additive Margin Softmax for Face Verification[J]. IEEE Signal Processing Letters, 2018: 1-1.

[52] King D E. Max-Margin Object Detection[J]. Computer Science, 2015.

[53] https://www.learnopencv.com/face-detection-opencv-dlib-and-deep-learning-c-python/.

[54] Chollet, François. Xception: Deep Learning with Depthwise Separable Convolutions[J]. 2016.

推荐阅读

深度学习系列

白话深度学习与TensorFlow

深度学习导论
及案例分析

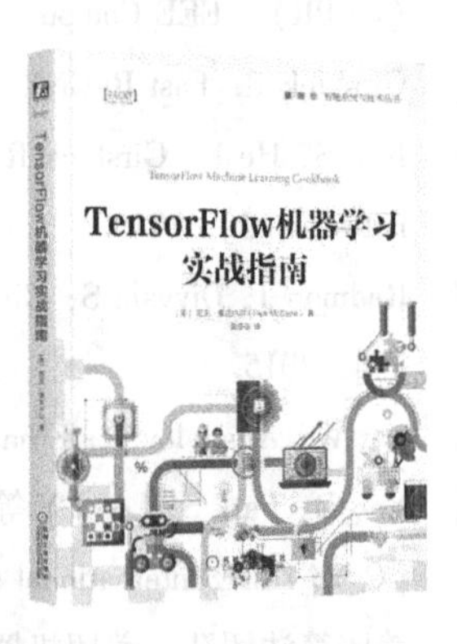
TensorFlow Machine Learning Cookbook
TensorFlow机器学习
实战指南

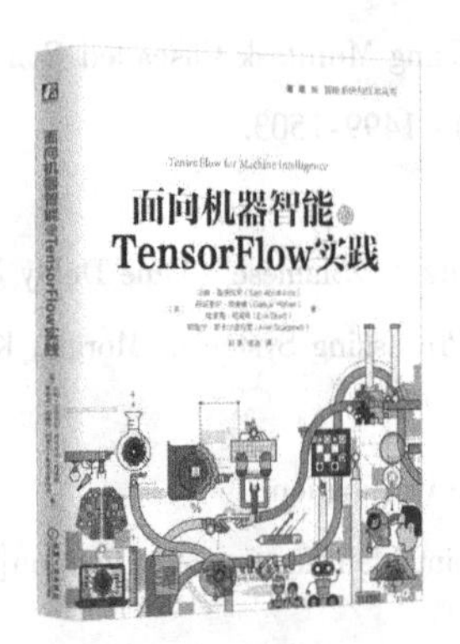
TensorFlow for Machine Intelligence
面向机器智能的
TensorFlow实践

自然语言处理与深度学习
通过C语言模拟

Java Deep Learning Essentials
深度学习
Java语言实现

认知计算与深度学习
基于物联网云平台的智能应用
Cognitive Computing and Deep Learning

Deep Learning for the Web Security
Web安全之
深度学习实战

面向自然语言处理的深度学习
用Python创建神经网络

推荐阅读

Python人脸识别
从入门到工程实践

机器学习
使用OpenCV和Python进行智能图像处理

OpenCV 3和Qt5
计算机视觉应用开发

Convolutional Neural Networks in Visual Computing
卷积神经网络与视觉计算

深度学习与计算机视觉
算法原理、框架应用与代码实现
Deep Learning & Computer Vision: Algorithms and Examples

实用卷积神经网络
运用Python实现高级深度学习模型

面向自然语言处理的深度学习
用Python创建神经网络

Python自然语言处理实战
核心技术与算法

Neural Network Methods for Natural Language Processing
基于深度学习的自然语言处理

推荐阅读

深度学习
核心技术、工具与案例解析

Deep Learning in Action
深度学习
主流框架和编程实战

自然语言处理与深度学习
通过C语言模拟

Java Deep Learning Essentials
深度学习
Java语言实现

O'REILLY
TensorFlow
学习指南
深度学习系统构建详解
Tom Hope Yehezkel S. Resheff Itay Lieder 著

Deep Learning by PaddlePaddle
PaddlePaddle
深度学习实战

Neural Network Methods
for Natural Language Processing
基于深度学习的
自然语言处理

Python自然语言处理实战
核心技术与算法

深度卷积网络
原理与实践